数字电视技术与应用研究

王洪艳◎著

吉林科学技术出版社

图书在版编目（C I P）数据

数字电视技术与应用研究 / 王洪艳著 .-- 长春 ：
吉林科学技术出版社， 2023.3
ISBN 978-7-5744-0255-3

Ⅰ. ①数… Ⅱ. ①王… Ⅲ. ①数字电视—技术 Ⅳ.
①TN949.197

中国版本图书馆 CIP 数据核字（2023）第 063875 号

数字电视技术与应用研究

著　王洪艳
出 版 人　宛　霞
责任编辑　冯　越
封面设计　吉　祥
制　　版　宝莲鸿图
幅面尺寸　185mm × 260mm
开　　本　16
字　　数　260 千字
印　　张　17.25
印　　数　1-1500 册
版　　次　2023年3月第1版
印　　次　2023年8月第1次印刷

出　　版　吉林科学技术出版社
发　　行　吉林科学技术出版社
地　　址　长春市福祉大路5788号
邮　　编　130118
发行部电话/传真　0431-81629529 81629530 81629531
81629532 81629533 81629534
储运部电话　0431-86059116
编辑部电话　0431-81629518
印　　刷　廊坊市印艺阁数字科技有限公司

书　　号　ISBN 978-7-5744-0255-3
定　　价　78.00元

PREFACE

前言

在社会经济的推动下，通过数字技术、网络技术以及移动技术发展起来的新媒体对传统媒体产生了巨大冲击，加速进行新媒体技术的推广应用，加快数字化广播电视的基础建设，必将巩固和拓展党的舆论宣传阵地，提高公共服务质量与水平，促进相关产业的蓬勃发展。

随着全球数字信息和网络技术的迅猛发展，电视接收观众不再满足于传统意义上的“被动接收”，而需要一种交互式、个性化、更自由的视频互动娱乐方式，数字电视技术应运而生。作为电子信息产业和文化产业有机融合的产物，数字电视是指采用数字技术实现节目内容制作、存储、播出，传输，接收及应用服务的整套系统。本书从数字电视的基础理论出发，对数字电视的基础技术进行了详细的梳理，并对其各种类型的数字电视进行深入探讨，最后对其应用与发展进行了总结。本书以通俗易懂的语言进行描述，具备较好的可读性和实用性。

数字电视技术以其优质、清晰、高效的特点在我国广播电视市场得到了广泛的应用，已经开始潜移默化地影响着人们的生活，成为社会娱乐、生活、宣传上不可或缺的基础技术。为了更好地发挥数字电视技术的价值，应该从对数字电视技术的认知入手，在把握数字电视技术发展历程的基础上，合理利用数字电视技术的优势，充分展现数字电视技术的优点，将数字电视技术更好地融合网络技术、卫星技术，达到改变人们生活，发展广播电视产业的目的。

数字电视技术是生活数字化、服务数字化的基础性基础，是我国广播电视行业今后发展的主要支撑技术，必须加强对数字电视技术的各项研究。应该从数字电视技术的产生和发展入手，通过描述数字电视技术概念，正确理解数字电视技术的优势，通过对数字电视技术要点的把握，实现对数字电视技术的有效应用，在把握数字电视技术发展趋势的基础上，改善人民群众的生活和娱乐方式，从观念上和技术上推进广播电视事业的进步。

由于数字电视技术尚在不断发展、不断完善之中，而且编者水平有限，书中难免有一些不恰当、不准确或疏漏之处，敬请广大读者批评指正。

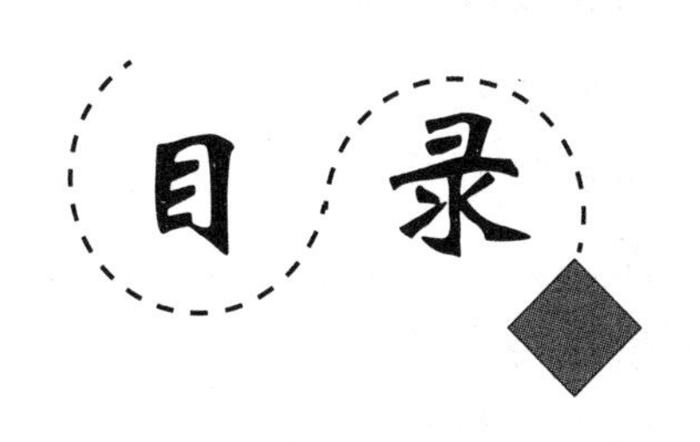

第一章　电视及数字电视信号的形成

第一节　数字电视的基本特点及其分类

一、数字电视的基本特点

所谓数字电视指基于数字技术平台，从节目拍摄（图像的每个像素、伴音的每个音节以及其他各类数据信息）、非线性编辑、压缩编码和信道编码、发射传输、接收到显示的全程数字化电视系统。

模拟电视画面最高质量仅达 VCD 质量（像素数最高是 352×288），而标清数字电视画面质量相当于 DVD 质量，像素数为 720×576，高清数字电视（HDTV）的像素数高达 1920×1080，画面质量接近 35mm 宽银幕电影水平。传统模拟电视常有的模糊、重影、闪烁、雪花点、图像失真等现象在数字电视中得到根本改善，同时，数字电视音频多采用 AC-3 或杜比 5.1 环绕立体声技术，既可避免噪声、产生失真，又能实现多路纯数字环绕立体声，使声音的空间临场感、音质透明度和高保真等方面都更胜一筹。此外，数字电视允许不同类型（音频、视频和数据）、不同等级（高清、标清）、不同制式（屏幕的宽高比、立体声伴音的通道数目）的信号可以在同一信道中传输，用同一台电视接收机接收。可以说，大信息、多业务、多功能和高质量是数字电视的总体特征。与模拟电视相比，数字电视有如下优点：

①信号处理与传输的质量主要取决于信源。因为数字电视系统只有两种电平，抗干扰强，非常适合远距离的数字传输，在多次处理过程中或在传输过程中引入杂波后，只要不超过杂波幅度某一额定电平，通过数字信号再生，都可以把它清除掉。即使某一杂波电平超过额定值，造成误码，也可以利用引入信道的纠错编码技术，在接收端把它们纠正过来，从而有效避免系统的非线性失真，

大大提高声像质量。而在模拟系统中，非线性失真会造成图像的明显损伤，例如非线性产生的相位畸变会导致色调失真，在处理和传输中每次都可能引入新的杂波，模拟信号在传输过程中的噪声逐步积累，而数字信号在传输过程中基本上不产生新的噪声，也即信杂比基本不变，即模拟电视的传输质量是抛物线式的，而数字电视的传输质量是矩形式的，即在其有效范围内质量一样（超出范围即马赛克或黑屏）。大量实验证明：收端有足够的信杂比，同一环境下的模拟信号要求 S/N ＞ 40 dB，而数字信号只要求 S/N ≥ 26 dB。这样在相同的覆盖面积下，数字电视就大大地节省了发射功率。

②数字视音频信号采用高效的压缩技术，节省了大量的频率资源。如原来 8MHz 带宽仅能传一套相当于 VCD 质量的模拟电视，现在可传九套以上相当于 DVD 质量的数字电视节目且更高的压缩标准，与时俱进、不断发展。

③便于实现计算机网、电视网、电信网走向融合，实现资源共享，构成新一代多媒体通信系统，没有电视的数字化就没有三网融合。

④易于实现信号的存储，数字化后的视音频信号易存储，且存储时间与信号的特性无关。近年来，大规模集成电路尤其是半导体存储器技术、纳电子技术的发展，可以存储多帧的视频信号，从而实现模拟技术不可能达到的处理功能。

⑤为信息化世界的数字化、交互性新媒体、网络视频及其相关软硬件技术的不断快速发展提供动力，彻底颠覆传统收看电视的方式。如 iPhone、iPad 等新时代智能产品，以及 PPTV 在线视频软件的推出就是典型实例。

⑥具有开放性和兼容性。从发端到收端的数字电视系统形成的产业链涉及很多相关产业，包括节目源供应商、应用软件开发商、硬件制造商、网络运营商等，这些产业的产品开发和生产以一个业务平台为基础即符合业内相关标准包括接口标准，改变了模拟体制下的全球电视节目等软硬件产品各自为政、不能交换的特点。

⑦可以合理高效地利用各种类型的频谱资源。对于地面广播而言，数字电视可以启用模拟电视的禁用邻频频道，也能够采用单频率网络广播技术。

⑧很容易实现密码措施，便于开展增值业务、专业应用以及各种数据广播业务的应用。开展各种增值业务及各类条件接收的收费业务，数字电视广播在

运营上可控可管，也是数字电视得以快速健康发展的保障。

⑨具有可扩展性、可分级性。可以依据应用形式的不同，将数字电视信号频率的高低进行分级调制传输，也便于在数据重新分组后，在质量不同等级的通信信道上传输，再现出对应的标清或高清视频图像。

⑩“电子节目指南”菜单式的收视界面，为人们选择电视节目、收听广播及接收各类信息提供了人性化的、引导式的操作窗口，这在传统模拟电视下是难以实现的。

⑪ 数字电视的内涵日益丰富，基于“互联网＋电视”彻底改变了人们收看电视的习惯，依托海量的云端内容，用户如同浏览“节目超市”，为用户提供可下载、精准化、定制化服务的双向互动，真正实现“我的电视我做主”，且多屏互动将成为电视发展的趋势之一。

⑫ 数字电视的出现彻底改变了信息行业的市场结构。各种类型的数字视音频产品，各类形式的数字电视接收机顶盒，以及适用高清显示的 LCD、PDP、LED、OLED 等新型平板显示设备的不断问世等，使人们收视更加灵活多样。

⑬ 观众也转向个性化的定制消费。数字电视的收视不再是传统的有线、卫星和地面为主，网络电视结合智能电视（手机）更能满足观众的个性化需求，大大提高了收看收视的自主性和随意性，且看电视未必在电视机前，因而数字电视有更广阔的发展空间。

⑭ 高清智能电视进一步推动电视新技术的大发展。由标清到高清，再发展到超高清 800 万以上像素数，以及新近出厂的多数电视机安装了安卓或 TVOS 操作系统等。高清智能电视的问世，进一步提升了接收便利性，传输的信息量也显著增大。

⑮ 数字电视系统的超长产业链为社会提供了许多工作岗位。该系统涉及的软硬件技术、产品及其标准等，涉及面很广，其竞争更加激烈，在有力地推动世界数字电视事业蓬勃向前发展的同时，也为人们提供了许多大众创业、万众创新的机会。

所谓智能电视是指将互联网和计算机的技术融合到电视机中，即像智能手机一样，搭载了操作系统，可以由用户自行安装或卸载软件、游戏等第三方服

务商提供的程序，通过此类程序来不断对彩电的功能进行扩充，并可以通过网线、无线网络来实现上网冲浪的这样一类彩电的总称。智能电视把互联网和电视连接起来，可以为用户提供无线的内容和服务，即可以为用户提供完整的互联网体验，包括搜索功能。云电视是指在智能电视基础上，运用云计算、云存储等技术对现有应用进行升级的智能化云设备，它拥有海量存储、远程控制等众多的应用优势，并能实现软件更新和内容的无限扩充。通过大数据、云计算来控制后台数据和软件平台，包括基础操作平台和应用操作系统，彩电用户不需要为自家的电视进行任何升级、维护、资源下载，只需将电视连上网络，就可实现即时最新应用和海量资源的共享。实现看电视的同时，进行社交、办公等。能智能识别用户信息，鉴别用户喜好，快速响应用户需求，及时提供智能、专业、可靠的一对一服务。

由工业和信息化部、中国电子商会、中国广播电视产品质量监督检验中心等机构联合国内智能电视厂商发布了《智能云电视行业标准 2.0》。该标准规定智能云电视硬件最低配置必须达到双核 CPU、多核 GPU、512KB cache、8GB 以上的内存，并支持 100GB 以上的外接存储。具有针对电视深度定制的智能云操作系统，同时需要内置高清数字一体机收解码系统，能够接收和解码有线电视高清信号和 3D 频道信号。且智能云电视必须具有专业的、可扩展的智能云平台，作为云端资源存储中心、极速运算中心、服务提供中心，为用户提供云端资源存储共享、设备互联互通、个性化服务集成及智能家居管控等智能云服务。比如，让家庭中的窗帘、灯具、冰箱、空调、洗衣机、门禁等智能终端在电视智能云平台实现远程控制和应用。智能云电视是互联网电视行业增长的源泉，也是电视发展的重要方向。

二、数字电视的分类

数字电视信源用数字压缩编码，传输用数字通信技术，接收可以是数字电视机一体机，也可借助机顶盒加模拟接收机，或其他移动接收设备（如手机等）。它是涉及广播电视、通信、计算机和微电子等诸多领域的高新技术，也是集近半个多世纪的图像编码技术与现代电子技术、通信技术等发展成就于一体的现代高科技成果。数字电视系统涉及三大部分：电视系统发送端的信源、信道（传

输／存储）以及信宿部分（接收端），整个过程均为数字化的。其中，第一部分核心内容是信源（图像／声音／数据）的压缩编码和数字多路复用，第二部分则是纠错编码／数字调制以便于数字信号的传输和存储，而解调制／解纠错编码和解复用／解压缩编码即信息还原则是第三部分的重点。

因此，根据数字电视的定义，按现阶段的研究与应用情况来看，数字电视依据清晰度可以划分为两大类：

①第一类为标准清晰度的数字电视，其图像垂直分辨率在 400 ～ 500 线，相当于 DVD 的标准清晰度电视（SDTV）。SDTV 相当于目前的广播级数字电视，采用成熟的 MPEG-2 或 AVS 压缩编码标准，一套节目的视频码率在 2 ～ 5Mb/s。

②第二类为视频垂直分辨率在 720P（P 表示逐行）或 1080I（I 表示隔行）以上的高清晰度电视 HDTVOHDTV 采用 MPEG-4、H.264、AVS 等，一套节目的视频码率在 8Mb/s 以下。

此外，根据传送和接收方式的不同，数字电视又可分为卫星数字电视、有线数字电视、地面数字电视以及网络数字电视等。

这里必须指出的是，我国数字电视和模拟电视一样，仍采用隔行扫描方式传送图像信号。其中，SDTV 的扫描参数和传统的模拟电视一样。HDTV 和 SDTV 信号的帧频都是 25Hz，每帧图像采用隔行扫描图像的奇数行和偶数行分两次扫描和传送，各形成一场图像，所以每场图像都是 50Hz，HDTV 和 SDTV 每帧图像总行数分别为 1125 行和 625 行，由于 HDTV 扫描行数增多，行频就由 SDTV 的 15625Hz 提高到 28125Hz。HDTV 和 SDTV 每行有效像素数分别为 1920 个和 720 个，每帧有效扫描行数分别为 1080 行和 576 行。因此，每帧图像有效像素数分别是 201.6×10^4 个和 41.472×10^4 个，HDTV 与 SDTV 相比，每帧有效像素数约增多 5 倍，所以分辨率和清晰度显著提高。SDTV 和 HDTV 视频格式等方面的参数见表 1-1 所列。

表 1-1　SDTV、HDTV 视频格式（表中，I 为隔行扫描，P 为逐行扫描）

类别	图像分辨率（像素数）	扫描方式	画面宽高比
HDTV	1920×1080；1440×1080	P；I	16 ∶ 9
	1920×103511440×1152	I	16 ∶ 9；4 ∶ 3
	1280×720	P	16 ∶ 9
SDTV	576 或 480×（720，640，544，480，352）	I；P	16 ∶ 9；4 ∶ 3
	288× 或 240×（720，640，544，480，352）	P	

注：我国规定 SDTV 为 720×576（4 ∶ 3 或 16 ∶ 9），HDTV 为 1920×1080（16 ∶ 9），又称为全高清（Full HD）。

国际电信联盟于 2012 年 5 月推出超高清电视技术标准。该标准由国际电联协调相关制造商、广电机构和监管机构组成的专项工作组起草，分为两个等级：首先引入的超高清电视分辨率为 3840×2160，约 830 万像素；随后将采用更高的分辨率，即 7680×4320，达到 3200 万像素，两种制式分别简称为“4K”和“8K”超高清系统。与之相比，当前使用的高清电视分辨率仅为 100 万～200 万像素。除分辨率大幅提升外，新标准还增强了电视的色彩还原度，增加了帧数。超高清电视是对鲜活自然世界的再逼近，是电视领域的一场革命，超高清电视将给观众带来震撼的视觉体验。

平板高清晰度电视机重要的参数之一就是静态图像的清晰度是水平方向和垂直方向都大于 720 的电视线，屏幕的幅型比为 16 ∶ 9。因此要求电视机显示屏的固有分辨力为 1920×1080 或 1366×768，同时电视机的电路系统要好，特别是带宽要符合要求，才能保证显示图像的水平方向和垂直方向都大于 720 电视线。相反，尽管电视机显示屏的物理分辨力为 1920×1080、1366×768、1280×720、852×480，幅型比为 16 ∶ 9，但由于多种因素的影响，显示图像的水平和垂直清晰度小于 720 电视线，仍不能称之为高清晰度电视机。高清电视更符合人的视角特性，视野更加开阔，其分辨力是普通电视的 4 倍，观众可获得更多的信息量。

在图像处理领域，分辨率与分辨力都是表征图像细节的能力。分辨率是用“点”来衡量的，这个点就是像素，在数值上是指整个显示器所有可视面积上水平像素和垂直像素的数量；而图像的分辨力是表征图像细节的能力，通常又

分为图像信号的信源分辨力，由图像格式决定。分辨力越高，清晰度越高。但同一分辨力图像，演播室和一般显示终端看到的清晰度可能差距较大，即使显示器件固有分辨力足够高，但由于工作状态不佳，图像清晰度可能达不到信号源提供的与该显示器固有分辨力相当的图像清晰度。电视领域常用分辨力，计算机领域常用分辨率。

第二节 数字摄像机

一、三基色原理

彩色是光的一种属性，没有光就没有彩色，没有光就没有视觉信息获取。在光的照射下，人们通过眼睛感觉到各种物体的彩色，亮度、色调和色饱和度是其三要素，这些彩色是人眼视觉特性和物体客观特性的综合效果。中学物理课中的棱镜试验，曾经清楚地告诉我们：白光通过棱镜后被分解成多种颜色逐渐过渡的色谱，波长为380～780nm，按波长的大小，其颜色依次为红、橙、黄、绿、青、蓝、紫，这就是可见光谱。其中人眼对红、绿、蓝最为敏感，且这三种颜色在可见光谱分布上具有明显的区别，人的眼睛就是一个三色接收器的光敏传感器。进一步的实验还证明了以下几点：

①自然界中的绝大部分彩色，都可以由三种基色按一定的比例混合得到；反之，任意一种彩色均可被分解为三种基色。

②作为基色的三种彩色，要相互独立，即其中任何一种基色都不能由另外两种基色混合来产生。

③由三基色混合而得到的彩色光的亮度等于参与混合的各基色的亮度之和。

④三基色的比例决定了混合色的色调（颜色类别）和色饱和度（颜色深浅）。

以上就是色度学的最基本原理，即三基色原理。该原理解决了自然界中丰富多彩的颜色分解和还原可由三基色来处理与实现，极大地简化了用电信号来传送实际复杂的彩色技术问题。红、绿、蓝是三基色，这三种颜色合成的颜色范围最为广泛，目前在所有的各类电视系统中，其彩色视频或图像均采用红、绿、蓝三基色，红、绿、蓝三基色按照不同的比例相加合成的混色称为相加混色。

比如红色＋绿色＝黄色、绿色＋蓝色＝青色、红色＋蓝色＝品红，且红色＋绿色＋蓝色＝白色。黄色、青色、品红都是由两种基色相混合而成，所以它们又称为非谱色光即没有具体波长的光。以上混色是在强度相等的情况下得出的结果，如果深红与浅绿混色，则得出黄偏红的结果，事实上任意两种颜色之间没有严格的界限，如在红色和绿色这条混色线上就有无数种颜色，诸如此类的红与蓝之间、蓝与绿之间同样有无数种颜色。因此，利用人眼的视觉错觉（人的味觉、听觉等都有类似属性），由三基色即可混出自然界绝大多数的颜色来。可见，在电视系统中，只有红、绿、蓝三基色是谱色光，其他任意颜色均为非谱色光。另外，红色＋青色＝白色、绿色＋品红＝白色、蓝色＋黄色＝白色。所以，青色、黄色、品红分别是红色、蓝色、绿色的补色。由于每个人的眼睛对于相同的单色光的感受有所不同，所以，如果用相同强度的三基色混合时，假设得到白光的强度为100%，这时候人的主观感受是绿光最亮、红光次之、蓝光最弱。

除了相加混色法之外还有相减混色法，如彩色绘画、彩色印刷、彩色胶片等。

这里必须指出，三基色原理中的三种基色要求是相互独立的，即任何一种基色都不能有其他两种颜色合成。在电视系统的前端，根据三基色原理，利用摄像机的分色棱镜，将五彩缤纷的客观世界转换成三基色光信号，进而转成电信号。而在电视系统的接收端，利用显示器的发光原理，将三基色电信号激励各自的荧光粉，或控制各自的液晶分子旋转透过相应的基色光，再利用人眼的视觉混色特性，恢复原来的彩色景象。

二、数字摄像机基本结构与原理

在数字电视系统中，信源端高质量图像的摄取即光电转换是接收端高质量恢复的前提。摄像机的基本功能就是实现光电转换，其成像的光敏靶为光电转换的基地，根据清晰度（标清还是高清）等指标的需要，该基地上有精密设计的多达几百万个光电二极管阵列，它就是一种重要的感光元件，每个感光元件称为一个像素，也是构成图像的基本单元。大多数图像传感器的感光元件采用光电二极管，其核心结构就是p-n结，工作时加反向偏压，受到光照时该p-n结可以在很宽的范围内产生与入射光强成正比的光电流，能把光信号变成电信

号并使之输出。设备感光器件技术指标中的总像素数要大于有效像素数，总像素数则是整个感光器件上每一行的像素数与每一列像素数的乘积，有效像素数约为总像素数的10%，不同生产厂家的百分比有所差异。同样尺寸情况下，大尺寸感光器件会拥有更多的像素数，所拍摄的视频画面质量也会更高。而具有同样像素数的感光器件，尺寸越大，则每个感光单元的尺寸也相对较大，它能捕捉到的光线也就更多，摄像机的灵敏度就相对较高。画面的像素越多，在相同尺寸画面上的像素就越精细，晶格就越小。因为人眼对于影像的垂直分辨率相当敏感，越高的垂直分辨率，人眼就能辨识越多的细节与层次。表现细节多少的分辨率上不去，屏幕越大，视觉效果反而越差。这就是分辨率与灵敏度相矛盾之处，也是不能只关心像素数的同时还要关心感光器件尺寸的原因。

20世纪80年代出现了CCD(Charge Coupled Device)为感光器件的摄像机，20世纪末期CMOS影像感应器因其低功耗和体积小也得到迅猛发展，由最初的磁带存储发展到今天的硬盘存储。CCD或CMOS都属于点阵型感光器件，它们在材料、结构和影像捕获方式上存在着差异，这种差异使得单片CMOS摄像机与传统的三片CCD摄像机相比，无论在电源功耗、器件成本，还是在小型化等方面都更具优势，在影像质量方面已经达到或超过CCD摄像机。

CCD可分为行间转移（IT）型、帧转移（FT）型和帧行间转移（FIT）型，常用的是IT型和FIT型。CCD的基本单元就是金属－氧化物－半导体的半导体MOS结构，光照射到CCD硅片上时，在栅极附近的半导体体内产生电子空穴对，其多数载流子被栅极电压排开，少数载流子则被收集在势阱中形成信号电荷。CCD是大规模集成电路（VLSI）的产品，随着VLSI技术的进步，近年来CCD器件的技术指标如信噪比、清晰度、灰度特性等获得了长足进展并走向今天的成熟阶段，数字摄像机正是在CCD器件的基础上发展起来的。相对于模拟摄像机而言，数字摄像机就在于对由CCD转换成的电信号进行各种处理和控制的电路系统中应用了全数字处理技术，能够保证最佳的图像质量，同时保证摄像机性能稳定，相对于模拟信号处理更加优越和细致，这包括黑电平处理、伽马校正、轮廓信号校正、拐点／自动拐点处理等。轮廓校正功能，使图像更细腻，色彩更逼真。自动白平衡和许多简单的调整模式使操作更简单。因为CCD输出的信

号很微弱，必须经过放大后再进行模数转换（A/D）才能得到数字信号，所以目前的数字摄像机还不能通过CCD直接把光信号转变成数字信号，现在新推出的数字处理摄像机，都包括模拟处理和数字处理两大部分。

RCCD、GCCD、BCCD分别代表红、绿、蓝三基色信号形成通道。广播级摄像机在氧化铅管时代就采用光学分色棱镜将入射光分成红、绿、蓝三个基色，再经过各自的摄像管转换成R/G/B信号，即俗称的三管机，这种分色棱镜方式在专业摄像机领域一直持续到CCD时代，甚至采用CMOS感光器件的摄像机也采用这种方式。在4CCD摄像机中，G_1CCD与G_2CCD之间保持着空间位置设置，使G_1CCD与G2CCD相对移动1/2像素距离的空间像素偏置技术，使空间偏置图像存在于两个绿基色信号CCD之间，从而完全消除了G通道中的寄生信号，明显提高了G信号的清晰度，而高质量的G信号对恢复数字图像质量非常重要。与此同时G_1CCD与RCCD形成对应，G_2CCD与BCCD也形成对应。RCCD与BCCD之间也存在图像偏置。这种新型CCD的布局，使空间偏置图像技术得以完善，所以4CCD摄像机较3CCD更为理想。由于在4CCD摄像机中采用了RCCD与BCCD之间的图像偏置，使R和B分量之间也彼此抵消寄生信号，从而使摄像机视频通道中的寄生信号可以在更宽的范围内被消除。

数字摄像机与最新单片感光摄像机的光电转换部分的原理是一致的，即通过摄像镜头中的分色部分，将通过光学低通滤波片过来的输入光图像信号按照三基色原理分解，以获取R、G、B三色光信号，它将拍摄的光信号成像到各自的CCD光敏靶上，经CCD转换后即获取三色电信号，经放大、自动白平衡和预拐点校正后，送到模数转换器（ADC）变为数字信号。R、G、B模数转换是在取样控制电路作用下的数字输出信号，实质是在主控制器即中央控制器的控制下，主控制器系统是数字信号的处理中心。以上数字信号处理（DSP）部分都是在大规模集成电路中完成的，据此，有时又称为数字摄像机为数字信号处理摄像机，况且现代的数字摄像机已能够将DSP后得到的信号直接送到硬盘中。本节就数字摄像机的主要部分做一简介。

（一）CCD驱动脉冲与系统时钟

在主CPU的控制下，CCD的位置精确地与R、G、B像对准，并粘贴在分光

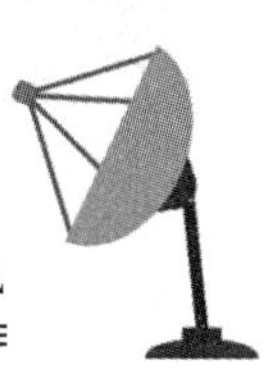

棱镜的 3 个像面上即光敏靶上，CCD 将 3 个基色光像变成电荷信号，它们是脉冲调幅信号，经过双相关取样电路解调出视频图像信号，并去除脉冲干扰，经过预放大后送到视频信号处理电路。CCD 的基本功能就是将光（图像）照射到 CCD 硅片上产生的电荷像进行存储与转移，并将所有光电二极管阵列上的像素电荷一行行、一场场地送到 CCD 外，以形成视频图像信号。应用中的 CCD 输出信号中不仅可以获得光强信息，而且还可以获得空间信息。其中，输出信号的大小对应光强的大小，输出信号的序号（p-n 结阵列的序号）对应空间像素的位置。此外，在 CCD 摄像机内还设有基准时钟振荡，由晶体振荡电路产生 27MHz 的时钟脉冲，用以形成 CCD 的驱动脉冲，再经过分频后得到可供同步信号发生器产生同步信号的时钟脉冲，用同步信号发生器产生出行推动脉冲、场推动脉冲和奇偶场控制脉冲，控制 CCD 的驱动脉冲，使 CCD 能输出符合电视要求的行、场扫描标准的图像信号，收端须恢复 27MHz。

（二）模拟信号处理部分

完成光电转换后的信号，进行放大以提高信噪比是重要的一步，由于镜头、分色系统及摄像器件的特性都不是理想的，所以经过 CCD 光电转换产生的信号不仅很弱，而且有很多缺陷，例如图像细节信号弱、黑色不均匀、彩色不自然等。因此在视频信号处理放大器中必须对图像信号进行放大和补偿，否则所拍摄图像将有清晰度不高、彩色不自然、亮度不均匀等缺陷。这部分电路的设计和调节以及稳定性对图像质量的影响很大。视频信号处理放大器的主要功能包括黑斑校正、增益控制、白平衡调节、预弯曲、彩色校正、轮廓校正、γ 校正、杂散光校正、黑电平控制、自动黑平衡、混消隐、白切割、线性矩阵和编码电路等。

（三）彩条发生器

摄像机内设置彩条信号发生器，用以产生彩条图像的三基色信号，它受面板上的摄像 / 彩条开关控制，其中彩条信号可代替摄像信号送入编码器。彩条信号的用途还有调节编码器，录像时调节电平，校准各摄像机之间的延时、同步基色副载波相位，也可以用来调节监视器的亮度、色度和对比度等。

（四）数字处理部分

经过上述模拟处理的视频信号送入模数变换器，变成 8 ～ 14 比特的数字信号，进入数字处理部分。对数字信号主要做以下处理：彩色校正、轮廓校正、γ 校正、白切割、色度孔阑、数据检测、自动拐点处理及编码矩阵等。数字处理目的是优化图像信号，如轮廓校正是为了提高图像的观看锐度，在不增加像素分辨率的情况下通过在图像中加入轮廓即细节信号，使显示物体的边缘、轮廓部分看起来更突出、更清晰，俗称“加边”。数字视频处理后的数字分量信号可以直接送给数字分量设备用，如产生分量编码信号等，也可以复合编码形成复合数字信号。整个数字信号处理摄像机的绝大部分是在主控制器控制下工作的，主控制器由微处理机 CPU、ROM、RAM、EP2ROM、模数转换电路等组成。此外，由于绿色对物体轮廓锐度的贡献最大，数字式高清晰度电视系统所用荧光粉中绿色的主波长移向人眼的最灵敏段，在提高亮度方面起了决定性作用，所以人们经过长期实践，在彩色显像管色品图的基础上，使亮度方程由 Y=0.30R+0.59G+0.11B 调整到 Y=0.2126R+0.7152G+0.0722B。这种亮度方程的调整在实际中已得到应用，如晶锐 CMOS 是 SONY 的摄像机，它有别于普通 CMOS 和 CCD 之处一是加大了绿色像素的比重，二是像素的排列方式倾斜 45°，使得水平和竖直方向的分辨能力更强。显然在数字电视系统中，改善 G 信号的质量将意味着提高亮度信号的质量。

CCD 感光元件中的有效感光面积较大，在同等条件下可接收到较强的光信号，对应的输出图像也更明晰。比如新型 SONY 摄像机的感光区域与普通的摄像机相比，其灵敏度提高 20%，动态范围提高 50% 以上，噪声更低。而 CMOS 感光元件的构成就比较复杂，除处于核心地位的感光二极管之外，它还包括放大器与模数转换电路，每个像点的构成为一个感光二极管和三个晶体管，而感光二极管占据的面积只是整个元件的一小部分，造成 CMOS 传感器的开口率（有效感光区域与整个感光元件的面积比值）远低于 CCDO 这样在接受同等光照及元件大小相同的情况下，CMOS 感光元件所能捕捉到的光信号就明显小于 CCD 元件，灵敏度较低。这体现在输出结果上，就是 CMOS 传感器捕捉到的图像内容不如 CCD 传感器来得丰富，图像细节丢失情况严重且噪声明显，这也是早期 CMOS 传感器

只能用于低端场合的一大原因。每个感光元件对应图像传感器中的一个像点，由于感光元件只能感应光的强度，无法捕获色彩信息，因此必须在感光元件上方覆盖彩色滤光片。在这方面，不同的传感器厂商有不同的解决方案，最常用的做法是覆盖 RGB 三色滤光片，以 1 ∶ 2 ∶ 1 构成，由四个像点构成一个彩色像素，即红蓝滤光片分别覆盖一个像点，剩下的两个像点都覆盖绿色滤光片，采取这种比例的原因是人眼对绿色较为敏感。在接受光照之后，感光元件产生对应的电流，电流大小与光强对应，因此感光元件直接输出的电信号是模拟的。在 CCD 传感器中，每一个感光元件都不对此做进一步的处理，而是将它直接输出到下一个感光元件的存储单元，结合该元件生成的模拟信号后再输出给第三个感光元件，依次类推，直到结合最后一个感光元件的信号才能形成统一的输出。由于感光元件生成的电信号实在太微弱了，无法直接进行模数转换工作，因此这些输出数据必须做统一的放大处理——这项任务是由 CCD 传感器中的放大器专门负责，经放大器处理之后，每个像点的电信号强度都获得同样幅度的增大；但由于 CCD 本身无法将模拟信号直接转换为数字信号，因此还需要一个专门的模数转换芯片进行处理，最终以二进制数字图像矩阵的形式输出给专门的 DSP 处理芯片。而对于 CMOS 传感器，每一个感光元件都直接整合了放大器和模数转换逻辑，当感光二极管接受光照、产生模拟的电信号之后，电信号首先被该感光元件中的放大器放大，然后直接转换成对应的数字信号。

（五）自动拐点调整

有时电视摄像是在强光照明条件下，或者是在太阳光下进行的，某些反射体反射出特别明亮的光点，摄像机将产生特别强的信号。如果不加以限制，那么在电路的处理过程中，信号可能遭受限幅，也就是说受到白切割。在显示的图像中将出现一块惨白，没有层次的部分影响了图像的视觉效果。在电路处理中将超亮部分进行逐步压缩，使得在后续处理中不会出现白切割，在图像中的超亮部分保留一定程度的层次，则可以大大改善图像的视觉效果。这种未压缩的输入信号与压缩后输出信号的幅度关系曲线中，表现为在高幅值位置出现曲线的拐点，这就是拐点处理。此外，受成像元件 CCD 电气特性所限，摄像机记录画面的动态范围远远低于人眼的视觉水平，为了尽可能真实再现所拍摄的画

面尤其是高亮度区域的层次，数字（高清）摄像机配备了自动拐点校正功能，可以有效提升画面高亮度区域的层次和拍摄物体的鲜艳色彩表现。若自动调整还不能满足拍摄的要求，就要手动调整摄像机动态范围曲线的拐点位置和拐点斜率。调整拐点位置可以控制拐点校正电路开始工作的视频电平，当拍摄环境光的强弱对比较大时，可以降低拐点位置，以记录更丰富的亮部细节，而当环境光的强弱对比不大时，则可以提高拐点位置，以免画面中暗部细节被无谓的挤压。调整拐点斜率可以控制拐点以上电平的压缩程度，降低拐点斜率可以记录更大的亮度范围。在室外拍摄，环境光在强弱对比较大的情况下，这一功能非常实用。摄像机能够处理输入光通量超过正常最大光通量的比例，是摄像机的动态范围，目前优良摄像机的动态范围可以达到600%。

数字摄像机都带有高分辨率的CCD器件，以及能将信号实时压缩存储的高速编码芯片。现代数字摄像机的发展方向是在信号处理上采用更高比特数的摄录一体机，并具有更精确的图像校正，除了具有16 ∶ 9和4 ∶ 3的切换功能外，还可以加上网络传输接口等功能。摄像机作为电视节目制作的源头，其信号质量的优劣将直接影响电视节目质量的高低。数字摄像机或HDTV摄像机的出现极大地提高了图像质量，因此作为高清晰度信号源的现代摄录一体机除了高度集成，便于与计算机连接外，至少还具备下列基本特征：

①高分辨率。要求水平分辨率在1000线以上，垂直分辨率在800线以上。

②较高的信噪比。S/N应大于60dB。

③高灵敏度。对较弱的信号（1lux）甚至在较暗的场合下也能摄取，CCD（或CMOS传感器件）甚至可将人眼不易觉察到的红外光转变为电信号。

④能够适应4 ∶ 3与16 ∶ 9的转换。

⑤良好的稳定性、可靠性、高性价比。

镜头、CCD器件、数字信号处理（DSP）芯片、存储器和逻辑阵列显示器件（如LCD）等是数字摄像机的主要部件，尤其是DSP部分更是数字摄像机的核心。目前有代表性的是日本和美国等生产的数字摄像机，其中佳能、索尼、日立、松下等品牌的数字摄像机在世界上拥有较大的市场，而世界上两大专业镜头生产商FUJINON和CANON公司，其所生产的数字镜头在世界上占据50%以上的份额。

电荷耦合器件 CCD 是光敏像元（素）实现光电转换的关键器件，具有高灵敏度、高清晰度、高信噪比、体积小、耗电省、无任何几何失真等优点。数字摄像机的工作原理与普通摄像机有些不同，数字摄像机是由光学透镜组将图像汇聚到 CCD 阵列，由 CCD 在中央控制器的作用下，将光图像信号转换成电图像信号，CCD 生成的电图像信号被传送到专用的 DSP 芯片上，该芯片负责把电图像转换成数字信号，并转换成内部存储格式（如采用 MPEG-2 压缩标准），最后把生成的数字图像保存在存储设备中，待后续进一步处理。

三、数字摄像机的重要参数

灵敏度、分解力和信噪比是电视摄像机的三大核心技术指标。所谓摄像机的灵敏度是指在标准摄像状态下，摄像机光圈的数值与最低照度概念一样。标准摄像状态指的是灵敏度开关设置在 0dB 位置，反射率为 90% 的白纸，在 2000lux 即 F11 的照度（1lux 相当于满月的夜晚），标准白光（碘钨灯）的照明条件下，图像信号达到标准输出幅度时，光圈的数值称为摄像机的灵敏度。通常灵敏度可达到 F8.0，新型优良的摄像机灵敏度可达到 F11，相当于高灵敏度 ISO-400 胶卷的灵敏度水平。在摄像机的技术指标中，往往还提供最低照度的数据。最低照度与灵敏度有密切的关系，它同时与信噪比有关。最新摄像机的最低照度指标是光圈在 F1.4，增益开关设置在＋ 30dB 挡，则最低照度可以达到 0.5lux。这样，在外出摄像时可以降低对灯光的要求，甚至在傍晚肉眼看不清楚的环境下不用打光，也能摄出可以接受的图像。对于演播室应用的场合，利用高灵敏度的摄像机，可以降低对演播室灯光照时的要求。降低演播室内的温度，改善演职人员的工作条件，降低能源消耗，节约成本。

分解力又称为分辨率，分辨率和清晰度是两个既相关又不同的概念。分辨率是电视系统重现细节能力的量度，而清晰度是人眼对电视图像细节清晰程度的量度。客观上，CCD 器件的感光单元即像素数量影响着摄像机的分解力和灵敏度。通常分辨率越高，清晰度也越高，分辨率也是电视系统分解与综合图像的能力，单位是一个画面高度内的电视线数。可以在图像屏幕高度的范围内，用分辨多少根垂直黑白线条的数目描述。例如，水平分解力为 850 线，在水平方向位于图像的中心区域，可以分辨的最高能力是相邻距离为屏幕高度的 1/850

的垂直黑白线条，现在多数数字摄像机的水平分解力达到1000线以上。分解力的大小与电视系统扫描行数、摄像机与显示器件的性能、电视信号处理及传输通道的带宽等因素有关。表面上分解力越高，电视系统表现图像细节的能力越强。但实际上片面追求很高的分解力是没有意义的。由于电视台中的信号处理系统，以及电视接收机中信号处理电路的频带范围有限，特别是录像机的带宽范围的限制，即使摄像机的分解力很高，在信号处理过程中也要遭受损失，最终的图像不可能显示出这么高的清晰度。两部摄像机，即使具有相同的分解力，但是图像信号的调制度不同时，获得图像的视觉效果也会大不相同。因此，在比较摄像机优劣时，应该在相同调制度的条件下进行比较，分解力越高，则质量越好。

信噪比S/N表示在图像信号中包含噪声成分的指标，是有用信号与噪声信号的比值。在显示的图像中，表现为不规则的闪烁细点，噪声颗粒越小越少越好。信噪比的数值以分贝（dB）表示，目前摄像机的加权信噪比可以做到65dB以上，此时用肉眼观察，已经不会感觉到噪声颗粒存在的影响了。摄像机的噪声与增益的选择有关，一般摄像机的增益选择开关

应该设置在0dB位置进行观察或测量。如果在增益提升位置，则噪声自然增大。反过来，为了明显地看出噪声的效果，可以在增益提升的状态下进行观察。在同样的状态下，对不同的摄像机进行对照比较，以判别优劣。噪声还和轮廓校正有关。轮廓校正在增强图像细节轮廓的同时，使得噪声的轮廓也增强了，噪声的颗粒增大。在进行噪声测试时，通常应该关掉轮廓校正开关，使图像显得更清晰、更加透明。所谓轮廓校正，是增强图像中的细节成分。如果去掉轮廓校正，图像就会显得朦胧、模糊。早期的轮廓校正只是在水平方向进行轮廓校正，现在采用数字式轮廓校正，在水平和垂直方向上都进行校正，所以，其效果更为完善。但是轮廓校正也只能达到适当的程度，如果轮廓校正量太大，图像将显得生硬。此外，轮廓校正的结果将使得人物的脸部斑痕变得更加突出。因此，新型的数字摄像机设置了在肤色区域减少轮廓校正的功能和智能型的轮廓校正。这样在改善图像整体轮廓的同时，又使人物的脸部显得比较光滑，改善了人物的形象效果。

家用级数字摄录一体机由DV磁带存储，发展到双模存储即内置存储器并

SD/SDHC 存储卡、硬盘存储等形式。硬盘存储具有存储量更大、使用更方便等优点，特别是便于与计算机连接处理，自带硬盘数字摄像机最普及。市场上“索尼”“佳能”“三星”“松下”“富士”等品牌数码摄像机占据主流，2016 年 6 月，佳能（中国）有限公司推出两款新品 XF315 和 XF310 高清数码摄像机。

佳能 XF315、XF310，可满足普通级或专业级的新闻报道、商业广告、活动记录、婚礼拍摄、纪录片等领域的拍摄需求。值得一提的是，现在绝大多数的数字摄像机的水平像素数超过 1200，灵敏度大于 F8.0，信噪比大于 63dB。除了上述的三大指标外，摄像机的其他指标也很重要。

（一）CCD 的类型和规格

CCD 是大规模集成电路制造的光电转换器件，根据制作工艺和电荷转移方式的不同，可以分为 FIT 型一帧行间转移、IT 型一行间转移和 FT 型一帧间转移等三种类型，常用的是前两种类型。FIT 型的结构较为复杂，成本较高，性能较好，多为高档摄像机所采用。IT 型价格比较便宜，但可能产生垂直拖尾。近年来由于技术的进步，拖尾现象有所改进。因其价格较低，故多为家用级摄像机所采用。根据 CCD 器件对角线的长度，可以有 1/3、1/2、2/3 和 3/4 英寸等不同规格。CCD 是一种半导体器件，每一个单元是一个像素。摄像机的清晰度主要取决于 CCD 像素的数目，一般来说，尺寸越大包含的像素越多，清晰度就越高，性能也就越好，价格也贵。在像素数目相同的条件下，尺寸越大，则显示的图像层次越丰富，在可能的条件下应选择价格较高的 CCD 尺寸大的摄像机。高级摄像机的像素可能达到 63 万以上，在高清晰度摄像机中使用 2/3 英寸甚至 3/4 英寸的 CCD 器件，像素数目甚至高达 200 万以上。摄像机内使用 CCD 的数目，也分为单片 CCD 和三片 CCD 两种，电视台使用的摄像机一般都是具有三片甚至四片 CCD 的摄像机，RGB 分别各由独立的 CCD 进行成像。比较低档的摄像机也可能采用单片 CCD，单片式摄像机只用一片 CCD 器件处理 RGB 三路信号，其价格比较低廉，相应于彩色重现能力比较差。除了 RGB 外，还专门使用一片 CCD 产生亮度 Y 信号，以提高信号的处理精度。

（二）灰度特性

自然界的景物具有非常丰富的灰度层次，无论照片、电影、绘画或电视，

都无法绝对真实地重现自然界的灰度层次。因此，灰度级的多少只是一个相对的概念。由于显像管的发光特性具有非线性，在输入低电压区域，发光量的增长速度缓慢，随着输入电压增大，发光效率逐渐增大。然而，摄像器件的光电转换特性却是非线性的（电真空摄像管和 CCD 器件都是如此），因此，必须在电路中进行伽马校正。实际上是从显像管的电光变换特性反过来推算伽马校正电路应该具有的校正量。要想获得良好的图像灰度特性效果，必须准确地调整好摄像机的伽马特性。在室内观察，图像中最低亮度与最高亮度之比在 1 ∶ 20 的范围内是适当的。如果这个比例太大，长时间观看容易产生视觉疲劳。在这个范围内，灰度层次在 11 级左右，可以获得满意的观看效果。

（三）量化比特数

现代数字摄像机的取样一般都符合 ITU-R 601（CCIR601）4 ∶ 2 ∶ 0 或 4 ∶ 2 ∶ 2 的取样规格。就是说 Y 信号的取样频率为 13.5MHz，R-Y、B-Y 信号的取样频率分别为 6.75MHz。量化级可以为 8、10、12 甚至 24 比特，比特级越大，则产生的量化噪声越小，量化噪声是数字摄像机的主要噪声源。对于演播室使用的摄像机，应尽可能选用量化比特级高的摄像机。除了量化噪声小外，在运算和处理中可以获得较高的处理和调整精度，得到更好的效果，有的高级摄像机采用 4 ∶ 4 ∶ 4 的取样格式，甚至 4 ∶ 4 ∶ 4 ∶ 4 的取样格式，是在亮度、两种色差信号之外还增加了专用的控制信号，供信号处理过程中使用，每种信号的取样频率都是 13.5MHz。量化精度越高，处理的数据量越大，所进行的伽马、拐点、轮廓等信号的校正就越精确。大数据量的信号处理能使高亮度区和低照度区的层次更丰富，细节更多，能对“肤色”这一人眼敏感的细节进行柔化处理，而不改变画面中其他景物的锐化程度。

（四）中性滤色片

新型摄像机有时设置多个中性滤色片，滤色片的作用是减少光通量，因为在强光的情况下，由于自动光圈的作用，光圈会变得很小，产生的图像会显得比较生硬，镜头不能工作在最佳的状态下。使用适当的中性滤色片，使得自动光圈张大一些，则图像就会显得比较柔和，提高了电视图像的总体效果。

（五）镜头的选择

现代摄像机都使用变焦距镜头，应该根据实际使用的场合，选择不同变焦范围的镜头。如果用于摄取会议画面，通常必须选择短焦距的变焦镜头，则有利于摄取广角画面。如果用于摄取室外画面，进行远距离摄像，例如摄取野生动物的镜头或需要进行远距离偷拍时，宜选择长焦距的变焦镜头。可以选择适当的远摄倍率镜或广角倍率镜。对于 ENG 使用的镜头，目前广角镜头的焦距可以做到小于 4.8 毫米。对于具体的摄像机，成像大小取决于 CCD 的尺寸，像距也是确定的。因此，根据最短焦距可以计算出摄像的张角。最短焦距在 4.8 毫米时，摄像的张角约在 80° ～ 90° 范围（与 CCD 的尺寸有关）。望远镜头的焦距可以做到大于 700 毫米。镜头的另一个重要的参数是光的利用效率，与漏光排斥比、背光补偿等相关，其中最大相对孔径越大，则失真越小，光的利用率就越高。优良的大口径镜头不仅在中心区域有很高的分辨力，而且在边缘区域，也具有很高的分辨力和较小的图像、彩色失真。彩色还原能力也是摄像机的一个重要特性，但是它难以用测试指标来说明，一般的摄像机厂商也没有提供关于该性能的指标数据，通常根据实际观察的效果，通过比较进行判断。

第三节　数字摄像机的特点及其新技术

一、数字摄像机的特点

在现代的数字处理摄像机中，普遍采用了微处理机作为中央处理单元，实现控制、调整、运算的功能，并且采用了多种专用的大规模集成电路，使得摄像机的处理能力和自动化功能获得极大的增强。从本质上看，数字处理摄像机对信号进行了变换，将原来的模拟信号变换 0、1 代码表示的二进制数字信号，便于实现计算机联网，也方便其非线性编辑将视音频内容按照人们的意愿进行编辑，其输出信号适合于计算机处理，便于联网。

简化调整机构和调整方式。模拟摄像机大多数采用调整元件（电位器、可调电容、线圈等）进行调整，许多摄像机的调整元件位于电路板上，因此，必须打开外壳才能实现调整操作，操作不方便。模拟处理摄像机一旦调整失误，

恢复到原来的状态是件十分困难、非常麻烦的事情。数字处理摄像机采用菜单显示，由按键进行增减调整。这样从用户的体验来看，本来必须由技术人员进行认真调整的工作，现在一般的使用者通过阅读“使用说明书”也能够进行调整。调整好的数据以文件的形式保存在存储器中，如果对于自己调整好的数据不够满意，可以调出机器出厂时的参数，或者和这一次调整前的数据进行比较，因此不必担心因为经验不足而把数据调乱。操作者完全可以放心大胆地进行反复调整，以获得自己满意的结果。

数字摄像机也存在量化损失不足的问题。所谓数字处理，首先是将模拟信号变换为数字信号，只是在中间的处理和传输过程中，采用数字信号的形式，最终仍须将数字信号变换为模拟信号。模数变换过程中将产生量化误差失真（主要的失真来源），在信号的整个处理过程中还有其他的运算误差，这些误差的结果累次叠加，构成总体的信息损失。增大量化的比特数和信号处理时的比特数可以减小这些误差。最早的数字处理摄像机采用 8bit 的量化级，相对于 256 级的量化电平，由此产生的量化损失不容忽略。如果量化比特数提高为 10bit，则量化电平可以达到 1024 级，相应的信噪比可以达到 66dB 以上，其噪声实际上可以忽略。但是考虑到计算中产生的舍位和进位误差的积累，优秀的摄像机通常采用 12bit、14bit 甚至更高比特的信号处理器。摄像机通常采用比特透明的处理方式，即采用非压缩、全比特的处理方式，因此不存在压缩和解压缩引起的质量损失。如果信号采用压缩的方法进行存储、加工、传输时，则还应该考虑压缩以及码流变换造成的质量损失。

码率高设备的要求高。根据 ITU-R 601（CCIR601）推荐的取样参数，即 4 ：2 ：2 的取样方式，Y 信号的取样频率为 13.5MHz，色差信号 R-Y 和 B-Y 信号的取样频率均为 6.75MHz。如果采用 8bit 量化，则可以计算视频信号的数据码率：（13.5+2×6.75）×8=216Mbps，扣除消隐区的无效信息后：216×［（64-12）/64×（312.5-25）/312.5］=161.46Mbps，这里暂不考虑声音信号的信息，因为同步信息量很少，予以忽略。由此可知，量化比特数为 8bit 时，视频信号的码率仍然高达 161Mbps，就是说摄像机每秒至少必须处理 1.6 亿 bit 的数据量。如果采用 10bit、12bit、14bit 的量化级，则数据量还要按比例急

剧增加，而摄像机的所有处理都必须是实时处理。因此，对于内装的 IC 和微处理器的运算能力和运算速度提出了很高的要求，可见高质量数字摄像机的生产并非易事。

目前，我国各电视台已经采用数字摄像机进行信号采集，其中 SONY、Panasonic、PHILIPS、CANON、Thomson、JVC、HITACHI 和 Ikegami 等品牌的数字摄录一体机在技术上较为成熟，应用也最广。

二、数字摄像机的新技术

目前，众多数字摄像机厂家推出的新型广播级摄像机产品，越来越多地采用带有拜尔滤色片（Bayer-Filter）的单片感光器件摄像机。由于去掉了棱镜分色，使得摄像机的体积更为小型化。单片 CMOS 感光器件的关键部分是拜尔滤色片，拜尔滤色片就是覆盖在 CMOS 感光器件表面的，按照一定规律排列的一组红、绿、蓝滤色片。如图 1-1 所示，该图是拜尔滤色片阵列中红绿蓝的典型排列方式，绿红并列交替放在奇数行，蓝、绿并列交替放在偶数行。从图中可以看出，绿色占 50%，红色和蓝色各占 25%，这样做主要是为了迎合“人眼对绿色敏感”这一视觉特性。实际上各家产品的拜耳滤色片阵列的排列方式和形状都会有所不同，例如 SONYF35 采用条形栅状排列，F65 型则采用方形 45° 排列，这种排列使像素的利用率达到了传统拜尔图形的两倍，有效的排列方式可以在同样尺寸下提高像素数，实现分辨率与宽容度（亮度反差的范围，即图像细节范围）的最佳平衡。

图 1-1　拜尔滤色片

由于感光单元只可以感知光线的强弱，而不能感知光的颜色，所以没有拜尔滤色片的感光器件只能拍摄黑白画面，而覆盖上拜尔滤色片后，通过镜头的光线经过拜尔滤色片时，只有和滤色片上颜色点对应的彩色光才能通过，并使该颜色点下面的感光单元发生光电转换。假设一束白光进入镜头，经过滤色片阵的光线过滤，入射到各感光单元（各像点）上的就是红、绿、蓝三个基色光中的某一色光：处于红滤色片下面的像点只接受红光，绿滤色片下面的像点只接受绿光，蓝滤色片下面的像点只接受蓝光。拜尔滤色片阵下面的每一个像点只能感应红、绿、蓝三个基色中的一个色彩分量，这样感光器件上每一个像素点都会产生一个数据（电压值），这些数据就是感光器件捕获的、没有经过任何处理的、无损的、数据量非常大的原始影像数据，又称为拜尔片阵图像。摄像机在进行下一步 R/G/B 到 YCrCb 变换、压缩编码记录之前，或是后期对原始数据进行编辑之前都要做拜尔解码处理，以便获取 R/G/B 三个彩色通道的数据信号。拜尔解码处理实际上就是对带有拜尔滤色片的感光器件捕获的影像进行差值运算，以重建全彩色影像，以便进行影像编辑，这些后续步骤与其他摄像机的输出信号处理方式差异不大。

单片感光器件摄像机的亮度信号分辨率能够达到三片感光器件摄像机的水平，经过拜尔解码的影像在全高清时（Full HD）应大于 340 万像素，在超高清（4K）时应在 1300 万以上像素。如 SONYF65 型摄像机的感光器件总像素数达到 2000 万，其有效像素数在 1830 万以上，达到了 65mm 胶片的拍摄效果，可以很好地与当前超高清 4K（4096×2160）匹配。

三、智能摄像机的主要特点

面对大数据、云计算时代，建设“智慧城市、平安社区”已进入一个全新的时期，智能分析服务器的诞生使得这个目标跨出了第一步：前端摄像机采集视频信号，后端由智能分析服务器进行分析并提取视频中有价值的目标信息，最后生成结构化的数据。但是，受性能限制，当前主流服务器一台也只能同时分析 6 ～ 8 路高清视频，如果要实现 2000 路高清视频的智能分析，至少需要动用 250 台服务器。面对平安城市几千路到几十万路不等的监控点规模，其成本不言而喻。如果能将智能分析端前移，让前端摄像机具备分析能力，其成本又

可控，无疑将推动智能分析在智慧城市（家庭）、平安城市建设中的先锋应用。

目前已经有全新的智能摄像机，即感知型摄像机。智能摄像机能够分析识别视频中所有的运动目标，可进行 24h360° 自动旋转跟踪，并提取出这些目标的详细特征信息，最后生成语义描述，连同抓拍的目标快照、原始视频一起上传至后端，这种情形下的智能摄像机只记录变化的画面。通过智能摄像机将视频转换成文本描述数据，结合后端大数据平台和专业的视频分析软件即视频智能分析技术，就可在实际应用中进行人、车目标的语义搜索、研判比对，从而快速锁定目标。根据监控场景和需要识别的内容，目前智能摄像机主要分为特征分析摄像机、车辆卡口摄像机、人员卡口摄像机三类。这三类摄像机的功能、适应场景异同见表 1-2。

表 1-2　特征分析摄像机、车辆卡口摄像机、人员卡口摄像机比较

	功能	适用场景
特征分析摄像机	能在较为宽广的画面中捕获运动目标，并准确识别出每一个目标的类型、尺寸、颜色、方向、速度等	适用于相对开阔、人车流量并不是很大的场景
车辆卡口摄像机	不仅能够准确抓拍和识别车辆信息，还能准确识别车标、车型、车身颜色等更丰富的车辆特征	城市主干道、出入口、重要道路路口、港口、机场、车站
人员卡口摄像机	通过视野较小的断面视频，能够准确抓拍最佳的人脸照片及识别人员行进的方向、速度等更丰富的人员特征信息；通过专利技术，人员卡口摄像机还能抓拍人的整个轮廓，即使背对镜头，头的轮廓和全身也能准确抓拍	人行道、重点出入口、港口、机场、车站等

目前智能分析摄像机的智能方面主要分为两个方向，一是以智能识别功能为主，如车牌识别、人脸识别等，主要应用于交通、港口、机场、车站等场所；二是以行为分析功能为主，如周界防范、人数统计、自动追踪、逆行、禁停等，主要应用于围墙周界警戒区、商场、交通、景区流量统计以及道路禁停禁放、

违章逆行、场景跟踪等方面。可见，智能摄像机除了具有光电转换、A/D 转换、压缩编码和输出环节外，比传统的数字摄像机还多了智能分析等环节，其中视频编码压缩和视觉分析算法是关键技术。智能摄像机的问世，满足了各行业特点的需求，极大地提高了工作效率。国内市场上，小米、360、vimtag、海康等著名厂商已推出性能与功能都不错的相关产品。

第四节　电视信号的数字化过程

一、模拟信号的取样及其取样结构

（一）取样与取样定理

就目前而言，数字电视信号的获取并非都是数字摄像机直接通过光电转换而来，用模拟视频信号转换为数字信号，实现高质量的数字视频信号的操作是最常用的技术之一。取样一保持、量化及编码是模拟信号数字化的基本过程。由于采样时间极短，采样输出为一串断续的窄脉冲，而要把每一个采样的窄脉冲信号数字化，是需要一定的时间的，因此在两次采样之间应将采样的模拟信号暂时存储起来，存储到下一个采样脉冲到来之前，通常借助 MOS 场效应管的分布电容实现保持。数字化的基本过程如图 1-2 所示。

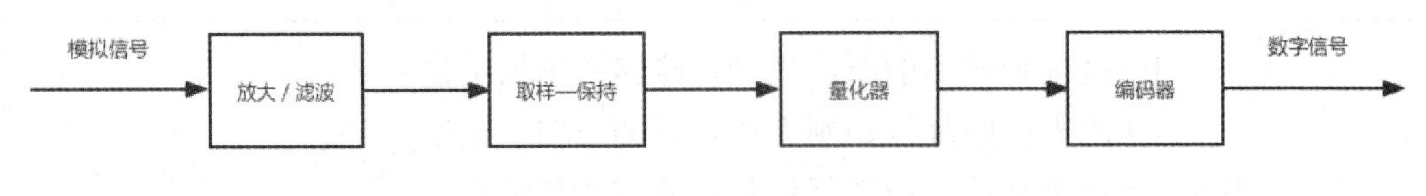

图 1-2　模拟信号的数字化过程

原始或自然的声像信号均为模拟的，在由模拟信号转换为数字信号的过程中首先就是取样，因此“取样”是连接现实世界和信息化世界的桥梁。一般地，取样是按照奈奎斯特（Nyquist）取样定理对模拟信号进行取样，即取样信号的频率 f_s 大于或等于 2 倍的模拟信号 f_t 的最高频率 f_{max}，也就是 $f_s \geqslant 2f_{max}$。

麦克风、话筒等拾音器或传声器就是能使声音信号转化成电信号的常见器件，在数字电视系统中与视频信号一样，也要进行 ADC。一般地，用信号频

带 2 倍的 Nyquist 速率进行直接采样，这种 ADC 虽然输出速率非常快，但是它们的精度不高，其主要原因是模拟器件很难做到严格的匹配和线路的非线性。过采样 ADC 不需要严格的器件匹配技术要求，并且较容易达到高精度。过采样 ADC 并不像 Nyquist ADC 那样通过对每一个模拟采样数值进行精确量化来得到数字信号值，而是通过对模拟采样值进行一系列粗略量化成数字信号后，再通过数字信号处理的方法将粗略的数字信号进一步精确。在过采样条件下，信号的采样频率非常高，使抗混叠滤波器的过渡带比较宽，一般一阶或二阶的模拟滤波器就可以满足要求。高分辨率的过采样 ADC 已广泛应用于数字音频系统，使音频信号的动态范围和信噪比大大提高。

（二）亮色取样结构

取样结构是指信号的取样点在空间上与时间上的相对位置，有正交结构和行交叉结构等形式。在数字电视中一般采用信号处理较为简单的正交结构，这种结构在图像平面上沿水平方向取样点等间隔排列，沿垂直方向上对齐排列，尽管在恢复图像的质量上没有复杂的行交叉结构好。为了保证取样结构是正交的，要求行周期 T_H 必须是取样周期 T_s 的整数倍，即要求取样频率 f_s 应是行频 T_H 的整数倍，即 $f_s=n \cdot f_H$。根据人眼的视觉特性，亮、色取样率是不一样的，以满足视频编码器的要求。如果是数字信号，还须完成 4 ∶ 2 ∶ 2 或 4 ∶ 2 ∶ 0 或 4 ∶ 4 ∶ 4 等取样形式。不同的取样结构，表明亮色信号间不同的取样关系（也与视频码流的宏块有关），常见的亮色比取样结构如下：

① 4 ∶ 2 ∶ 2 的取样结构，两个色差在水平方向上是亮度的一半，但垂直方向上是一样的，其亮度的列数应为偶数。如果亮度信号（f_Y）的取样频率是 13.5MHz，其色差信号的取样频率（$f_{cr,}f_{cb}$）为 6.75MHz，即 f_Y ∶ f_{cr} ∶ f_{cb}=4 ∶ 2 ∶ 2 这种格式主要用于标准清晰度电视的演播室中。

②对于 4 ∶ 1 ∶ 1 的取样结构，其色差信号的取样频率为亮度的 1/4，即在水平方向上是每 4 个亮度对应一个色差，但垂直方向上是一样的，表明如果每个有效行内有 720 个亮度样点，那么相同行只有 180 个色差样点。

③若是 4 ∶ 2 ∶ 0 的取样结构，表明在水平方向和垂直方向上都是每 2 个亮度样点对应 1 个色差样点，即每 4 个亮度样点对应 1 个色差样点，2 个色度

像素（U 和 V）取值是在 4 个亮度样点的中间，并非它们真正的位置。显然，这种结构的亮度信号在水平和垂直方向上的样点数是偶数，且色差样点可以通过 4 ：2 ：2 结构中的色差样点通过内差法换算得到。4 ：2 ：0 格式是 SDTV 信源编码中使用的格式，且 MPEG-2 中也是以这种格式为基础的，但是它也不属于 CCIR601 建议中的演播室编码参数规范。

④若是 4 ：4 ：4 的取样结构，则亮度样点与色差样点具有相同数量的结构形式，在要求高质量的信源如 HDTV 的情况下，可以采用这种格式。

1. 电视信号的数字化简史

自 1948 年提出视频数字化的概念后，CCIR 于 1982 年提出了电视演播室数字编码的国际标准 CCIR601 号建议，确定以亮度分量 Y 和两个色差分量 R-Y、B-Y 为基础进行编码，作为电视演播室数字编码的国际标准。601 号建议如下：

①亮度抽样频率为 525/60 和 625/50 三大制式行频公倍数的 2.25MHz 的 6 倍，即 Y、R-Y、B-Y 三分量的抽样频率分别为 13.5MHz、6.75MHz、6.75MHz。现行电视制式亮度信号的最大带宽是 6MHz，13.5MHz ＞ 2×6MHz ＝ 12MHz，满足奈奎斯特定理（抽样频率至少要等于视频带宽的两倍）。考虑到抽样的样点结构应满足正交结构的要求，两个色差信号的抽样频率均为亮度信号抽样频率的一半。

②抽样后采用线性量化，每个样点的量化比特数用于演播室为 10bit，用于传输为 8bit。

③建议两种制式有效行内的取样点数亮度信号取 720 个，两个色度信号各取 360 个，这样就统一了数字分量编码标准，使三种不同的制式便于转换和统一。所以有效行 Y、R-Y、B-Y 三分量样点之间的比例为 4 ：2 ：2（720 ：360 ：360）。

此外，在 1983 年 CCIR 又做了三点补充：

①明确规定编码信号是经过预校正的 Y、R-Y、B-Y 信号。

②相应于量化级 0 和 255 的码字专用于同步，1 ～ 244 的量化级用于视频信号。

③进一步明确了模拟与数字行的对应关系，并规定了从数字有效行末尾至基准时间样点的间隔，对 525/60 和 625/50 两种制式分别为 16 个和 12 个样点。

CCIR601号建议的制定，是向着数字电视广播系统参数统一化、标准化迈出的第一步。在该建议中，规定了625和525行系统电视中心演播室数字编码的基本参数值。601号建议单独规定了电视演播室的编码标准。它对彩色电视信号的编码方式、取样频率、取样结构都做了明确的规定。它规定彩色电视信号采用分量编码。所谓分量编码，就是彩色全电视信号在转换成数字形式之前，先被分离成亮度信号和色差信号，然后对它们分别进行编码。分量信号（Y、B-Y、R-Y）被分别编码后，再合成数字信号。它规定了取样频率与取样结构，例如在4：2：2等级的编码中，规定亮度信号和色差信号的取样频率分别为13.5MHz和6.75MHz。取样结构为正交结构，即按行、场、帧重复，每行中的R-Y和B-Y取样与奇次（1，3，5…）Y的取样同位置，即取样结构是固定的，取样点在电视屏幕上的相对位置不变。它规定了编码方式，对亮度信号和两个色差信号进行线性PCM编码，每个取样点取8比特量化。同时，规定在数字编码时，不使用A/D转换的整个动态范围，只给亮度信号分配220个量化级，黑电平对应于量化级16，白电平对应于量化级235。为每个色差信号分配224个量化级，色差信号的零电平对应于量化级128。

2.601标准

601标准即ITU-R BT601，主要内容有16位数据传输，21芯，Y、U、V信号同时传输。601是并行数据，行场同步有单独输出。简单地说，JTU-RBT.601是“演播室数字电视编码参数”标准。

（1）采样频率

为了保证信号的同步，采样频率必须是电视信号行频的倍数。CCIR为NTSC.PAL和SECAM制式制定的共同的电视图像采样标准：f_s=13.5MHz。。这个采样频率正好是PAL.SECAM制行频的864倍，NTSC制行频的858倍，可以保证采样时采样时钟与行同步信号同步。对于4：2：2的采样格式，亮度信号用f_s频率采样，两个色差信号分别用f_s/2=6.75MHz的频率采样，由此可推出色度分量的最小采样率是3.375MHz。

（2）分辨率

根据采样频率，可算出对于PAL和SECAM制式，每一扫描行采样864个样

本点；对于 NTSC 制则是 858 个样本点。由于电视信号中每一行都包括一定的同步信号和回扫信号，故有效的图像信号样本点并没有那么多，CCIR601 规定对所有的制式，其每一行的有效样本点数为 720 点。由于不同的制式，其每帧的有效行数不同（PAL 和 SECAM 制为 576 行，NTSC 制为 484 行），CCIR 定义 720×484 为高清晰度电视 HDTV 的基本标准。

（3）数据量

CCIR601 规定，每个样本点都按 8 位数字化，也即有 256 个等级。但实际上亮度信号占 220 级，色度信号占 225 级，其他位作为同步、编码等控制用。如果按人的采样率及 4 ∶ 2 ∶ 2 的格式采样，则数字视频的数据量为 13.5(MHz)×8(bit)+2×6.75(MHz)×8(bit)=27Mbyte/s。可以算出，如果按 4 ∶ 4 ∶ 4 的方式采样，数字视频的数据量为每秒 40 兆字节，按每秒 27 兆字节的数据率计算，一段 10 秒的数字视频要占用 270 兆字节的存储空间。按此数据率，一张 680 兆字节容量的光盘只能记录约 25 秒的数字视频数据信息，而且即使高倍速的光驱，其数据传输率也远远达不到每秒 27 兆字节的传输要求，视频数据将无法实时回放。这种未压缩的数字视频数据量对于计算机和网络来说，无论存储或传输都是难以实现的，所以在多媒体中应用数字视频的关键是数字视频的压缩技术。

二、量化原理与量化误差

（一）量化原理

所谓量化就是把连续的幅值再离散化，便于用有限个二进制数表示取样值的过程。形象地说“量化”如同人买鞋对应一定的鞋码一样（略大或略小一点），而人类实际的脚长在一定范围内是一个连续数。如果每个取样值采用单独量化，则称为标量量化，此法简单；而如果将若干个数据或取样值分成组构成一个矢量，然后在矢量空间（码书）进行整体量化，即为矢量量化，它主要对付复杂的数字信号处理，能得到更大压缩的输出信号，比如彩色图像压缩、语言处理、数字水印等。标量量化主要应用于模数转换中，它把取样值的最大变化范围 A 分为 M 个小区间，每一小区间称为分层间隔 ΔA（量化间距或量化电平），M

又称为分层总数（或称为量化级数），所以有$M=A/\Delta A$。当采用二进制编码时，则 $M=2^n$，n=1,2,3,…为量化比特数，即码元位数。因此，量化就是把模拟信号取样后的电平值归并到预先划定的有限个电平等级上，用 2^n 去逼近取样点的值。

标量量化按归并的方式，又可分为只舍不入和舍入方式两种。其中，只舍不入量化又称为截尾量化，即当取样信号电平处在两个量化等级之间时，将其归并到下面的量化等级上，而把超过的部分舍去。可见，这种方式量化的最大误差接近一个ΔA。至于舍入方式的量化又称为四舍五入量化，即当取样信号电平超过某一量化等级一半时，归并到上一量化等级；而即当取样信号电平低于某一量化等级一半时，则将其归并到下一量化等级。不难看出，舍入方式的量化最大量化误差为$\Delta A/2$。鉴于舍入方式较只舍不入的误差小，所以通常选用这种量化方式。此外，如果在输入信号的动态范围内，任何处的量化间隔幅度相等的量化，即称为均匀量化或线性量化时，这种情况下的量化也可简单地理解为四舍五入的过程。可见，模数转换不是一个精确的过程，主要是由于量化误差具有不确定性，即高达该差值的正的或负的$\Delta A/2$。在采用 8 比特或 10 比特的码元时，这种不确定性基本上以随机的方式出现，因而其效果等同于引入随机噪声（或称为量化噪声）。

（二）量化误差的确定

因为量化噪声对衡量量化编码是非常重要的一个量，所以在此就量化噪声进行简单的分析研究。量化信噪比推导过程如下：设输入信号为v_i，T为取样周期，v_0为量化后输出的阶梯信号，$e_{(t)}$为量化误差，则有 $e(t)=v_0-v_i$，舍入量化时，e(t) 除 v_0 的极大值和拐折点是缓变区外，其余部分都是锯齿状，可得 $e(t)=\Delta A\cdot t/T$。若设 e(t) 的平方在单位电阻上所产生的量化噪声功率为N_q，则有：

$$N_q=\frac{1}{T}\int_{-T/2}^{T/2}[e(t)]^2dt=\Delta A^2/12 \qquad 式（1-1）$$

对于电视这样的单极性信号的量化信噪比 S/N 为：

$$S/N=\text{信号峰—峰值}/\text{噪声均方根值}$$

$$=\Delta A\times 2^{n}\sqrt{\frac{\Delta A^{2}}{12}}$$

$$=2\sqrt{3}\times 2^{n}$$ 式（1-2）

或用分贝表示：

$$(S/N)dB=20\log\left[2\sqrt{3}\times 2^{n}\right]=10.8+6n(dB)$$ 式（1-3）

根据式（1-3），其均匀量化比特数（n）与量化信噪比 $(S/N)dB$ 的关系见表 1-3。

表 1-3 均匀量化比特数（n）与信噪比（S/N）关系

$n(bit)$	5	6	7	8	9	10
$(S/N)dB$	41dB	47dB	53dB	59dB	65dB	71dB

可见，量化间隔 ΔA 越小或比特数 n 越大，量化误差所引起的失真功率 N_q 就越小。理论上，为了减小量化失真，量化比特数越大越好，但同时器件的规模及成本将增大，且与压缩编码降低比特率相矛盾，此矛盾的解决取决于人眼辨别编码失真的可见度，而一个高质量的编码图像是指经编码后的复原图像与原始图像在主观上的差别极小，因为人眼的视觉特性就是图像压缩编码的重要判据。量化比特数 n 与信噪比（S/N）dB 呈现 6dB 的线性关系，由此可见从降低数码率 $R_B=f_s\times n$ 考虑，n 愈小愈好。从全电视图像信号量化信噪比（S/N）dB=14+6n（dB）考虑，n 愈大愈好。目前先进数字摄像机 n=10 比特以上为多，当采用均匀量化时，由于量化间距 ΔA 固定，所以量化信噪比（S/N）dB 随输入信号幅度 A 的增加而增加。这就使得在强信号时固然可把噪声淹没掉，但在弱信号时，因信号在取样时间 T 内的幅度较小而丢舍的相对大信号较多，则噪声的干扰就

十分明显。为改善弱信号的信噪比，同时要保证在输入信号幅度变化时，其量化信噪比基本不变，对于实际的视频信号压缩编码中，更多的是采用非均匀量化如日趋成熟的高效差分脉冲编码调制（DPCM）就是采用非均匀量化，即输入大信号时输出采取粗量化（ΔA大），输入小信号时输出细量化（ΔA小）。对于非均匀量化，此时式（1-3）可写成$S/N=2\sqrt{3}A/\Delta A$。对非均匀量化也可采用在均匀量化，即在编码器之前，对输入信号的大幅度信号进行非线性压缩，也可实现非线性量化。采用非均匀量化能显著地改善信噪比，例如根据人耳的听觉特性，即掩蔽效应，噪声对大信号的干扰因掩蔽效应而听不到。小信号对噪声的掩蔽作用小，而小信号出现的概率又比较大，所以改善小信号的信噪比对整体音质的改善比较明显，同时非均匀量化还可以合理地降低传输带宽，所以非均匀量化的实用价值更大。

第五节　数字化信号的编码输出

彩色电视信号数字化编码有复合编码与分量编码两种。直接对彩色全电视信号进行脉冲编码调制（PCM），其电路的优点是只要一套ADC设备，电路比较简单，传输数码率较低，但由于被数字化的信号包含有彩色副载波，故易产生取样信号与副载波及其谐波间的差拍干扰，量化后易产生色调与色饱和度失真。而分量编码是对亮度信号Y和色差信号U（B-Y）、V（R-Y）或三基色信号R、G、B分别进行PCM，这种编码需要三套ADC，设备较复杂、成本高，传输码率也较高，但随着超大规模集成电路的飞速发展，目前应用更多的还是分量编码。采用分量编码因为它不仅图像质量高，而且便于三种体制（NTSC、PAL、SECAM）下的节目交流。

由上可见，取样、量化后的视频信号并非最后的输出数字信号，必须经过“编码”这一重要过程，同音频和数据信息编码一样，此编码输出的信号将是构成基本码流（Elementary Stream）的最重要形式之一。编码除了自然二进码外，还有格雷码和折叠二进制码等。常见的编码输出形式及其主要特点见表1-4。

表 1-4　常见的二进制编码形式及其特点

量化电平（幅度）	自然二进制码	格雷码	折叠二进制码	特点
0	0000	0000	0011	1. 自然二进制码是权码，和二进制数一一对应，模数或数模转换电路简单易行，但相邻码间在转换时易出现冲激电流，抗干扰较差； 2. 格雷码相邻电平间转换只有一位变化，抗干扰较强，但数模或模数转换较复杂； 3. 折叠二进制码沿中心电平上下对称，适于表示正负对称信号，抗干扰最强
1	0001	0001	0010	
2	0010	0011	0001	
3	0011	0010	0000	
4	0100	0110	0100	
5	0101	0111	0101	
6	0110	0101	0110	
7	0111	0100	0111	

第二章　数字电视技术

第一节　数字电视的信源编解码技术

一、视频压缩的必要性和可行性

数字电视信号在获取后经过的第一个处理环节就是信源编码。信源编码是通过压缩编码来去掉信号源中的冗余成分，以达到压缩码率和带宽，实现信号有效传输的目的。视频经过数字化处理后具有易于加密、抗干扰能力强、可再生中继等诸多优点，但是由于数字化的视频数据量十分巨大，不利于传输和存储。若不经压缩，数字视频传输所需的高传输率和数字视频存储所需要的巨大容量，将成为推广数字电视视频通信的最大障碍，这就是进行视频压缩编码的根本原因。

以某路电视信号为例，设数字化后的图像分辨率为720×576，帧频为25帧/s，Y：U：V为4：2：2，量化精度为8bit，则数码率为165.9Mbit/s。以64Kbit/s作为一个数字话路，若不加压缩，为传输该路电视图像需要占用2592个数字话路，这在实际应用中难以接受。若用一个容量为1GB的硬盘来存储这样的数据，则只能存储不到1min的图像。对于HDTV信号，若不加压缩，数码率可接近1Gbit/s。因此，压缩编码必不可少。

数据压缩不仅是必要的，而且是可行的。因为在图像中的视频数据存在着极强的相关性，即存在着很大的冗余度。冗余数据造成比特数浪费，消除这些冗余可以节约码字，也就是达到了数据压缩的目的。压缩编码就好像把牛奶中的水分挤掉制成奶粉一样，需要时又可将水倒入奶粉做成牛奶，正如在接受端可以通过解码恢复图像信号。

（一）空间冗余

在一幅图像中，规则物体和规则背景（规则指表面是有序的）的表面物理特性具有相关性，这些相关性的光成像结果在数字化图像中就表现为数据冗余。如图 2-1 所示的图像，椭圆图形内和背景灰度、颜色都是平稳的，只有椭圆边界处有灰度变化。绝大部分相邻像素的灰度信号值比较接近，具有极强的相关性，如果先去除冗余数据再进行编码，则使表示每个像素的平均比特数下降，这就是通常所说的图像的帧内编码，即以减少空间冗余进行数据压缩。

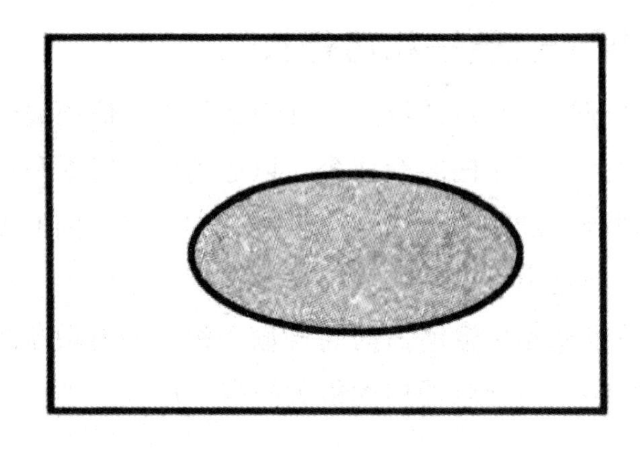

图 2-1

（二）时间冗余

在一幅图像序列的两幅相邻图像中，后一幅图像与前一幅图像有着较大的相关，这反映为时间冗余。通常用减少帧间传输的数目来减少时间冗余，采用运动估计和运动补偿的技术来满足解码重建图像的质量要求。

（三）结构冗余

电视画面中的许多结构存在规律性。例如，太阳是圆的，海面是平的，楼房建筑多为长方形，人的面部和身体具有对称性，即使那些树木花草，在整体上看也存在着很强的纹理结构。电视画面这种结构的规律性通常称为结构冗余。

（四）视觉冗余

电视画面好坏的最终鉴别工具是人的眼睛。显然对于人眼难于识别的部分

有关数据或对于人眼视觉效果影响甚微部分的数据，传输时可以省去，这些多余部分就称为视觉冗余。

研究表明，人眼对运动图像内容、灰度等级及图像细节三者的分辨力是密切相关的。一般情况是对亮度比对色度信号敏感，对低频信号比对高频信号敏感，对静止图像比对运动图像敏感，对图像的水平及垂直线条比对斜线条敏感。例如，观察一匹站着不动的马时，可以看清其颜色、眼睛和鼻子等，甚至一根根鬃毛也分得清清楚楚。但当这匹马奔驰而过时，这些细节却难以分辨。另外，在观察大面积的像块时，对灰度等级的分辨力很高，而对轮廓细节的分辨力较低，这些情况均说明人眼接收综合信息的速率有限。

根据人眼的这种视觉特性，显然可以合理选择图像帧频率、量化电平及采样频率三个参数，而不影响传输图像的质量。例如，当传送静止图像或运动很慢的图像时，可以减少每秒传送图像帧数目；在对应每幅图像景物的边沿轮廓等细节部分可选用高的采样频率，同时降低量化比特数；当传送快速运动物体图像时，应提高传输图像速度，但同时降低量化电平比特数和采样频率。这就是利用人眼的视觉冗余来实现码率压缩的依据。

二、常用的视频压缩编码技术

（一）预测编码

预测编码是根据某一种模型，利用以前的（已收到）一个或几个样本值，对当前的（正在接收的）样本值进行预测，将样本实际值和预测值之差进行编码。如果模型足够好，图像样本时间上的相关性很强，一定可以获得较高的压缩比。具体来说，从相邻像素之间有很强的相关性特点考虑，如当前像素的灰度或颜色信号，数值上与其相邻像素总是比较接近，除非处于边界状态。那么，当前像素的灰度或颜色信号的数值可用前面已出现的像素的值，进行预测（估计），得到一个预测值（估计值），将实际值与预测值求差，对这个差值信号进行编码、传送，这样就不用传送每一个图像像素，在接收端只需将收到的预测误差的码字解码再与预测值相加，即可得到当前像素值。

（二）变换编码

变换编码不是直接对空域图像信号编码，而是首先将空域图像信号变换到另一个正交矢量空间（变换域或频域），产生一批变换系数，然后对这些变换系数进行编码处理。由于原始图像中像素之间存在很强的相关性，而经过变换之后，各变换系数接近统计独立，去掉了像素之间的相关性，去除了图像的空间冗余，实现了图像的压缩。

（三）统计编码

统计编码是根据信源的概率分布特性，分配具有唯一可译性的可变长码字，降低平均码字长度，以提高信息的传输速度，节省存储空间。其基本原理是在信号概率分布情况已知的基础上，概率大的信号对应的码字短，概率小的信号对应的码字长，这样就降低了平均码字长度。最佳变长统计编码即为霍夫曼（Huffman）编码，其编码算法如下：①将图像的灰度等级按概率大小进行升序排序；②在灰度级集合中取两个最小概率相加，合成一个概率；③新合成的概率与其他的概率成员组成新的概率集合；④在新的概率集合中，仍然按照步骤②至③的规则，直至新的概率集合中只有一个概率为 1 的成员；⑤从根节点按前缀码的编码规则进行二进制编码。

霍夫曼编码在无失真的编码方法中效率优于其他编码方法，是一种最佳变长码，其平均码长接近于熵值。但是实现霍夫曼编码的基础是源数据集中各信号的概率分布要事先已知。

三、常用的音频压缩编码技术

（一）MUSICAM 压缩编码

MUSICAM 编码称为掩蔽型自适应通用子频带综合编码与复用（MaskingPat-ternA-daptedUniversalSubbandIntegratedCodingAndMultiplexing），MU-SICAM 采用子带编码，变换域编码等频域措施，在量化比特分配中利用听觉阈值（低于该值的声音便听不到）、听觉掩蔽效应等声心理学因素。

编码器的输入信号是每声道为 768Kbit/s 的数字化声音信号，输出是经过压缩编码的数字音频信号，称为 MUSICAM 信号，其总的数码率根据不同需要可

为 32 ～ 384Kbit/s。

MUSICAM 编码的采样速率为 32KHz、44.1KHz 和 48KHz 三挡；采用 16 比特均匀量化；单音的数码率为 32Kbit/s、64Kbit/s、96Kbit/s、128Kbit/s、192Kbit/s 五挡；立体声数码率为 128Kbit/s、192Kbit/s、256Kbit/s 和 384Kbit/s 四挡，比只采用 PCM 编码的激光唱片数码率 1.4Mbit/s 要低得多。

1. 滤波器组

滤波器组是由具有特殊相位关系和相等带宽（750Hz）的多相滤波器构成，其作用是将时域中的宽带 PCM 信号变为 32 个 750Hz 窄带的子频带。对 PCM 信号进行 32 个子带分割，就是对 PCM 信号进行 32 倍的采样过程，每个子频带采样窗口即为 t=1/750Hz=1.3ms，这样高的时间分辨率，为信号在时域的分析和处理提供了条件。子频带滤波器具有以下特点：

①串行 PCM 数据流变成 32 个子频带的并行数据流后，总数码率没有变化。每个子频带内的采样频率降为串行时的 1/N，即 48KHz÷32=1.5KHz 每个子频带的数码率也降为串行时的 1/N，即 768Kbit/s÷32=24Kbit/s，因此，子频带分割简化了编码的复杂性。

②提高了单位子频带内的信噪比。子频带内的编码噪声，在解码后只局限在相应的子频带内，不会扩散到其他子频带内，即使有的子频带内信号较弱，也不会被其他子频带的编码噪声所掩盖。

2. 快速傅里叶变换（FFT）

输入的 PCM 信号同时还送入 FFT 单元。FFT 的变换长度 N=1024，经 FFT 变换的输出值送入心理声学模型进一步处理。在采样频率 f_s=48KHz 时，通过 FFT 得到的频率分辨率为 f_s/1024=46.875Hz。

输入 PCM 信号通过多相滤波器组滤波后具有较高的时间分辨率，高的时间分辨率可以保证在有短暂冲击声音信号的情况下，编码的声音信号仍有足够高的质量。输入 PCM 信号通过 FFT 信号具有较高的频率分辨率，高的频率分辨率可以实现尽可能低的数据率。

3. 心理声学模型

心理声学模型是模拟人耳听觉掩蔽特性的一个数学模型，它根据 FFT 的输出值计算信号掩蔽比（SMR，Signal to Mask Ratio）。步骤是依次为每个频带最大声级的确定；静听阈的确定；信号中的单调成分（类似正弦波）和非单调成分（类似噪声）的确定；从掩蔽音中选取一部分，得到相关掩蔽音；计算相关掩蔽音各自的同听阈；由各同听阈确定总同听阈，进而确定总掩蔽阈；各子频带最小掩蔽阈的确定；计算各子频带被称为“块”的每 12 个连续采样值的最大声级与最小总同听阈之差（均以分贝表示），即得到 SMR。

4. 比例因子、比例因子选择信息及其编码

比例因子（SCF，Scale Factor）是一个无量纲的系数。每个子频带中连续的 12 个数据值组成一个块，在 f_s=48KHz 时，这个块相当于 12×32/48×103=8ms。这样在每一子频带中，以 8ms 为一个时间段，对 12 个数据值的块一起计算，求出其中幅度最大的值。在一个子频带中彼此相继的比例因子差别很小，可以用 12 个采样值中的最大值作为块的动态特征值。然后从规范表中找出与块动态特征值相对应的比例因子，对数据值块幅度进行标定和表示，这就是子频带采样值比例因子的提取。MUSICAM 的音频帧长度（24ms）相当于 36 个连续子频带采样值，每个子频带每帧应该传送 3 个比例因子。

为了降低用于传送比例因子的数据率，还需采取附加的编码措施。由于声音频谱能量在较高频率时出现明显的衰减，比例因子从低频子频带到高频子频带出现连续下降。所以将一帧 24ms 之内的 3 个连续的比例因子按照不同的组合共同地编码和传送，信号变化小时，只传送其中一个或两个较大的比例因子：信号变化大时，3 个比例因子都传送。用比例因子选择信息（SCFSI，Scale Factor Selection Information）描述被传送比例因子的数量和位置的信息，SCFSI 仅有 2 比特，可编码为 00、01、10 和 11，分别代表传送 3 个比例因子的四种方法。不需传送比例因子的子频带，也不需要传送 SCFSL 采用 SCFSI 后，用于传送比例因子所需的数据率平均可压缩约 1/3。

5. 动态比特分配及其编码

比特分配器根据来自滤波器组的输出数据值和来自心理声学模型的 SMR 由 MNR（掩蔽噪声比）决定比特。MNR 是 SNR 与 SMR 的差值，单位是 dB。SMR 由子频带中信号的动态范围决定，并由听觉心理模型实时计算输出。如果 SMR 值高，

说明子带内可掩蔽的噪声幅度大，这样量化 SNR 可降低，分配的量化比特数也可减少。反之，SMR 值低，允许的噪声幅度要小，则量化 SNR 就需要提高，量化比特数分配就要多些。由于音频信号是不断变化的，得到的是一个动态比特率，这就是动态比特分配。动态比特分配的原则是在满足最佳的听音效果的前提下，MNR 应该达到最小。

6. 子频带数据值的量化编码

子频带数据值的量化编码首先是进行归一化处理，即对每个子频带 12 个连续的数据值分别除以比例因子，得到用 x 表示的值，然后按以下步骤进行量化。①计算 $Ax+B$（A, B 量化系数）；②取 n 个最高有效位，n 为分配给各子频带的比特数；③反转 n 个最高有效位，即码位倒置。

7. 音频比特流的格式化

MUSICAM 编码器中的帧形成器将数据格式化为头部、比特分配、比例因子选择、比例因子、音频数据、附属数据的帧格式，每个音频帧对于 48KHz 采样频率而言，相当于 1152 个 PCM 音频采样，持续期为 24ms。

MUSICAM 音频编码有以下特点：

①利用声音信号的统计规律和人的听觉心理模型，在减少数据处理复杂性和降低技术实现难度的基础上，有效地降低了数据传输率，在保证高音质的前提下实现了压缩编码，最终达到了优质的听音效果。

② MUSICAM 独有的特点是用查表方式实现声音特征的提取、量化、编码和传输格式形成，它有利于信号处理和压缩编码；同时对接收机中的解码器来说，只需存储相应的数据表，可用查表方法恢复信号数据，无须复杂的计算过程。这样，接收机的解码器就可做得非常简单，有利于推广和普及。

③ MUSICAM 中，每个子频带的比特分配数据表可以利用软件提供，如果改变每个子频带的比特分配表，就可以控制和调整 MUSICAM 处理数据的数码率，实现对不同的音质要求进行不同的数码率压缩处理，因此，MUSICAM 具有灵活的数据处理和应用能力。

（二）AC-3 环绕立体声压缩编码

ATSC 规定电视伴音压缩标准是杜比实验室开发的 AC-3 系统。该系统的音

响效果为高保真立体环绕声。“家庭影院”的音响系统多数采用此标准。

杜比 AC-3 规定的采样频率为 48KHz，它锁定于 27MHz 的系统时钟。每个音频节目最多可有 6 个音频信道这 6 个信道是中心（Center）、左（Left）、右（Right）、左环绕（Left Surround）、右环绕（Right Surround）和低频增强（LFE，Low Frequency Enhancement）。

LFE 信道的带宽限于 20 ～ 120Hz，主信道的带宽为 20KHz。在美国的 HDTV 标准中，AC-3 可以对 1 ～ 5.1 信道的音频源编码。所谓 0.1 信道是指用来传送 LFE 的信道，动态范围可达到 100dB。

关于立体声的形式，ITU-R、SMPTE、EBU 的专家组建议用一个中心信道 C 和两个环绕声信道 Ls、Rs 加上基本的左和右立体声信道 L 和 R 作为基准的声音格式。这称为“3/2 立体声”（3 向前 /2 环绕信道），共需 5 个信道。在用做图像的伴音时，3 个向前的信道保证足够稳定的方向性和清晰度。

1.AC-3 编码原理概述

AC-3 编码系统采用了全音域杜比噪声衰减系统，在没有音频信号掩蔽时，集中力量降低或消除噪声，在其他时间根据人的听觉频率选择性地把每个声道的音频频谱分割成不同带宽的子频带，结果使噪声处在距音频信号频率分量很近的频率上，就很容易被音频信号所遮盖。

除了降低噪声以保证音质外，杜比 AC-3 系统为降低数码率，对各频带采用不同的采样率，根据频谱或节目的动态特性来分配各频带的比特数。

AC-3 通过一个共同“比特池”（类似缓冲存储器）来决定不同声道的比特数分配，频率多的声道分配比特数多，频率稀疏的声道分配比特数少，这样可以用一个声道的强信号遮盖其他声道的噪声。在每一声道中则必须保证每一频带所分配的比特数都足够多，以全部掩蔽声道内的噪声。这一功能通过听觉掩蔽模型使编码器改变它的频率选择性（以便动态地划分窄频带）来实现，可见杜比 AC-3 的高级掩蔽模型和共享比特池是实现高效编码的关键因素。

AC-3 将多声道作为一个整体进行编码，比单声道编码效率高，同时对各个声道和每个声音内的各频带信号用不同的采样率进行量化、对噪声进行衰减或掩蔽，这样 AC-3 系统的数码率降低而音质损害很小。AC-3 至少可以处理

20bit 动态范围的数字音频信号，频率范围为 20Hz ～ 20KHz（0.5dB），3Hz 和 20.3KHz 处为 -3dB。重低音声道频率范围为 20 ～ 120Hz（0.5dB），3Hz 和 12Hz 处为 -3dB，且支持 32KHz、44.1KHz、48KHz 的采样频率。AC-3 的数字音频数据经加误码纠错后数码率仅为 384Kbit/s，因此 ITU-R 在 1992 年正式接受 AC-3 的 5.1 声道格式。

AC-3 含有 MPEG 系统的时间印记（time stamp），故可与 MPEG 视频同步。

2.AC-3 系统的框图

AC-3 编码器接受声音 PCM 数据，最后产生压缩数据流。AC-3 算法通过对声音信号频域表示的粗略量化，可以达到很高的编码增益，其编码过程如图 2-2 所示。

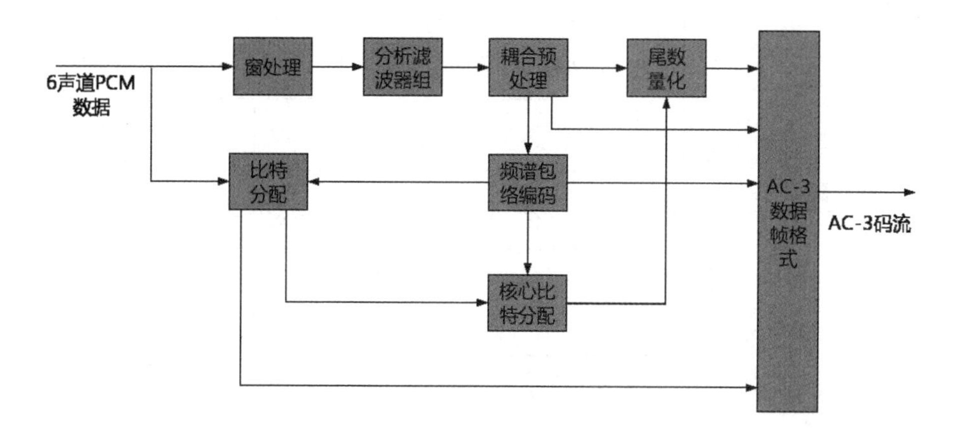

图 2-2　AC-3 编码器原理框图

第一步把时间域内的 PCM 数据值变换为频域内成块的一系列变换系数。每个块有 512 个数据值，其中 256 个数据值在连续的两块中是重叠的，重叠的块被一个时间窗相乘，以提高频率选择性，然后被变换到频域内。由于前后两块重叠，每一个输入数据值出现在连续两个变换块内。因此，变换后的变换系数可以去掉一半而变成每个块包含 256 个变换系数，每个变换系数以二进制指数形式表示，即一个二进制指数和一个尾数。指数集反映了信号的频谱包络，对其进行编码后，可以粗略地代表信号的频谱。同时，用此频谱包络决定分配给每个尾数多少比特数。如果最终信道传输码率很低，而导致 AC-3 编码器溢出，

此时要采用高频系数耦合技术，以进一步减少数码率。最后把 6 块（1536 个声音数据值）频谱包络、粗量化的尾数以及相应的参数组成 AC-3 数据帧格式，连续的帧组成了码流传输出去。

AC-3 解码器基本上是编码的反过程，如图 2-3 所示是其原理方框图。AC-3 解码器首先必须与编码数据流同步，经误码纠错后再从码流中分离出各种类型的数据，如控制参数、系数配置参数、编码后的频谱包络和量化后的尾数等。然后根据声音的频谱包络产生比特分配信息，对尾数部分进行反量化，恢复变换系数的指标和尾数，再经过合成滤波器组由频域表示变换到时域表示，最后输出重建的 PCM 数据值信号。

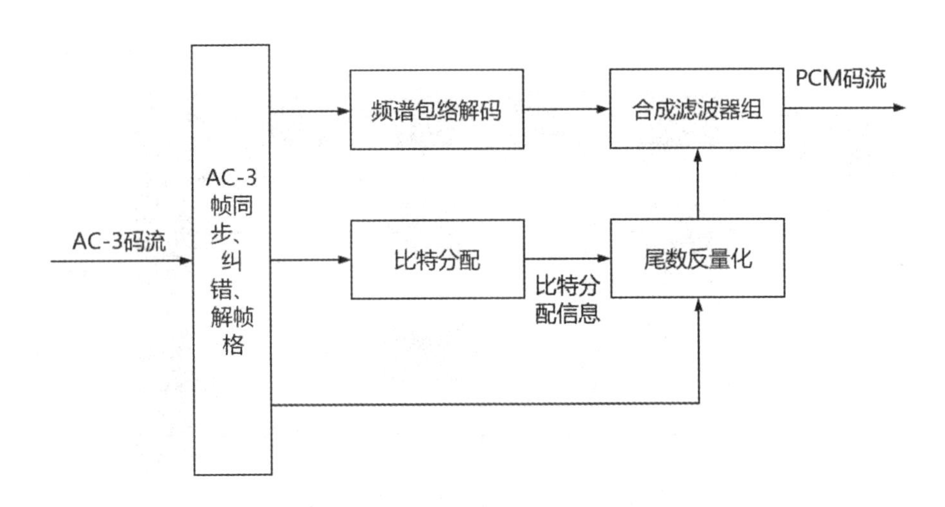

图 2-3　AC-3 解码器原理框图

第二节　数字电视系统复用技术

我们知道多套模拟电视节目是通过将每套节目安排在不同的载波频道上来实现区分的，地面开路电视广播频道设计在 48.5 ～ 958MHz，每个频道节目占用 8MHz。接收的时候，由电视机的高频头电路产生不同的接收频率，从而实现不同频道节目的传输和接收。数字电视在一个模拟电视信道中可传送多路数字电视节目，想要实现多路数字电视节目的传送，需要将多路数字节目的 TS 流进

行再复用，以适应传输系统的需要，这种多路节目的复用称为系统复用。

一、TS 码流结构分析

码流(Data Rate)是指视频文件在单位时间内使用的数据流量,也称为码率,是视频编码中画面质量控制中最重要的部分。同样的分辨率下，视频文件的码流越大，压缩比就越小，画面质量就越高。MPEG 码流分为图像部分的 MPEG-Video 码流和声音部分的 MPEG-Au-di 码流，MPEG-Video 码流和 MPEG-Audio 码流复合成独立的 MPEG-System 码流。MPEG-2 中定义了四种码流，分别为基本码流（ES）、打包基本码流（PES）、节目码流（PS）和传送码流（TS）。

节目码流（PS，Program Stream）是由一个或多个视频及音频码流组合而成的单一码流。节目码流应用在相对无误码的环境中,其数据包可以是任意长度。

传送码流（TS，Transport Stream）是由一个或多个节目组成的单一码流，而一个节目又是具有同一时基的多个基本码流的集合。传送码流设计为应用在相对存在误码的环境中，其数据小包具有 188 字节的固定长度。

MPEG-2 系统层数据处理的框图如图 2-4 所示，视频信号和音频信号经编码后生成各自的基本码流 ES。视频和音频的码流分别按一定的格式在打包器中打包，构成具有以某种格式打包的基本码流 PES，分别称为视频 PES 和音频 PESO 将视频、音频的 PES 以及辅助数据按不同的格式再打包，然后进行复用，则分别生成传送码流 TS 和节目码流 PS。

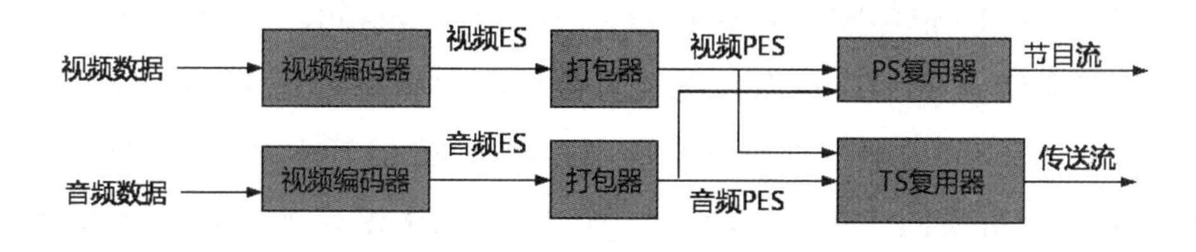

图 2-4　MPEG-2 系统数据处理

（一）ES

在数字电视的码流中，ES 是指组成数字电视的主要元素（如视频、音频、数据等）按照相应的标准，经过信源编码或其他处理后所形成的有格式的数据流。

ES 的格式与相应元素的编码或处理标准相关，如 MPEG-2 编码器输出的视频 ES 符合 MPEG-2 标准。按像块层、宏块层、像条层、图像层、图像组层、图像序列层的顺序依次编码，并在除像块和宏块外的每一层的开始处加上起始码和头标志，就形成 MPEG-2 的基本码流。

（二）PES

PES 是打包生成的基本码流，是将基本的码流 ES 流根据需要分成长度不等的数据包，并加上包头就形成了打包的基本码流 PES 流。由于视频、音频编码器本身的特性，通常 PES 包的长度是可变的，视频 ES 和音频 ES 分别按一定的格式打包，构成具有某种格式的打包基本码流，分别称为视频 PES 和音频 PES。对 ES 打包后形成 PES，它的格式由 ISO13818-1 规定。PES 流的主要参数有流类型、包长度、PTS、DTS、加扰控制、版权信息等。

1 个 PES 包是由包头、ES 特有信息和包数据三部分组成。由于包头和 ES 特有信息二者可合成 1 个数据头，所以可认为 1 个 PES 包是由数据头和包数据（有效荷载）两部分组成的。

包头由起始码前缀、数据流识别及 PES 包长信息三部分构成。包起始码前缀是用 23 个连续“0”和 1 个“1”构成的，用于表示有用信息种类的数据流识别，是 1 个 8 位的整数。由二者合成 1 个专用的包起始码，可用于识别数据包所属数据流（视频，音频或其他）的性质及序号。

PES 包长用于包长识别，表明在此字段后的字节数。如 PES 包长识别为 2B，即 $2\times8=16$ 位字宽，包总长为 $2^{16}-1=65535$B，分给数据头 9B（包头 6B + ES 特有信息 3B），可变长度的包数据最大容量为 65526B。尽管 PES 包最大长度可达 65535B，但在通常的情况下是组成 ES 的若干个 AU 中的由头部和编码数据两部分组成的 1 个 AU 长度。1 个 AU 相当于编码的 1 幅视频图像或 1 个音频帧，图 3-27 右上角从 ES 到 PES 的示意图。这也可以说，每个 AU 实际上是编码数据流的显示单元，即相当于解码的 1 幅视频图像或 1 个音频帧的采样。

ES 特有信息是由 PES 包头识别标志、PES 包头长信息、信息区和用于调整信息区可变包长的填充字节四部分组成的 PES 包控制信息。其中，PES 包头识别标志由 12 个部分组成：PES 加扰控制信息、PES 优先级别指示、数据适配定

位指示符、有否版权指示、原版或副本指示、有否显示时间标记／解码时间标记标志、PES 包头有否基本流时钟基准信息标志、PES 包头有否基本流速率信息标志、有否数字存储媒体特技方式信息标志、有否附加的复制信息标志、PES 包头有否循环冗余校验信息标志、有否 PES 扩展标志。有扩展标志，表明还存在其他信息。例如，在有传输误码时，通过数据包计数器，使接收端能以准确的数据恢复数据流或借助计数器状态，识别出传输时是否有数据包丢失。

其中，有否 PTS/DTS 标志，是解决视音频同步显示、防止解码器输入缓存器上溢或下溢的关键所在。因为 PTS 表明显示单元出现在系统目标解码器（STD，System Target Decoder）的时间，DTS 表明将存取单元全部字节从 STD 的 ES 解码缓存器移走的时刻。视频编码图像帧次序为 I1P4B2B3P7B5B6I10B8B9 的 ES，加入 PTS/DTS 后，打包成一个个视频 PES 包。每个 PES 包都有 1 个包头，用于定义 PES 内的数据内容，以提供定时资料。每个 I、P、B 帧的包头都有 1 个 PTS 和 DTS，但 PTS 与 DTS 对 B 帧都是一样的，无须标出 B 帧的 DTS。对于 I 帧和 P 帧，显示前一定要存储于视频解码器的重新排序缓存器中，经过延迟（重新排序）后再显示，一定要分别标明 PTS 和 DTS。例如，解码器输入的图像帧次序为 I1P4B2B3P7B5B6I10B8B9，依解码器输出的帧次序，P4 应该在 B2、B3 前，但显示时 P4 一定要在 B2、B3 后，即 P4 要在提前插入数据流中的时间标志指引下，经过缓存器重新排序，以重建编码前视频帧次序 I1B2B3P4B5B6P7B8B9I10 显示。显然，PTS/DTS 标志表明对确定事件或确定信息解码的专用时标的存在，依靠专用时标解码器，可知道该确定事件或确定信息开始解码或显示的时刻。例如，PTS/DTS 标志可用于确定编码、多路复用、解码、重建的时间。

（三）PS

PS 是由具有公共时间基准的一个或多个视频／音频 PES 复用而成的单一码流。PS 是为相对无误码的本地应用环境而设计的，一般用于误码率较小的演播室和存储媒介（如 DVD 光盘）等场合。PS 包由包头、系统头、PES 包三部分构成。包头由 PS 包起始码、系统时钟基准（SCR，System Clock Reference）的基本部分、SCR 的扩展部分和 PS 复用速率四部分组成。两个包头之后便是 PES 包。

（四）TS

TS是由具有共同时间基准或具有独立时间基准的一个或者多个PES组成的单一数据流。TS不是由多个PS复用而成，它是由多个PES复用而成，但这些PES可以有一个公共的时间基准，也可以是几个独立的时间基准。TS是为易发生误码的传输信道环境和有损存储媒介设计的。TS层的主要参数有同步、传输错误指示、PID、连续计数、加扰控制、PCR等。

TS包由包头、自适应区和包数据三部分组成。每个包长度为固定的188B，包头长度占4B，自适应区和包数据长度占184B。184B为有用信息空间，用于传送已编码的视音频数据流。当节目时钟基准存在时，包头还包括可变长度的自适应区，包头的长度就会大于4B。考虑到与通信的关系，整个传输包固定长度应相当于4个ATM包。考虑到加密是按照8B顺序加扰的，代表有用信息的自适应区和包数据的长度应该是8B的整数倍，即自适应区和包数据为23×8B＝184B。

TS包的包头由同步字节、传输误码指示符、有效荷载单元起始指示符、传输优先、包识别、传输加扰控制、自适应控制和连续计数器八部分组成。其中，可用同步字节位串的自动相关特性，检测数据流中的包限制，建立包同步。传输误码指示符是指当不能消除误码时，采用误码校正解码器可表示1bit的误码，但无法校正;有效荷载单元起始指示符，表示该数据包是否存在确定的起始信息;传输优先，是给TS包分配优先权；PID值是由用户确定的，解码器根据PID将TS上从不同ES来的TS包区别出来，以重建原来的ES；传输加扰控制，可指示数据包内容是否加扰，但包头和自适应区永远不加扰；自适应区控制，用2bit表示有否自适应区，即（01）表示有有用信息且无自适应区，（10）表示无有用信息且有自适应区，（11）表示有有用信息且有自适应区，（00）无定义；连续计数器可对PID包传送顺序计数，据计数器读数，接收端可判断是否有包丢失及包传送顺序错误。显然，包头对TS包具有同步、识别、检错及加密功能。

TS包自适应区由自适应区长、各种标志指示符、与插入标志有关的信息和填充数据四部分组成。其中，标志部分由间断指示符、随机存取指示符、ES优化指示符、PCR标志、接点标志、传输专用数据标志、原始PCR标志、自适应

区扩展标志八部分组成。标志部分的 PCR 字段，可给编解码器的 27MHz 时钟提供同步资料，进行同步。其过程是通过 PLL，用解码时本地用 PCR 相位与输入的瞬时 PCR 相位锁相比较，确定解码过程是否同步，若不同步，则用这个瞬时 PCR 调整时钟频率。因为数字图像采用了复杂而不同的压缩编码算法，造成每幅图像的数据各不相同，使直接从压缩编码图像数据的开始部分获取时钟信息成为不可能。为此，选择了某些（而非全部）TS 包的自适应区来传送定时信息。于是，被选中的 TS 包的自适应区，可用于测定包信息的控制比特和重要的控制信息。自适应区无须伴随每个包都发送，发送多少主要由选中的 TS 包的传输专用时标参数决定。标志中的随机存取指示符和接点标志，在节目变动时，为随机进入 I 帧压缩的数据流提供随机进入点，也为插入当地节目提供方便。自适应区中的填充数据是由于 PES 包长不可能正好转为 TS 包的整数倍，最后的 TS 包保留一小部分的有用容量，通过填充字节加以填补，这样可以防止缓存器下溢，保持总码率恒定不变。

二、TS 码流信令分析

（一）PSI 信息

数字电视中专门定义了节目信息 PSI，用于引导接收机自动设置对 TS 流解码，主要包括以下四项内容：

① PAT（Program Association Table）。节目关联表，该表的 PID 是固定的 0x0000，它的主要作用是指出该传输流 ID，以及该路传输流中所对应的几路节目流的 MAP 表和网络信息表的 PID。

② PMT（Program Map Table）。节目映射表，该表的 PID 是由 PAT 提供的，通过该表可以得到一路节目中包含的信息。例如，该路节目由哪些流构成和这些流的类型（视频、音频、数据），指定节目中各流对应的 PID，以及该节目的 PCR 所对应的 PID0。

③ NIT（Network Information Table）。网络信息表，该表的 PID 是由 PAT 提供的。NIT 的作用主要是对多路传输流的识别，NIT 提供多路传输流，物理网络及网络传输的相关的一些信息，如用于调谐的频率信息以及编码方式、

调制方式等参数方面的信息。

④ CAT（Conditional Access Table）。条件访问表，PID 为 0x0001。

（二）DVB 中的 SI

MPEG-2 的 PSI 中提供了不少的相关节目组成和相互关系的信息，从而使得在接收端可以正确地对多路传输流进行分解。但是，这些信息在实际使用时仍显得不够，为此在 DVB 中专门采用业务信息 SI 对 PSI 信息进行了进一步的扩展。

SI 主要包括以下一些信息表：

① NIT。NIT 的作用主要是对多路传输流的识别，NIT 提供多路传输流、物理网络及网络传输相关的一些信息，如用于调谐的频率信息以及编码方式、调制方式等参数方面的信息。根据此信息设置 IRD（Integrated Receiver Decoder），可以进行多路传输流之间的切换。

② SDT（Service Description Table）。用于描述系统中各路节目的名称，该节目的提供者是否有相应的时间描述表等方面的信息。该表可以描述当前传输流，也可以描述其他的传输流，由 Table ID 进行区分。

③ EIT（Event Information Table）。该表表示对某一路节目的更进一步的描述。它提供事件的的名称、开始时间、时间长度、运行状态等。

④ TDT（Time and Data Table）。该表提供当前的时间信息，用来对 IRD 的解码时钟进行更新。

⑤ BAT（Bouquet Association Table）。该表提供一系列类似节目的集合。这些节目可以不在同一个传输流中，利用该表可以很方便地进行相关节目或某一类节目的浏览和选择。

⑥ RST（Running Status Table）。该表提供某一具体事件的运行状态，可用于按时自动地切换到指定的事件。

⑦ TOT（Time Offset Table）。该表提供当地时间与 TDT 之间的关系，与 TDT 配合使用。

⑧ TSDT（Transport Stream Description Table）。由 PID0x0002 标识，提供传输流的一些参数。

⑨ ST（Stuffing Table）。该表表明其内容是无效的，只是作为填充字节。

SI 有以下主要用途：

①根据 NIT、PAT、PMT 等信息可以进行自动的频道调谐。

②更方便地对节目进行选择和定位。

③实现电子节目指南 EPG（Electronic Program Guide）等。

PSI 中的信息基本上都是与当前码流相关的，即它们所涉及的内容都与当前码流中的部分信息相关。与 PSI 不同的是，SI 的信息可以包括不在当前码流中的一些服务和事件，允许用户进行更多的选择和了解更多的其他服务信息。

DVB 规定携带 SI 信息的传输包必须用指定的 PID，指定的 PID 分配表见表 2-1。

表 2-1　PID 分配表

PID 值	表
0x0000	PAT
0x0001	CAT
0x0002	TSDT
0x0003 ～ 0x000F	预留
0x0010	NIT，ST
0x0011	SDT，BAT，ST
0x0012	EIT，ST
0x0013	RST，ST
0x0014	TDT，TOT，ST
0x0015	网络同步
0x0016 ～ 0x001B	预留使用
0x001C	带内信令
0x001D	测量
0x001E	DIT
0x001F	SIT

在表 2-1 中可以看到同一个 PID 可以对应不同的表，要把这样的表区分开来，

需要进一步找到 Table ID 进行识别。Table ID 表见表 2-2。

表 2-2　Table ID 表

值	描述
0x00	节目关联段
0x01	条件接收段
0x02	节目映射段
0x03	传输流描述段
0x04 ～ 0x3F	预留
0x40	现行网络信息段
0x41	其他网络信息段
0x42	现行传输流业务描述段
0x43 ～ 0x45	预留使用
0x46	现行传输流业务描述段
0x47 ～ 0x49	预留使用
0x4A	业务群关联段
0x4B ～ 0x4D	预留使用
0x4E	现行传输流事件信息段，当前 / 后续
0x4F	其他传输流事件信息段，当前 / 后续
0x50 ～ 0x5F	现行传输流事件信息段，时间表
0x60 ～ 0x6F	其他传输流事件信息段，时间表
0x70	时间 - 日期段
0x71	运行状态段
0x72	填充段
0x73	时间偏移段
0x74 ～ 0x7D	预留使用
0x7E	不连续信息段
0x7F	选择信息段
0x80 ～ 0xFE	用户定义
0xFF	预留

有了这两个 ID 就可以在码流中找到任何一张表。

三、TS 流的解码过程

解复用器按照下述过程实现 TS 流的基本解码。

①从 PAT 获取 TS 流中所有节目映射表。

②从节目映射表中获取每个节目（本设计为本地文件，只含有一个 PMT）数据（视频和音频）的 PID。

③根据传输过来的数据 PID 对视频数据和音频数据进行系统层复用解码。系统层复用解码是循环执行由 TS 得到 PES，由 PES 得到 ES 的过程。

（一）PAT 解码

PAT 表携带以下信息：

① TS 流 ID——transport_stream_id，该 ID 标志唯一的流 ID。

②节目频道号——program_number，该号码标志 TS 流中的一个频道，该频道可以包含很多的节目（可以包含多个 Video PID 和 Audio PID）。

③ PMT 的 PID——program_map_PID，表示本频道使用哪个 PID 作为 PMT 的，因为 PID 可以有很多的频道，因此 DVB 规定 PMT 的 PID 可以由用户自己定义。

（二）PMT 解码

PMT 表中包含如下数据：

①当前频道中包含的所有 Video 数据的 PID。

②当前频道中包含的所有 Audio 数据的 PID。

③和当前频道关联在一起的其他数据的 PID（如数字广播、数据通信等使用的 PID）。

（三）音视频解码

音视频解码有如下数据：

①根据音频 PID 解码音频数据到缓存区。

②根据视频 PID 解码视频数据到缓存区。

③和当前频道关联在一起的其他数据放到数据区中。

四、TS 流测试的三级错误

根据 DVB 最新的 TR101290 测试标准，将 DVB/MPEG-2TS 流的测试错误指示

分为三个等级：

①第一级是可正确解码所必须的几个参数。

②第二级是达到同步后可连续工作必须的参数和需要周期监测的参数。

③第三级是依赖于应用的几个参数。

第一级共六种错误，包括同步丢失错误、同步字节错误、PAT 错误、连续计数错误、PMT 错误及 PID 错误。

①传送码流同步丢失错误。连续检测到 5 个正常同步视为同步，连续检测到 2 个以上不正确同步则为同步丢失错误。传送码流失去同步错误，标志着传输过程中会有一部分数据丢失，直接影响解码后画面的质量。

②同步字节错误。同步字节值不是 0x47。同步字节错误和同步丢失错误的区别在于同步字节错误传输数据仍是 188 或 204 包长，但同步字头的 0x47 被其他数字代替。这表明传输的部分数据有错误，严重时会导致解码器解不出信号。

③ PAT 错误。标识节目相关表 PAT 的 PID 为 0x0000，PAT 错误包括标识 PAT 的 PID 没有至少 0.5s 出现一次，或者 PID 为 0x0000 的包中无内容，或者 PID 为 0x0000 的包的包头中的加密控制段不为 0。PAT 丢失或被加密，则解码器无法搜索到相应的节目；PAT 超时，解码器工作时间延长。

④连续计数错误。TS 包头中的连续计数器是为了随着每个具有相同 PID 的 TS 包的增加而增加，为解码器确定正确的解码顺序。TS 包头连续计数不正确，表明当前传送码有丢包、包重叠、包顺序错现象，会导致解码器不能正确解码。

⑤ PMT 错误。节目映射表 PMT 标识并指示了组成每路业务的流的位置，及每路业务的 PCR 字段的位置。PMT 错误包括标识 PMT 的 PID 没有达到至少 0.5s 出现一次，或者所有包含 PMT 表的 PID 包的包头中的加密控制段不为 0。PMT 被加密，则解码器无法搜索到相应的节目；PMT 超时，影响解码器切换节目时间。

⑥ PID 错误。检查是否每一个 PID 都有码流，没有 PID 就不能完成该路业务的解码。

第二级共六种错误，包括传输错误、CRC 错误、PCR 间隔错误、PCR 抖动错误、PTS 错误及 CAT 错误。

①传输错误。TS 包头中的传送包错误指示为“1”，表示在相关的传送包

中至少有 1 个不可纠正的错误位，只有在错误被纠正之后，该位才能被重新置“0”。而一旦有传送包错误，就不再从错包中得出其他错误指示。

② CRC 错误。在 PSI 和 SI 的各种表中出现 CRC 错误，说明这些表中的信息有错，这时不再从出现错误的表中得出其他错误信息。

③ PCR 间隔错误。PCR 用于恢复接收端解码本地的 27MHz 系统时钟，如果在没有特别指明的情况下，PCR 不连续发送时间一次超过 100ms 或 PCR 整个发送间隔超过 40ms，则导致接收端时钟抖动或者飘移，影响画面显示时间。

④ PCR 抖动错误。PCR 的精度必须高于 500ns 或 PCR 抖动量不得大于 ±500ns。PCR 抖动过大，会影响到解码时钟抖动甚至失锁。

⑤ PTS 错误。PTS 重复发送时间大于 70ms，则对帧图像正确显示产生影响。PTS 只有在 TS 未加扰时方能接收。

⑥ CAT 错误。TS 包头中的加密控制段不为“0”，但没有相应的 PID 为 0x0001 的条件接收表 CAT，或在 PID 为 0x0001 的包中发现非 CAT 表。CAT 表将指出授权管理信息 EMM 包的 PID 并控制接收机的正确接收，如果 CAT 表不正确，就不能正确接收。

第三级共十种错误，包括 NIT 错误、SI 重复率错误、缓冲器错误、非指定 PID 错误、SDT 错误、EIT 错误、RST 错误、TDT 错误、空缓冲器错误和数据延迟错误。第三级错误并非是 TS 的致命错误，但会影响一些具体应用的正确实施。

NIT 标识错误或传输超时，会导致解码器无法正确显示网络状态信息。

SDT 标识错误或传输超时，会导致解码器无法正确显示信道节目的信息。

EIT 标识错误或传输超时，会导致解码器无法正确显示每套节目的相关服务信息。

第三节　数字电视信道编码技术

一个完整的数字电视系统，在从信源至接收的全过程中，对数字电视信号进行的编码包括信源编码、信道编码以及加密与解密。其中，信源编码与信道编码是对数字电视信号进行处理的重要步骤，信源编码已经详细介绍过，本节详细介绍信道编码。而加密与解密则主要用于数字电视条件接收系统，

它是数字电视的一大重要特征，其目的是实现数字电视的有偿服务机制，使授权用户能够得到所需要的数字电视节目及其服务，从而保证数字电视运营系统的良性循环。

数字电视系统对信道编码技术有以下要求：

①编码效率要高、抗干扰能力要强。

②对传输信号应有良好的透明性，即传输通道对于传输信号的内容不加限制。

③传输信号的频谱特性应与传输信道的通频带有最佳的匹配性。

④编码信号内应包含数据定时信息与帧同步信息，以便接收端能够准确解码。

⑤编码的数字信号应具有适当的电平范围。

⑥发生误码时，误码的扩散蔓延小。

以上要求可概括为以下两点：一是通过附加一些数据信息以实现最大的检错、纠错能力，这将涉及差错控制编码的原理及特性；二是数据流频谱特性适应传输信道的通频带特性，以使信号能量经由通道传输时的损失最小，这将涉及数字信号序列的频谱形成技术，即传输码型选取及转换。此外，应该明确的是任何信道编码技术的检错、纠错能力都在一定限度之内，当信道中的干扰很严重、传输误码超出一定限度时，信道编码系统将无法纠正这些错误。

数字电视系统信道编码技术主要包括纠错编码技术、数据交织技术、网格编码技术、均衡技术等，它们可提高数字电视信号的抗干扰能力，再利用调制技术即可将数字电视信号放在载波或脉冲串上，从而为信号发射做好准备。同时，必须清楚信道编码的实质是寻找适合数字电视信号在相应传输信道中的安全传输模式，使经过信道编码后的数字码流能够匹配信道传输特性、减少误码与差错。因此，信源编码以后的所有编码措施，包括扰码、交织、卷积等都可以划分到信道编码的范畴。

一、差错控制编码概述

（一）差错控制编码的基本概念

1. 差错控制编码的作用

由于实际信道存在噪声和干扰，使发送的码字与信道传输后所接收的码字之间存在差异，这种差异称为差错。为了降低差错、提高系统传输的可靠性，需要对信号进行信道编码，也称为差错控制编码。因而差错控制编码实际是一种信号处理技术，其基本思路是根据一定的规律在待发送的信息码中加入一些多余的码元，以保证传输过程的可靠性：主要任务就是构造出以最小多余度代价换取最大抗干扰性能的码。

2. 信道类型

一般情况下，信道噪声、干扰越大，码字产生差错的概率也就越大。在无记忆信道中，噪声独立随机地影响着每个传输码元，因此接收的码元序列中的错误是独立随机出现的。以高斯白噪声为主体的信道属于这类信道，太空信道、卫星信道、同轴电缆、光缆信道以及大多数视距微波接力信道均属于这一类型信道。在有记忆信道中，噪声、干扰的影响往往是前后相关的，错误是成串出现的，通常称这类信道为突发差错信道。实际的衰落信道、码间干扰信道均属于这类信道，典型的有短波信道、移动通信信道、散射信道、受大的脉冲干扰和串话影响的明线和电缆信道，以及磁盘中的划痕、涂层缺损所造成的成串的差错。另外，有些实际信道既有独立随机差错也有突发性成串差错，称为混合信道。

3. 错误图样

设发送的是 n 个码元长的序列 S，通过信道传输到达接收端的序列为 R。由于信道中存在干扰，R 序列中的某些码元可能与序列 S 中对应位的码元不相等，也就是产生了错误。对于二进制序列，错误只能是由 0 变成 1 或由 1 变成 0，因此，用二进制序列 E 表示信道中的干扰，E 中的每一位表示在传输过程中该位对应的 S 序列中的码元是否发生错误，如果发生错误则该位为“0”；如果没有发生错误则该位为“1”，称 E 为信号的错误图样，即接收序列 R 为发送序列 S 和错误

图样 E 的模 2 和。

4. 信息码元与监督码元

信息码元又称为信息位，是发端由信源编码后得到的被传送的信息数据比特，其长度通常以 k 表示。在二元码的情况下，每个信息码元的取值只有 0 或 1，故总的信息码组数共有 2K 个，即不同信息码元取值的组合共有 2K 组。

监督码元又称为监督位或附加数据比特，这是为了检、纠错而在信道编码时加入的判断数据位，其长度通常以 r 表示。

k 位信息码元和 r 位监督码元一起构成的码组长度为 $n=k+r$ 。

5. 许用码组与禁用码组

信道编码后的总码长为 n ，总的码组数为 2n。其中被传送的信息码组有 2K 个，通常称为许用码组；其余的码组共有（2n-2K）个，不传送，称为禁用码组。发端误码控制编码的任务即是寻求某种规则从 2n 个总码组中选出 2K 个许用码组；而收端译码的任务则是利用相应的规则来判断及校正收到的码字。通常又把信息码元数 k 与编码后的总码元数目（码组长度）n 之比称为信道编码的编码效率或编码速率，表示为 $R=\frac{k}{n}=\frac{k}{k+r}$ 。

编码效率是衡量纠错码性能的一个重要指标，一般情况下，监督位越多（r 越大），检、纠错能力越强，但相应的编码效率也随之降低了。

6. 码重与码距

码组中“1”码元的数目称为码的重量，简称码重。两个码组对应位置上取值不同的位数，称为这两个码组之间的距离，简称码距，又称为汉明距离，通常用 d 表示。例如，000 与 101 两个码组的第一位和第三位不同，即二者之间的码距 d=2，000 与 111 之间码距 d=3。对于 (n,k) 码的 2K 个许用码组，各码组之间距离的最小值称为最小码距，通常用 d_0 表示。

最小码距 d_0 的大小与信道编码的检、纠错能力密切相关。分组码的最小码距与检、纠错能力的关系满足以下条件：

①在一个码组内为了检测 e 个误码，要求最小码距应满足 $d_0 \geqslant e+1$。

②在一个码组内为了纠正 t 个误码，要求最小码距应满足 $d_0 \geqslant 2t+1$。

③在一个码组内为了纠正 t 个误码，同时能检测 e 个误码 $(e>t)$，要求最小码距应满 $d_0 \geqslant e+t+1$。

（二）差错控制方式

差错控制编码必须针对上述几类信道，设计能纠正随机错误或纠正突发错误的码，或者设计既能纠正随机错误又能纠正突发错误的码，即对应不同信道采用不同的差错控制方式。

1. 检错重发方式（ARQ）

应用ARQ方式纠错的通信系统如图2-5所示。发送端发出能够检测错误的码，接收端收到通过信道传来的码后，在译码器中根据该码的编码规则，判决收到的码序列有无错误，并通过反馈信道把判决结果用判决信号通知发送端。发送端根据这些判决信号，把接收端认为有错的消息再次传送，直到接收端认为正确接收到消息为止。

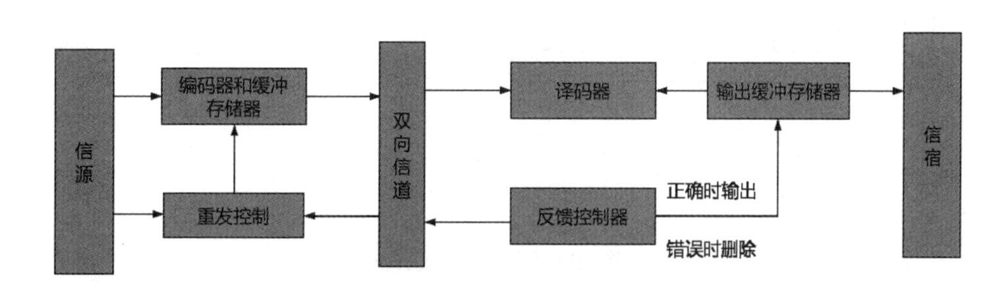

图 2-5　ARQ 通信系统

ARQ 的优点如下：

①编译码设备较简单。

②整个系统的纠错能力极强，能获得较低的误码率。

③由于检错码的检错能力与信道干扰的变化基本无关，因此该系统的适应性很强，尤其适用于短波、有线等干扰情况特别复杂的信道中。

ARQ 的缺点如下：

①必须有反馈信道。

②一般适用于一个用户对一个用户（点对点）的通信，不适用于同播。

③要求信源必须可控，控制电路比较复杂。

④传送消息的连贯性和实时性较差，故一般不适用于实时通信，例如电话通信。

2. 前向纠错方式（FEC）

利用前向纠错方式进行差错控制的数字通信系统如图 2-6 所示。发送端发出能够被纠错的码，接收端收到这些码后，通过纠错译码器不仅能发现错误，还能纠正错误。对于二进制系统，如果能够确定错码的位置，将该码元取补就能够纠正它，不需要发端重发了。前向纠错方式的优点是不需要反馈信道，能单向通信，可进行同播，特别适用于移动通信、军用通信，译码实时性好，控制电路比 ARQ 简单。其缺点是译码设备比较复杂。为了获得比较低的误码率，要纠正比较多的错误，往往以最坏的信道条件来设计纠错码，故要求附加的多余度码元比较多，因而传输效率比较低。

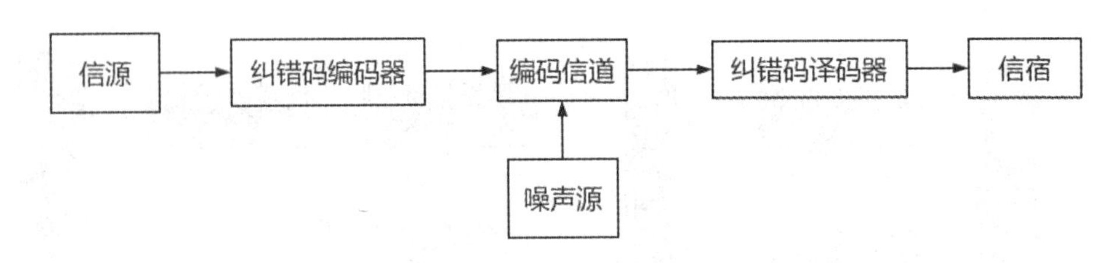

图 2-6　FEC 通信系统

3. 混合纠错方式（HEC）

混合纠错方式是发送端发送的码不仅能够检测出错误，而且还具有一定的纠错能力。

接收端收到码序列之后，首先检验错误情况，如果在纠错码的纠错能力以内，则自动纠正错误：如果错误很多，超过了该码的纠错能力，则接收端通过反馈信道发回重传请求，要求发送端重新传送出现错误的消息。这种方式在一定程度上避免了 FEC 方式需要复杂译码设备和 ARQ 方式信息连贯性差的缺点，在实时性和译码复杂性方面是 FEC 和 ARQ 方式的折中。它能使整个通信系统的误码率达到很低，近年来在许多实用系统中，特别是卫星通信中得到较广泛的应用。

4. 信息反馈系统（IRQ）

信息反馈系统是接收端把收到的消息原封不动地通过反馈信道送回发送端，发送端比较发送的消息与反馈回来的消息，从而发现错误，并且把传错的消息再次传送，直到最后使得接收端收到正确的消息为止。

（三）差错控制编码的分类

按不同的分类依据，差错控制编码有以下不同的分类方法：

①按照信道编码的不同功能，可以将它分为检错码和纠错码。检错码仅具备识别错码功能而无纠正错码功能；纠错码不仅具备识别错码功能，同时具备纠正错码功能。

②按照信息码元和监督码元之间的检验关系，可以将它分为线性和非线性码。如果两者呈线性关系，即满足一组线性方程式，就称为线性码；否则，两者关系不能用线性方程式来描述，就称为非线性码。

③按照信息码元和监督码元之间的约束方式不同，可以将它分为分组码和卷积码。在分组码中，编码后的码元序列每n位分为一组，其中包括k位信息码元和r位附加监督码元，即$n=k+r$，每组的监督码元仅与本组的信息码元有关，而与其他组的信息码元无关。卷积码则不同，虽然编码后码元序列也划分为码组，但每组的监督码元不但与本组的信息码元有关，而且与前面码组的信息码元也有约束关系。

④按照信息码元在编码后是否保持原来的形式，可以将它分为系统码和非系统码。在系统码中，编码后的信息码元序列保持原样不变，而在非系统码中，信息码元会改变其原有的信号序列。非系统码中原有码位发生了变化，使译码电路更为复杂，故较少选用。

⑤按照纠正错误的类型不同，可以将它分为纠正随机错误码和纠正突发错误码。前者主要用于产生独立的局部误码的信道，而后者主要用于产生大面积的连续误码的情况，如磁带记录中磁粉脱落或光盘盘面划损而发生的信息丢失。

⑥按照信道编码所采用的数学方法不同，可以将它分为代数码、几何码和算术码。

对于具体的数字设备，为了提高检错、纠错能力，通常同时选用几种差错

控制编码。

（四）检错和纠错的基本原理

Shannon（香农）的信道编码定理指出，对于一个给定的有干扰信道，如信道容量为C，只要发送端以低于C的速率R发送信息（R为编码器输入的二元码元速率），则一定存在一种编码方法，使编码错误概率力随着码长的增加，按指数下降到任意小的值。即可以通过编码使通信过程实际上不发生错误，或者使错误控制在允许的数值之下。Shannon这一理论为通信差错控制奠定了理论基础。

具体来说，码的检错和纠错能力是用信息量的冗余度来换取的。对于数字系统而言，一般信源发出的任何消息都可以用二元信号“0”和“1”来表示。例如，要传送A和B两个消息，可以用“0”码表示A，用“1”码表示B。这种情况下，若传输中产生错误，即“0”错成“1”，或“1”错成“0”，接收端都无法发现，因此，这种编码没有检错和纠错能力。

如果分别在“0”和“1″后面附加一个“0”和“1″，变为“00”和“11”，分别表示消息A和B。这时，在传输“00”和“11”时，如果一位发生错误，则变成“01”或“10”，译码器将可以发现错误，因为规定中没有使用“01”或“10”码字。这表明附加一位码（称为监督码）以后，码字具有了检出一位错码的能力。但译码器不能判决哪个位发生错误，所以不能予以纠正，表明没有纠错能力。本例中“01”和“10”为禁用码字，而“00”和“11”为许用码字。

进一步，若在信息码之后附加两位监督码，即用“000”代表消息B，这时，码组成为长度为3的二元编码，而3位的二元码有$2^3=8$种组合，本例中选择“000”和“111”为许用码字，余下的6组“001”“010”“100”“011”“101”“110”均为禁用码字。此时，如果传输中产生一位以上的错误，收端将收到禁用码字，因此收端可以判定传输过程中出错。同时，收端还可以根据“大数”法则来纠正一个错误，即3位码字中如有2个或3个“0”，判其为“000”码字（消息A）；如有2个或3个“1”，判其为“111”码字（消息B），所以，此时还可以纠正一位错码。如果在传输中产生两位错码，也将变为上述的禁用码字，译码器仍可判定传输过程中出错，但没办法纠正。本例中的码可以检出两位和两

位以下的错码以及纠正一位错码的能力。

由此可见，纠错编码之所以具有检错和纠错能力，是因为在信息码之外附加了监督码。监督码不荷载信息，它的作用是用来监督信息码在传输中有无差错，对用户来说是多余的，最终也不传送给用户，但它提高了传输的可靠性。监督码的引入，降低了信道的传输效率。一般来说，引入监督码元越多，码的检错、纠错能力越强，但信道的传输效率下降也越多。人们研究的目标是寻找一种编码方法使所加的监督码元最少，而检错、纠错能力又高且又便于实现。

二、几种常用的检错码

（一）奇偶校验码

奇偶校验码是一种检错码。其编码方法是首先将要传送的信息码分组，然后在每个信息码组后附加一位监督码（取“0”或“1”）。对于奇校验，是在加入监督码后使每组代码中“1”的个数为奇数个；对于偶校验，是在加入监督码后使每组代码中“1”的个数为偶数个。接收端译码时，按同样的规律检查，如发现码组中“1”的个数不相符就说明产生了差错，但不能确定差错的具体位置。例如，信源发送码字 01101001，采用奇校验，故在码字后面加监督码“1”，变成新的码组 011010011（“1”的个数为奇数个），信宿接收到码组后判断其中“1”的个数是奇数还是偶数，若为偶数，则可以判断该码组传输过程中出错。

设 $a_{n-1}, a_{n-2}, \cdots, a_0$ 是同一码组内各位数据信息码元，a_0 为监督位，其他位为信息位，则

偶校验时：$a_{n-1} \oplus a_{n-2} \cdots \oplus a_0 = 0$

奇校验时：$a_{n-1} \oplus a_{n-2} \cdots \oplus a_0 = 1$

奇偶校验码均能检测出奇数个错误，但不能发现偶数个错误，并且只能检错不能纠错。但其编码过程简单，故常常和其他纠错码一起使用。

（二）行列监督码

行列监督码也称为二维奇偶监督码，又称为方阵码。其编码方法是将要传送的信息码按一定的长度分组，每一码组后面加一位监督码，然后在若干码组结束后加一个监督码组，该码组的长度＝信息码组长度＋监督位个数。见表 2-3，

为行列监督码，其中每一行为信息码加一位监督码，在 m 行之后有一行为监督码组。如果是奇校验，则每一行末所加的监督码必须使该行内“1”码的个数为奇数，第 $m+1$ 行的监督码组中的每一位要使它所在的列中“1”码的个数也为奇数。在接收端，误码检测器将接收到的码组按表 2-3 方式排列，然后逐行逐列进行校验。

这种码除了可以检测出整个码矩阵中的奇数个错误外，还有可能检测出偶数个错误。因为每行的监督位虽然不能检测出本行中的偶数个误码，但按列的方向有可能由监督码检测出码组中有一行发生了偶数个错误。另外，这种码还具有一定的纠错功能，例如，当发现整个码矩阵中只有第 i 行和第 j 列有错时，则肯定是 a_j^i 误码，只要将其取反即可。

表 2-3　行列监督码组

	第 1 位	第 2 位	…	第 n 位	监督位
第 1 组	a_1^1	a_2^1		a_n^1	b^1
第 2 组	a_1^2	a_2^2		a_n^2	b^2
…	…	…	…	…	…
第 m 组	a_1^m	a_2^m		a_n^m	b^m
监督码组	C_1	C_2		C_n	c_b

（三）线性分组码

线性分组码是分组码中最重要的一类码，其编码方法是首先把信息序列按一定长度 k 分成若干信息组，每组由 k 个信息码元组成。然后，编码器按照预定的线性运算规则，把长为 k 的信息组变换成长为 $n(n>k)$ 的码字，其中 $(n-k)$ 个附加码元是由信息码元按某种线性运算规则产生的。这样就构成了线性分组码，用 (n,k) 表示。

长度为 n 的分组码，共有 2^n 种可能的组合，即有 2^n 个码字，但只有其中 2^k 个码字用来传送信息，这些码字为许用码字，其他码字为禁用码字。分组码的

编码即是制定相应的规则，从 2^n 个码字中选 2^k 个码字，构成 *(n, k)* 分组码。

以（7，3）分组码为例说明线性分组码的编码过程。（7，3）分组码中的信息码有 3 位，监督码有 7 － 3 ＝ 4 位，整个分组码共有 2^7 ＝ 128 种组合，其中只有 2^3 ＝ 8 个码字为许用码字。设该码的码字为（$c_6c_5c_4c_3c_2c_1c_0$），其中 C_6、C_5、C_4 为信息码元；C_3、C_2、C_1、C_0 为监督码元，每个码元取值为“0”或“1”。按如下方程组确定附加监督码元：

$$\begin{aligned}c_3&=c_6\oplus c_4\\c_2&=c_6\oplus c_5\oplus c_4\\c_1&=c_6\oplus c_5\\c_0&=c_5\oplus c_4\end{aligned}\qquad 式（2-1）$$

经移项变换为：

$$\begin{aligned}c_3\oplus c_6\oplus c_4&=s_1=0\\c_2\oplus c_6\oplus c_5\oplus c_4&=s_2=0\\c_1\oplus c_6\oplus c_5&=s_3=0\\c_0\oplus c_5\oplus c_4&=s_4=0\end{aligned}\qquad 式（2-2）$$

式 2-1 确定了由信息码元得到监督码元的规则，所以称为监督方程或校验方程。每给出一个 3 位的信息组，即可按照该监督方程编出一个码字，见。

该码的最小码距为 4，故能够纠正 1 个错误，同时能检测出 2 个错误。经式（2-1）移项得到式（2-2），其中 $s_1s_2s_3s_4$ 称为校验码。接收端收到一个码字之后通过监督方程判断是否出错，并且根据校验码的不同取值能够知道错误的位置从而进行纠正。由式（2-2）可知，当接收到的码字没有错误时，$s_1=s_2=s_3=s_4=0$；当接收到的码字有单个错误时，$s_1s_2s_3s_4$ 将有一个或几个不为 0，可根据 $s_1s_2s_3s_4$ 的取值确定错误的位置。本例中，根据 $s_1s_2s_3s_4$ 的不同结果判断错误的位置见表 2-5。

表 2-4　（7，3）分组码编码表

分组码码字		分组码码字	
信息码元	监督码元	信息码元	监督码元
000	0000	100	1110
001	1101	101	0011
010	0111	110	1001
011	1010	111	0100

表 2-5　（7，3）线性分组码的检、纠错方法

$s_1s_2s_3s_4$	错误位置	判断依据
0000	无错	
0001	C_0	由 $s_1s_2s_3$ 决定 C_1 ～ C_6 正常
0010	C_1	由 $s_1s_2s_4$ 决定 C_0、C_2 ～ C_6 正常
0011	有两个错误	
0100	C_2	由 $s_1s_3s_4$ 决定 C_0、C_1、C_3 ～ C_6 正常
0101	有两个错误	
0110	有两个错误	
0111	有两个错误	
1000	C_3	由 $s_2s_3s_4$ 决定 C_0 ～ C_2、C_4 ～ C_6 正常
1001	有两个错误	
1010	有两个错误	
1011	有两个错误	
1100	有两个错误	
1101	C_4	由 s_3 决定 C_1、C_5、C_6 正常，又根据 s_1、s_2、s_4 做出判定
1110	C_6	由 s_4 决定 C_0、C_4、C_5 正常，又根据 s_1、s_2、s_3 做出判定
1111	C_3	s_1、s_2、s_3、s_4 都有错，而 C_1 ～ C_6 均出现在 3 个校验子中

（四）汉明码（Hamming Code）

汉明码是 1950 年由汉明提出的一种能纠正单个错误的线性分组码。它不仅性能良好，而且编译码电路非常简单，易于工程实现，因此是工程中常用的一种纠错码。

汉明码是一种特殊的（n,k,d）线性分组码，二进制汉明码的参数n,k和d分别为

码字长度 n ： $n=2^{n-k}-1$

信息元长度 k ： $k=2^{n-k}-(n-k)-1$

监督位长度 r ： $r=n-k$

最小码距 d_{min} ： $d_{min}=3$

汉明码的最小码距为 3，能够纠正一位错误。如果要提高汉明码的纠错能力，可再加上一位监督位，则监督元数变为 r+1，信息位长度不变，码长变为 2^r，通常把这种码称为扩展汉明码。它的最小码距增加为 4，能纠正一位错误，同时检测两位错误。

在某种情况下，需要采用长度小于 2^r-1 的汉明码，称为缩短汉明码，只需将原汉明码的码长及信息位长度同时缩短 s，即可得到 $(n-s,k-s)$ 缩短汉明码，这里 s 为小于 k 的任何正整数。

汉明码的监督矩阵 $\boldsymbol{H}$ 由一切 $r(r=n-k)$ 维非二元向量排列而成，即 H 的列为所有非 0 的 r 维向量，所以一旦 r 给定，就可构造出具体的 (n,k) 汉明码。

例如，构造一个二元的(7，4，3)汉明码。这时取 r=n-k=3，最小码距：dmin=3，除全 0 以外的所有其余 7 个元素，均可作为矩阵 $\boldsymbol{H}$ 的列，所以该码的监督矩阵为

$$H=\begin{bmatrix} 0&0&0&1&1&1&1 \\ 0&1&1&0&0&1&1 \\ 1&0&1&0&1&0&1 \end{bmatrix}$$

对该监督矩阵进行列交换得到的一致监督矩阵为

$$H=\begin{bmatrix}1&1&0&1&1&0&0\\1&1&1&0&0&1&0\\1&0&1&1&0&0&1\end{bmatrix}$$

根据该一致监督矩阵得到该码的监督方程为

$$c_3=c_6\oplus c_5\oplus c_3$$

$$c_2=c_6\oplus c_5\oplus c_4$$

$$c_1=c_6\oplus c_4\oplus c_3$$

即可按照该校验方程得到（7，4）汉明码。

或者可由一致监督矩阵 $\boldsymbol{H}$ 直接变换得到码的生成矩阵 $\boldsymbol{G}$，再根据 $C=MG$ 得到相应的码字。

在突发信道中传输，由于错码是成串集中出现的，所以上述只能纠正码字中 1 或检测 2 个错码的汉明码，其效用就不像在随机信道中那样明显了，需要采用更为有效的纠错编码。

（五）循环码

循环码是一类重要的线性码，它是将要发送的信息数据与一个通信双方共同约定的数据进行除法运算，并由余数得出一个校验码序列（也称为冗余码），然后将这个校验码序列附加在信息数据之后发送出去。接收端接收数据之后，将包括校验码序列在内的数据帧与约定的数据进行除法运算，若余数为“0”，则表示接收的数据正确；若余数不为“0”，则表明数据在传输的过程中出错。

由于循环码的编码和译码设备都不复杂且检、纠错能力强，所以目前这种码在实际中得到了广泛的应用。

1.BCH 码

BCH 码是最重要的一类循环码。它是由 Hocquenghem 在 1959 年和 BoseChaudhuri 在 1960 年分别独立提出的。

对于任何正整数 m 和 t（$t<2^m-1$），存在具有如下参数的二元 BCH 码，

码长：$n=2^m-1$

校验位数目：$n-k\leqslant mt$

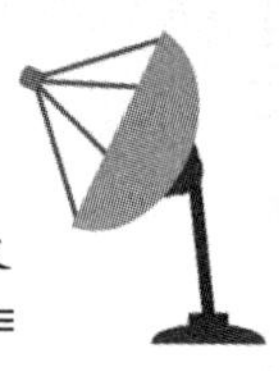

最小距离：$d_{min} \geq 2t+1$

表 2-6　某些较小 BCH 码的参数和生成多项式

n	*k*	*t*	g（x）
15	7	2	721
15	5	3	2461
31	21	2	3551
31	16	3	107657
31	11	5	5423325
63	51	2	12471
53	45	3	1701317
53	39	4	16662356
53	30	6	15746416
127	113	2	41567
127	106	3	11554743
255	239	2	267543
255	231	3	15672066

BCH 码的生成多项式比较复杂，故不做详细介绍，只给出某些简单 BCH 码的参数和生成多项式，这些码可以纠正 t 个错误（t ＞ 2）。从表 2-6 可以看出，一个长度为 15、信息位为 5，能纠正 3 个错误的 BCH 码，可以由多项式 2461 得到，2461 的二进制表示为“0010010001100001”，因此该码的生成多项式为 $g(x)=x^{13}+x^{10}+x^{6}+x^{5}+1$。

20 世纪 70 年代以来，由于大规模集成数字电路的发展，BCH 码已广泛应用于有线和无线数字通信。

2.RS 码（Reed–Solomon 码）

RS 码是由 Reed 和 Solomon 于 1960 年构造出来的，它是一种重要的线性分组编码方式，是 BCH 码最重要的一个子类。它对突发错误有较强的纠错能力，

在无线通信和磁、光介质存储系统中应用广泛。

二元 RS 码具有如下基本参数：

码长：$n=2^m-1$

校验位数目：$n-k=2t$

最小距离：$d_{min}=2t+1$

IBM3770 磁盘存储系统采用 256 进制的 RS 码的缩短码，该码的基本参数为码长 $n=2^8-1=255$，t=1。同样，在 CD 唱片中，采用了 256 进制的 RS 码，纠错能力 t=2。在宇航中，RS 码和卷积码通常一起使用，用于深空通信中的纠错编码。深空信道属于随即差错信道，用卷积码比较合适。但一旦信道噪声超出卷积码的纠错能力，将导致突发错误，这时采用 RS 码进行纠正。

在 DVB 系统中，信道编码采用（204，188，t=8）的 RS 码，即 n=204B，k=188B，即每 188 个信息符号要用 16 个监督符号，总码元数为 204 个符号，m=8bit（1B），监督码元长度为 $2^t=16B$，纠错能力为一段码长为 204B 内的 8 个字节，此 *RS* 码的长度在原理上应为 $n=2^m-1=255B$，实施上述 RS 编码时，先在 188B 前加上 51 个全字节，组成 239B 的信息段，然后根据 RS 编码电路在信息段后面生成 16 个监督字节，即得到所需的 RS 码。

（六）卷积码

卷积码同样把 k 个信息位编成 n 位编码，但 k 和 n 通常很小。并且卷积编码后的 $n-k$ 个监督位不但与当前码字的 k 个信息位有关，而且与前面 M 段的信息有关。卷积码的纠错能力随着 M 增加而增大，差错率随着 M 的增加而指数下降。由于充分利用了各码字之间的相关性，因此在编码器复杂性相同的情况下，卷积码的性能优于分组码。但是卷积码没有严格的代数结构，目前大都采用计算机来搜索好码。

通常用 (n,k,M) 表示卷积码，n 为卷积编码器一段时间内输出的码字位数，k 为该码字的信息位数，m 为前 m 段时间，卷积码的约束长度为 M+1。

三、其他信道编码技术

（一）数据交织技术

RS 码具有强大的抵御突发差错的能力，但对数据进行交织处理，则可进一步增强抵御能力，数据交织是指在不附加纠错码字的前提下，利用改变数据码字传输顺序的方法，来提高接收端去交织解码时的抗突发误码能力，通过采用数据交织与解交织技术，传输过程中引入的突发连续性误码经去交织解码后恢复成原顺序，此时误码分散分布，从而减少了各纠错解码组中的错误码元数量，使错误码元数目限制在 RS 码的纠错能力之内，然后分别纠正，从而大大提高了 RS 码在传输过程中的抗突发误码能力。

数据交织技术纠正突发误码将 mn 个数据为一组，按每行 n 比特，共 m 行方式读入寄存器，然后以列的方式读出用于传输，接收端把数据按列的方式写入寄存器后再以行方式读出，得到与输入码流次序一致的输出，由此实现了交织与解交织。当在传输过程中出现突发差错时，差错比特在解交织寄存器中被分散到各行比特流中，从而易于被外层的 FEC 纠正。在上述数据交织中，每行的比特数 n 被称为交织深度，交织深度越大则抗突发差错能力就越强，但交织的延迟时间也越长，因为编解码都必须将数据全部送入存储器后才能开始，ATSC 标准中的交织深度为 52，DVB-T 标准中的交织深度为 12。

（二）网格编码调制技术

网格编码调制（TCM，Trellis Coding Modulation）是指将多电平、多相位调制技术与卷积纠错编码技术相结合，采用欧式距离进行信号空间分割，在一系列信号点之间引入依赖关系，仅对某些信号点序列允许可用，并模型化为格状结构。TCM 技术的本质是在频带受限的信号中，在不增加信道传输带宽的前提下，将编码技术与调制技术相结合，以进一步降低误码率。

数字电视系统由于采用卫星传输、有线传输、地面无线传输三种方式进行单向广播，因而只能采用 FEC 技术进行纠错编码。由于实际的传输信道非常复杂，不同信道的质量差别也较大，因此所采用的纠错编码技术也不尽相同，数字电视信道编码的关键技术主要是 RS 编码技术、卷积编码技术、Turbo 编码技

术、数据交织技术、TCM 技术等。实际的信道编码系统通常采用级联编码技术，即采用两级纠错编码来实现高性能，其解码系统也不复杂。

（三）级联编码技术

级联编码部分主要由外编码、交织、内编码三部分组成；解码部分则由内解码、解交织、外解码三部分组成。级联编码系统的各部分需要联合设计，以使整个系统性能能够满足数字电视卫星广播、数字电视有线广播及数字电视地面广播的需要。

（四）不同信道采用的编码技术

ATSC 系统采用数据随机化、RS 编码、数据交织、网格编码等技术作为信道编码方案。

DVB 系统按照传输信道可分为 DVB-T、DVB-C、DVB-S3 类，其信道编码与传输系统输入端是视频、音频和数据等复用的 TS 流，每个 TS 分组包由 188 个字节组成，在信道编码部分，DVB-T、DVB-C、DVB-S 在数据加扰、外码编码（RS 编码）、外交织（交织深度为 12）、内码编码（卷积收缩编码）处理方法相同，这有利于编解码设备的生产制造及信号处理。

ISDB-T 传输系统主要由再复用、信道编码、调制、传输与复用配置控制几部分组成。其中外编码采用 RS 码，即 RS（204，188）截短码，按照分层需要，经过外编码的 TS 包要按照相应的层次分离开，空包将被去除。经分层后，使用伪随机码对数据进行能量扩散，不同层在使用不同调制方式时，它们在做字节交织和解交织时的延时不一样，为解决这一问题，JSDB 要求在发送端字节交织前进行延时调整。

第四节　数字电视调制技术

一、数字电视信号调制目的

数字电视信号经信源编码及信道编码后，将面临信号传输，传输目的是最大限度地提高数字电视覆盖率。根据数字电视信道特点，要进行地面信道、卫

星信道、有线信道的编码调制后，才能进行传输。数字高清晰度电视的图像信息速率接近 1Gbit/s，要在实际信道中进行传输，必须采用高效的数字调制技术来提高单位频带的数据传送速率。调制技术分为模拟调制技术与数字调制技术，其主要区别是模拟调制是对载波信号的某些参量进行连续调制，在接收端对载波信号的调制参量连续估值；而数字调制是用载波信号的某些离散状态来表征所传送的信息，在接收端只对载波信号的离散调制参量进行检测。由于在数字电视系统中传送的是数字电视信号，因此必须采用高速数字调制技术来提高频谱利用率，从而进一步提高抗干扰能力，以满足数字高清晰度电视系统的传输要求。与模拟调制系统中的调幅、调频和调相相对应，数字调制系统中也有幅度键控（ASK）、移频键控（FSK）和移相键控（PSK）三种方式，其中移相键控调制方式具有抗噪声能力强、占用频带窄的特点，在数字化设备中应用广泛。此外，正交幅度调制（QAM）是对载波振幅与相位同时进行数字调制的一种复合调制方式，可进一步提高信号传输码率，在实际中得到广泛应用。

调制方式可分为二进制调制方式与多进制调制方式两大类，其主要区别是前者利用二进制数字信号去调制载波的振幅、频率或相位，后者则是利用多进制数字信号去调制载波的振幅、频率或相位。多进制数字已调信号的被调参数在一个码元间隔内有多个可能取值，按照 Nyquist 第一准则，在二进制情况下，每 1Hz 频带最高可传输 2bit/s 信息：对于多进制，r=2D，一个波形相当于 D 个二进制符号，则每 1Hz 频带最高可传输 2Dbit/s 信息，可见频带利用率大大提高。但在干扰电平相同时，多电平判决比二电平更容易出错，因而多进制调制的抗干扰能力也随之降低。简单归纳，多进制调制与二进制调制相比较，具有以下特点：

①在相同码元传输速率下，多进制系统的信息传输速率明显比二进制系统高，如四进制是二进制的 2 倍，八进制是二进制的 3 倍。

②在相同信息速率下，由于多进制码元传输速率比二进制低，因而其持续时间比二进制长，即增大码元宽度，会增加码元能量，并能减少信道特性引起的码间干扰影响。

③多进制调制的不足是在干扰电平相同时，由于相邻码组的相移差别减少，

因而多电平判决比二电平更容易出错，即抗干扰能力降低。此外，多进制接收机也比二进制复杂。

高速数字调制技术通常用于混合光纤同轴电缆传输系统中，主要有 QPSK 调制、QAM 调制、OFDM 调制、VSB 调制、扩频调制五种，目前在数字电视传输系统中采用的调制技术主要包括正交相移键控调制（QPSK）、多电平正交幅度调制（MQAM）、多电平残留边带调制（MVSB）以及正交频分复用调制（OFDM）。例如，在欧洲DVB系统中，数字卫星广播（DVB-S）采用OPSK，数字有线广播（DVEC）采用 QAM，数字地面广播（DVB-T）采用编码 COFDM。

在数字电视传输系统中，选择不同的调制方式必须考虑传输信道特性，如有线广播上行信道存在漏斗效应，卫星广播天电干扰严重，因此应选择抗干扰能力较强、而频谱利用率不高的 QPSK 技术；在地面广播中，由于多径效应非常严重，因此应采用抗多径干扰显著的 OFDM 技术；而在有线广播下行信道中，由于干扰较小，因而可采用频谱利用率较高的 QAM 技术。总之，应根据数字电视传输信道的特性来选择合适的数字调制方式，以实现有效利用信道资源、消除各种噪声干扰的目的。

二、二进制调制技术

（一）二进制振幅键控（2ASK）

设信息源发出的是由二进制符号 0、1 组成的序列，二进制振幅键控信号的产生方法如图 2-7 所示，图（a）就是一种键控方法的原理图，它的开关电路受 s（t）控制，s（t）就是信息源。图（b）即为 s（t）信号与 e_0（t）信号的波形。当信息源发出 1 时，开关电路接通，e_0（t）输出有载波信号；当信息源发出 0 时，开关电路断开，e_0（t）输出无载波信号。

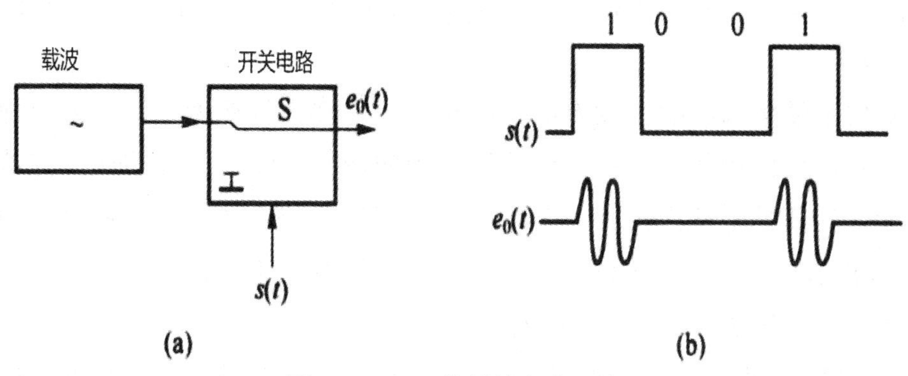

图 2-7　2ASK 信号的产生及波形

如同 AM 信号的解调方法一样，键控信号也有两种基本解调方法：非相干解调（包络检波法）及相干解调（同步检测法）。相应的接收系统组成方框图如图 2-8 所示。与 AM 信号的接收系统相比可知，这里增加了一个“采样判决器”方框，这对于提高数字信号的接收性能是十分必要的。

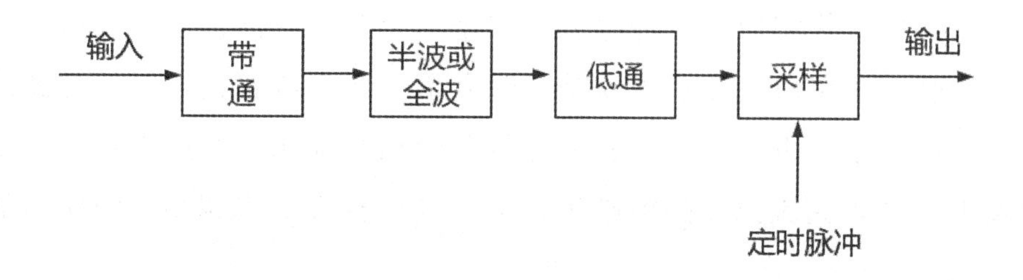

图 2-8　二进制振幅键控信号的接收系统组成框图

（二）二进制移频键控（2FSK）

用基带信号 f（t）对载波的瞬时频率进行控制的调制方式称为调频，在数字通信中则称为移频键控（FSK）。数字频率调制在数字通信中是使用较早的一种调制方式。这种方式实现起来比较容易，抗干扰和抗衰落的性能也较强。它的缺点是占用频带较宽，频带利用率不够经济。因此，它主要应用于低、中速数据传输，以及衰落信道和频带较宽的信道。

设信息源发出的是由二进制符号 0、1 组成的序列，那么，2FSK 信号就是 0

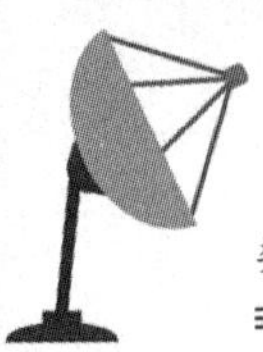

符号对应于载波 ω_1，而 1 符号对应于载波 ω_2 的已调波形，而且 ω_1 与 ω_2 之间的改变是瞬间完成的。

实现数字频率调制的一般方法有两种，一种称为直接调频法，另一种称为键控法。所谓直接调频法，就是连续调制中的调频（FM）信号的产生方法。此法是将输入的基带脉冲去控制一个振荡器的某种参数而达到改变振荡器频率的目的。2FSK 信号的另一种方法是键控法，即利用受矩形脉冲序列控制的开关电路对两个不同的独立频率源进行选通。

2FSK 信号的解调方法常采用非相干检测法和相干检测法。这里的采样判决器是判定哪一个输入样值大，此时可以不专门设置门限电平。2FSK 信号还有其他解调方法，如鉴频法、过零检测法及差分检波法等。

一种非相干解调法为过零检测法。可以想象，数字调频波的过零点随不同载波而异，故检出过零点数可以得到关于频率的差异。这就是过零检测法的基本思想。数字调频信号有两种频率状态，经过限幅、微分、整流变为单向窄脉冲，再把此窄脉冲输入到脉冲展宽电路得到具有一定宽度的和一定幅度的方波，这是一个与频率变化相应的脉冲序列，它是一个归零脉冲信号。此信号的平均直流分量与脉冲频率成正比，也就是和输入信号频率成正比，经低通滤波器滤出此平均直流分量，再经过整形变换即为基带信号输出。在此方法中，信号频率相差越大，平均直流分量的差别也越大，抗干扰性能也越高，但所占的频带也越宽。

（三）二进制相移键控

用基带数字信号对载波相位进行调制的方式数字数字调相，也称为“移相键控”，记为“PSK”。数字调相是利用载波相位的变化来传递信息的。例如，二进制调相系统中，用两个不同相位（0° 和 180° ）而频率相同的振荡即可以分别代表两个数字信息。这就要求在数字相位调制时，要用有待传输的基带脉冲信号去控制载波相位的变化，从而形成振幅和频率都不变而相位取离散数值的调相信号。

设二进制符号与基带脉冲波形与以前假设的一样，那么 2PSK 的信号为：发送二进制符号 0 时，e_0（t）取 0 相位；发送二进制符号 1 时，e_0（t）取 π 相位。

这种以载波的不同相位直接去表示相应数字信息的相位键控，通常被称为绝对移相方式。

如果采用绝对移相方式，由于发送端是以某一个相位作为基准的，因而在接收端必须有一个固定基准相位作为参考。如果这个参考相位发生变化（0 相位变 π 相位），则恢复的数字信息就发生 0 变 1 或 1 变 0 的现象，从而造成错误的恢复。所以，采用 2PSK 方式就会在接收端发生错误的恢复，这种现象称为 2PSK 方式的“倒 π”现象。为此，实际应用中一般不采用 2PSK 方式，而采用一种所谓的相对相移（2DPSK）方式。

2DPSK 方式就是利用前后相邻码元的相对载波相位去表示数字信息的一种方式。例如，定义 $\ddot{A}\varphi$ 表示为本码元初相与前一码元初相之差并设

$\ddot{A}\varphi = \pi \rightarrow$　数字信息“1”

$\ddot{A}\varphi = \rightarrow$　数字信息“0”

则数字信息序列与 2DPSK 信号的码元相位关系可举例表示如下：

二进制数字信息：1101001110

2DPSK 信号相应：0π00πππ0π00

或 π0ππ0000π0ππ

按此规定画出的 2PSK 及 2DPSK 信息的波形是不同的。2DPSK 波形的同一相位并不对应相同的数字信息符号，而前后码元相对相位的差才唯一决定信息符号。因此，在解调 2DPSK 信号时就不依赖于某一个固定的载波相位参考值，只要前后码元的相对相位相对关系不破坏，则鉴别这个相位关系就可以正确恢复数字信息。采用 2DPSK 调制方式可以避免 2PSK 方式中的倒 π 现象发生。单从波形上无法区别 2DPSK 和 DPSK 信号。这说明，一方面，只有已知移相键控方式是绝对的还是相对的，才能正确判断原信息；另一方面，相对移相信号可以看成把数字信息序列（绝对码）变换成相对码，然后再根据相对码进行绝对移相而形成。

2PSK 信号的产生和解调：

2PSK 信号的产生方法有调相法和相位选择法两种。直接调相法是用平衡调制器产生调制信号的方法，这时作为控制开关用的基带信号应该是双极性脉冲

信号。相位选择法预先把所需要的相位准备好，然后根据基带信号的规律性选择相位得到相应的输出。

对于 2PSK 信号来说，信息携带者就是相位本身，在识别它们时必须依据相位，因此必须采用相干解调法。相干接收用的本地载波可以单独产生，也可以从输入信号中提取。信号经过带通滤波器以后，进入相干解调电路，它的输出为收到的信号 $f_m = A_{\cos}(\omega_c + \varphi)$ 和本地载波 $B\cos\omega_c t$ 的乘积。经三角函数展开可以看出，其中包含直流项 $AB\cos\varphi$，在绝对调相 2PSK 信号中 $\cos\varphi$ 为 +1 或 -1。它可以通过低通滤波器，其他高频信号则不能通过。最后由采样判决电路再生出数字信号。考虑到相干解调在这里实际上起鉴相作用，故相干解调中的“相乘-低通”可以用鉴相器代替。解调过程实质上是输入已调信号 2PSK 与本地载波信号进行比较的过程，所以也称为极性比较法解调。

在 2PSK 解调中，最关键的是本地载波振荡的恢复。将 2PSK 信号进行整流（倍频），产生频率为 $2f_c$ 的二次谐波，再用滤波器把 $2f_c$ 分量滤出，经过二次分频就得到频率为 f_c 的相干本地载波振荡。这个过程称为载波提取。

应该指出，在对 $2f_c$ 的振荡信号分频以产生本地载波信号 f_c 时，f_c 的初相位是不确定的，它可能是 0 相，也可能是 π 相。则恢复的数字信息就会发生。与 1 反向，使所得结果完全颠倒，这就是前面所提到的绝对调相中的倒 π 现象。这个问题可以采用相对调相 2DPSK 来解决，在相对调相系统中无论相干信号初相位被判为“1”或“0”都可以恢复绝对码序列。由于相对调相有这个特点，因此在数字调相中得到广泛应用。

下面讨论 2PSK 信号的频谱。求 2PSK 信号的功率谱密度时可以采用与求 2ASK 信号的功率谱密度相同的方法。通过分析可得以下结论，2PSK 信号的功率谱密度同样由离散谱和连续谱两部分组成，但当双极性基带信号以相等的概率出现时，将不存在离散谱部分。同时，可以看出 2PSK 信号的连续谱与 2ASK 信号的连续谱基本相同。所以，2PSK 信号的带宽与 2ASK 信号的带宽是相同的。另外，还可以说明 2DPSK 的频谱与 2PSK 的频谱是完全相同的。

由于二进制移相键控系统在抗噪声性能及信道频带利用率等方面优于 2FSK 和 2ASK，因而被广泛应用于数字通信。考虑到 2PSK 方式有倒 π 现象，所以它

的改进型 2DPSK 受到重视，2DPSK 是 CCITT（国际电报电话咨询委员会）建议选用的一种数字调制方式。

三、多进制调制技术

多进制数字调相又称为多相制，它是利用不同的相位来表征数字信息的调制方式。和二进制调相一样，多相制也分为绝对移相和相对移相两种。在实际通信中大多采用相对相移。

下面来说明 M（M ≥ 2）相调制波形的表示法。由于 M 种相位可以表示 K 比特码元的 2^k 种状态，故有 2^k=M。多相制的波形可以看成是两个正交载波进行多电平双边带调制所得的信号之和。通常，多相制中经常使用的是四相制和八相制，即 M=4 或 M=8。在此以四相制为例讨论多相制原理。

（一）4 相 PSK

由于四种不同的相位可以代表四种不同的数字信息，因此，对于输入的二进制数字序列应先进行分组，将每两个比特编为一组；然后用四种不同的载波相位去表征它们。

例如，输入二进制数字信息序列为 101101001，则可以将它们分成 10、11、01、00 等，然后用四种不同相位来分别代表它们。

多相移相键控，特别是 4 相移相键控是目前微波或卫星数字通信中常用的一种载波传输方式，它具有较高的频谱利用率，较强的抗干扰性，同时在电路实现上比较简单，成为某些通信系统的一种主要调制方式。

（1）QPSK 调制器

双比特进入比特分离器，双比特串行输入之后它们同时并行输出。

一个比特直接加入 I 信道，另一个则加入 Q 信道，I 比特调制是与参考振荡同相的载波，而 Q 比特调制是与参考载波相位呈 90° 的正交载波。现在，一旦双比特分为 I 和 Q 信道，其每个信道的工作是与 2PSK 相同的。本质上，QPSK 调制器是两个 2PSK 调制器的并行组合。

对于逻辑 1=+1V，逻辑 0=-1V，I 平衡调制器可能输出两个相位（$+\sin\omega_0 t$ 和 $-\sin\omega_0 t$），Q 信道调制器能输出两个相位（$+\cos\omega_0 t$ 和 $-\cos\omega_0 t$）。当两个

正交信号线性组合时，就有四种可能的相位结果。

$$+\sin\omega_0 t-\cos\omega_0 t$$
$$+\sin\omega_0 t+\cos\omega_0 t$$
$$-\sin\omega_0 t-\cos\omega_0 t$$
$$-\sin\omega_0 t+\cos\omega_0 t$$

QPSK 四种可能的输出相位，有精确相同的幅度。因此，二进制信息必须完全按输出信号相位编码，这是鉴别 PSK 和 QAM 不同的重要的特性。

QPSK 中任何相邻两个相移角度是 90°。因此，QPSK 信号在传输过程中几乎可以承受＋45°或－45°相移，当接收机解调时，仍然可以保证正确的编码信息。

（2）QPSK 接收机

信号分离器将 QPSK 信号直接送到 I、Q 检测器和载波恢复电路。载波恢复电路再生原传输载波振荡信号，恢复的载波必须是和传输参考载波相干的频率和相位。QPSK 信号在 I、Q 检测器中解调，而产生原 I、Q 数据比特。检测器输出送入比特混合电路，将并行的 I、Q 数据变为二进制串行输出数据。

输入的 QPSK 信号可能是四种可能的输出相位的一种。假设输入 QPSK 信号为 $-\sin\omega_0 t+\cos\omega_0 t$。数学上，解调过程如下：

I 信道检测器的输入为接收的 QPSK 信号：$-\sin\omega_0 t+\cos\omega_0 t$，另一输入是恢复的载波信号：$\sin\omega_0 t$，则 I 检测器的输出、滤波后为 $-\frac{1}{2}VDC$，逻辑为 0。

Q 信道检测器的输入为接收的 QPSK 信号：$-\sin\omega_0 t+\cos\omega_0 t$，另一输入是恢复的载波信号：$\cos\omega_0 t$，则 Q 信道检测器的输出、滤波后为逻辑为 1。

（二）8 相 PSK

8 相 PSK（8PSK）是一种 M=8DE 编码技术。用 8PSK 调制器有八种可能的输出相位。要对八种不同的相位解码，输入 bit 需为 3bit 组。

输入的串行比特流进入 bit 分离器，变为并行的三信道输出（I 为同相信道、Q 为正交信道、C 为控制信道），所以每信道的必须速率为 $f_b/3$。在 I、Q 信道中的比特进入 I 信道 2-4 电平转换器，同时，在 Q 和 C 信道中的 bit 进入 Q 信道 2-4 电平转换器。本质上，2-4 电平转换器是并行输入数－模转换器（DACs）。

2 输入 bit，就有四种可能的输出电压。（DACs）算法非常简单，I 或 Q bit 决定了输出模拟信号的极性（逻辑 1=+V，逻辑 0=-V），而 C 和 $\overline{C}$ bit 决定了量值（逻辑 1=1.307V，逻辑 0=0.541V）。由此，两种量值和两种极性，就产生了四种不同的输出情况。因此 C 和 $\overline{C}$ 绝不会有相同的逻辑状态。I 和 Q 2-4 电平转换器输出尽管极性可能相同，量值却不会相同。2-4 电平转换器的输出是一个 M ＝ 4 的脉冲幅度调制信号。

（三）QAM 调制技术

QAM 调制是一种在 6MHz 基带带宽内正交调幅的 X 进制（X=2,4,8,16）的二维矢量数字调制技术，完整的表达式为 XQAM（X=2,4,8,16），抑制的载波在离频道低端大约 3MHz 处。由于 XQAM 调制方式中，信号流以 logX 为一组分为两路，每一路具有 X 电平，每一路电平表示的信号量是 logXMbit/s，所以两路信号正交调制后，能传的最大数字信号比特流为 2×5.4logX=10.8logXMbit/s。QAM 调制器首先将输入的二进制信号流进行串 / 并重组，分为 I 和 Q 两路，并分别进入相应的 D/A，转化为 X 进制的模拟信号，再经低通滤波，分别对相互正交的载波 $\sin\omega t$ 和 $\cos\omega t$ 进行双边带抑制调幅。两路调幅信号相加后成为 QAM 的调制波，经功率放大后与模拟电视信号混合送入有线电视系统。

QAM 调制是用两路独立的基带信号对两个相互正交的同频载波进行抑制载波双边带调幅，利用这种已调信号的频谱在同一带宽内的正交性，实现两路并行的数字信息的传输。该调制方式通常有二进制 QAM（4QAM）、四进制 QAMC-16QAM）、八进制 QAM（64QAM）……，对应的空间信号矢量端点分布图称为星座图，如图 2-9 所示，分别有 4、16、64…个矢量端点。

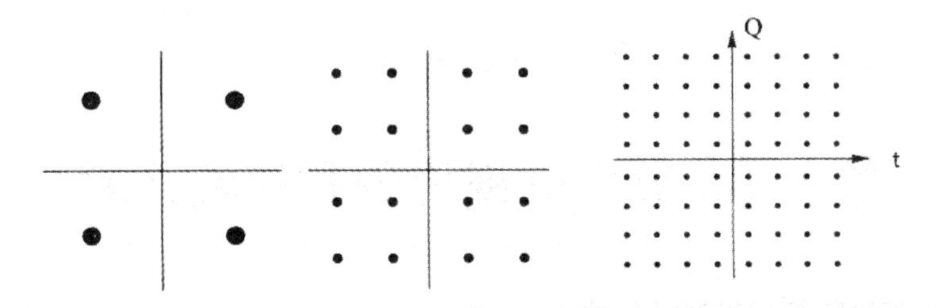

图 2-9　QAM 调制星座图

QAM 调制实际上就是幅度调制和相位调制的组合，相位＋幅度状态定义了一个数字或数字的组合。

QAM 的优点是具有更大的符号率，从而可获得更高的系统效率。通常由符号率确定占用带宽。因此每个符号的比特（基本信息单位）越多，效率就越高。对于给定的系统，所需要的符号数为 2n，这里 n 是每个符号的比特数。对于 16QAM，n=4，因此有 16 个符号，每个符号代表 4bit，如 0000、0001、0010 等。对于 64QAM，n=6，因此有 64 个符号，每个符号代表 6bit，如 000000、000001、000010 等。

（四）OFDM 调制技术

OFDM 技术将高速串行数据变换成多路相对低速的并行数据并对不同的载波进行调制。这种并行传输体制大大扩展了符号的脉冲宽度，提高了抗多径衰落等恶劣传输条件的性能。

OFDM 调制系统中，要发送的串行二进制数据经过数据编码器形成了 M 位复数序列 D（M），此复数序列经过串并变换器变换后得到码元周期为 T 的 M 路并行码，码型选用不归零方波。用这 M 路并行码调制 M 个子载波来实现频分复用。例如，若 $M=8$，待发送的信号为 110101111-，则待发送信号的前 8 位，即 11010111 作为第一个复数序列 D（M）经过串并变换器，得到 8 路并行码，第 0 路为 1，调制在 $\sin\omega_t$ 载波上；第 1 路为 1，调制在 $\sin\omega_1 t$ 载波上；第 2 路为 0，调制在 $\cos\omega_2 t$ 载波上；第 3 路为 1，调制在 $\sin\omega_3 t$ 载波上；第 4 路为 1，调制在 $\cos\omega_4 t$ 载波上；第 5 路为 1，调制在 $\sin\omega_5 t$ 载波上；第 6 路为 1，调制在 $\sin\omega_6 t$ 载波上；第 7 路为 1，调制在 $\sin\omega_7 t$ 载波上，调制之后的 8 路信号相加得到一个 OFDM 信号。在接收端也是由这样一组正交信号在一个码元周期内分别与发送信号进行相关运算实现解调，恢复出原始信号。

第五节　数字电视传输和接收技术

一、数字电视传输技术

数字电视传输系统可分为卫星数字电视传输系统、有线数字电视传输系统、

地面开路数字电视传输系统、微波数字电视传输系统。

（一）卫星电视广播系统

卫星电视广播的特点是覆盖面广、质量较好，并且资源丰富。卫星电视广播是目前重要的通信手段之一。卫星电视广播的发展趋势是直播至户（DTH），称为卫星直播服务。

在数字化以后，利用数字压缩技术，一颗大容量卫星可以转播 100 ～ 500 套节目，是未来多频道电视广播的主要方式。卫星广播数字电视的调制方式各国都统一采用 QPSK（四相移键控）方式。

卫星数字电视广播系统，将 200Mbit/s 以上速率的电视节目的模拟音 / 视频以及数据信号经过 MPEG-2 数字压缩编码器压缩编码为 15Mbit/s 以下速率的数字传送流，再经过多路节目复用器复用，获得更高速率的 MPEG-2 混合 TS 流，并依节目制作者的需要，通过复用器将节目进行加扰，再送入 QPSK 数字调制器，最后被调制到中频 IF 的 QPSK 信号进行上变频，达到 C 波段或 Ku 波段所需的微波频率，通过天线进行上星发射。

如果卫星数字电视用于家庭接收，那么，它与传统的模拟接收相同，卫星信号经过 LNB 下变频后，数字卫星接收机接着对该信号进行 QPSK 解调、解码，最后输出音 / 视频信号。

如果卫星数字电视用于 CATV 前段接收，再在有线电视网中传输，则传输可分为模拟传输方式与数字传输方式。

在模拟传输方式中，所传输的频道数与数字接收机的数量相同。由于数字卫星接收机输出的是 AV 信号，所以必须用模拟调制器将其调制到有线电视的不同频道上，再送入有线电视网，传输到用户端。

在数字传输方式中，必须经过调制转换器将中频 QPSK 调制信号转换成为 QAM 调制信号，再将此信号经过上变频，或进入 CATV 网，或经过多频道微波分配系统发向用户终端。如果所需传输频道数大于调制转换器所能承受的最高码流，则需要多个调制转换器并行处理。

（二）有线数字电视广播系统

有线电视传输质量高、节目频道多，便于开展按节目收费（PPV）、节目点

播（VOD）及其他双向业务。有线广播数字电视的调制方式大多都采用 QAM（正交调幅）方式。通过有线电视（CATV）系统传送各路数字电视节目。在 CATV 网中，电视信号在电缆内传输，受外界干扰少，采用 QAM 调制方式，根据传输环境的状态，可采用不同调制速率的 13-QAM、32-QAM、64-QAM、128-QAM 或 253-QAM。对于传输远、噪声大的系统，可采用低的调制速率，比如 13-QAM、32-QAM，否则应采用高的调制速率。目前，在 CATV 网中使用 64-QAM，在 8MHz 带宽内可传送的数据速率高达 38.5Mbit/s。

对于来自不同媒体的信号，如数字卫星接收机接收的电视信号，或者来自本地节目源的音频 / 视频 AV 信号等，其数据包结构均符合 MPEG-2 传送流包结构的要求。在 CATV 前端，经过复用器复用后，对 DVB 传送流的处理概括为同步反转和能量扩散、RS 编码、卷积交织、字节到符号的变换、差分编码、基带整形、进入 QAM 调制器调制输出一路已压缩的多套数字电视节目的射频电视信号，再经过上变频器 RF± 变频到 CATV 网所需要的频段，送入传输网。

（三）地面数字电视广播系统

地面开路广播是最普及的电视广播方式，用于在地面 VHF/UHF 广播信道上传输数字电视节目。地面广播的特点是情况复杂、干扰严重和频道资源紧张，因此数字电视地面广播一般启用“禁用”频道进行同播。同时，地面广播主要面临加性噪声、多径传输及符号间干扰等问题。

为了适应数字信号在地面广播时传输媒介环境条件复杂等特点，其调制方式不同于线缆和卫星传输模式，采用 COFDM 正交频分复用调制方式，支持使用 1705 个载波采用关联纠错，其中 COFDM 帧中的数据载波可使用 QPSK 和 n -QAM 调制以及不同的码率，以权衡保证其通信质量。

信号经过 COFDM 方式处理后，再灵活采用 QPSK 或 QAM 的调制方式，最后再通过上变频器进行上变频送到发射天线。

二、数字电视机顶盒

（一）机顶盒的定义

对于机顶盒，目前没有标准的定义，传统的说法是“置于电视机顶上的盒子”。

它是利用有线电视网络作为传输平台，利用电视机作为用户终端，提高现有电视机的性能或增加其功能。由于功能和用途不同，这就使“机顶盒”这个概念有些含糊不清，如早期的增补频道机顶盒、图文电视机顶盒、付费电视机顶盒等。数字电视机顶盒是信息家电之一，它是一种能够让用户在现有模拟电视上观看数字电视节目，进行交互式数字化娱乐、教育和商业化活动的消费类电子产品。

（二）数字机顶盒的主要功能

数字有线机顶盒的主要功能是把来自数字电视卫星广播、数字有线电视广播、数字地面电视广播和网络的信号接收下来，通过解调、信道解码、解复用和信源解码将接收信号转换为RGB信号或PAL制信号送给普通电视机。

数字机顶盒同时具有所有广播和交互式多媒体的应用功能，例如，①电子节目指南（EPG）。给用户提供一个容易使用、界面友好、可以快速访问且想看节目的一种方式，用户可以通过该功能看到一个或多个频道甚至所有频道上近期将播放的电视节目。②高速数据广播。能给用户提供股市行情、票务信息、电子报纸、热门网站等各种消息。③软件在线升级。软件在线升级可看成数据广播的应用之一。数据广播服务器按DVB数据广播标准将升级软件广播下来，机顶盒能识别该软件的版本号，在版本不同时接收该软件，并对保存在存储器中的软件进行更新。④因特网接入和电子邮件。数字机顶盒可通过内置的电缆调制解调器方便地实现因特网接入功能。用户可以通过机顶盒内置的浏览器上网，发送电子邮件。同时，机顶盒也可以提供各种接口与PC相连，用PC与因特网连接。⑤ IP电话。通过电缆调制解调器，还可以实现IP电话功能。用户在使用该功能时，只需将普通电话与机顶盒的RJ11接口相连即可。电缆调制解调器可以保证传输语音时的服务质量（QoS）。⑥视频点播。为每个用户提供视频点播功能，让用户能在他们所希望的时间和地点看他们想看的节目，是服务提供商的终极目标。有线电视数字机顶盒利用交互式的数据信道和广播信道，为实现该功能提供理想的技术基础。

（三）数字电视机顶盒的分类

目前，已出现在市场上的机顶盒基本上可划分为数字电视机顶盒、网络电视（Web TV）机顶盒和多媒体（Multimedia）机顶盒三类。其中，数字电视机

顶盒的主要功能就是将接收下来的数字电视信号转换为模拟电视信号，使用户不用更换电视机就能收看数字电视节目，图像质量接近500线水平，但无上网功能。根据数字电视传输技术的不同，数字电视机顶盒又分为数字卫星机顶盒（DVB-S）、地面数字电视机顶盒（DVB-T）和有线电视数字机顶盒（DVB-C）三种。

三、数字电视接口

数字电视接口包括视频信号输入及音频信号的输入、输出。其中，视频输入接口包括射频、CVBS、分量信号（YCbCr或YPbPr）、模拟RGB、S-Video等视频信号。

（一）复合视频接口

复合视频（Composite）接口通常采用黄色的RCA（莲花插座）接头。复合的含义是同一信道中传输亮度和色度信号的模拟信号。图中左侧的两个是音频左、右声道信号输入端子，最右侧是复合视频信号输入端子。

（二）S端子（S-Video）

S端子（S-Video）接口连接采用Y/C（亮度/色度）分离式输出，使用四芯线传送信号，接口为4针接口。接口中，两针接地，另两针分别传输亮度和色度信号。因为分别传送亮度和色度信号，S端子的效果要好于复合视频接口。不过S端子的抗干扰能力较弱，所以S端子线的长度最好不要超过7m。

（三）分量输入端口

分量（Component）接口的标记为*Y*/*Pb*/*Pr*，用红、绿、蓝三种颜色来标注每条线缆和接口。绿色线缆（*Y*），传输亮度信号，蓝色和红色线缆（*Pb*和*Pr*）传输色差信号。分量端口的效果要好于*S*端子，因此很多高清播放设备上都采用该接口。如果使用优质的线材和接口，即使采用10m长的线缆，也能传输优质的画面。

（四）VGA接口

VGA接口又称为D-Sub接口。VGA接口共有15针，分成3排，每排5个孔，是显卡上应用最为广泛的接口类型，绝大多数显卡都带有此种接口。它传输红、绿、蓝模拟信号以及同步信号（行和场信号）。使用VGA连接设备，线缆长度

最好不要超过 10m，而且要注意接头是否安装牢固，否则可能引起图像中出现虚影。

（五）DVI 接口（数字视觉接口）

DVI（Digital Visual Interface）接口与 VGA 都是计算机中最常用的接口。它与 VGA 不同的是，DVI 可以传输数字信号，不用再进行数—模转换，所以画面质量非常高。

DVI 接口有多种规范，常见的是 DVI-D（Digital）和 DVI-I（Integrated）。DVI-D 只能传输数字信号，可以用它来连接显卡和平板电视。DVI-I 接口可同时兼容模拟和数字信号。兼容模拟并不意味着模拟信号的接口 D-Sub 可以连接在 DVI-1 接口上，而是必须通过一个转换接头才能使用，一般采用这种接口的显卡都会带有相关的转换接头。

（六）HDMI 接口（高清晰多媒体接口）

HDMI（High Definition Multimedia Interface）同 DVI 一样是传输全数字信号的，不同的是 HDMI 接口不仅能传输高清数字视频信号，还可以同时传输高质量的音频信号。它的功能与射频接口相同，不过由于采用了全数字化的信号传输，不会像射频接口那样出现画质不佳的情况。高质量的 HDMI 线材，即使长达 20m，也能保证优质的画质。

不同的输入接口连接数字高清晰度电视机的不同电路，视频信号经过的路程越短，保真度就越好；视频接口输出方式越靠后的，经过的传输路线就越短，信号经过处理的步骤也就越少，信号损失当然也越少，所以得到的图像效果就越理想。理论上就信号而言，射频信号（RF）不如普通视频信号（Video）；普通视频信号不如亮度、色度分离信号（S-Video）；亮度、色度分离信号不如色度差信号 *(YCbCr/YPbPr)*；色度差信号不如三基色信号（RGB）。实际中，色差信号仅用简单的矩阵转换电路便可形成基色信号，它们之间的转换是线性关系，不产生任何失真，所以认为它们是同级别的。

使用时需要依照实际情况灵活选择接口，收看数字高清晰度电视节目应选用高清晰度数字机顶盒的 HDMI 输出，与有此接口的电视机或显示器连接，如果用视频信号接口连接，则有损图像质量，达不到满意的清晰度效果。

第三章　数字电视演播室

第一节　电视台节目制播架构

一、电视中心台

广播电视经历了从黑白到彩色、从模拟到数字、从 2D 到 3D、从线性到非线性的巨变。无论现在还是未来，技术变革将不断地进行。如今，我国各主流电视台采用的技术已居世界领先，新技术将为观众带来更加丰富多彩的节目形式和视音频体验。

电视台，又称为电视中心台。电视中心（TV Center）是负责电视节目采集、制作、存储、播出和传输等工作的主要机构。为了实现电视中心的各种功能，电视台主体架构可分为节目制作系统、节目播出系统、新闻制作播出系统、媒体资产管理系统、中央存储系统、办公网络等。

视频信号的采集设备主要是摄像机；节目中附加的字幕和图标，可用字幕机或计算机生成；新闻、体育、大型娱乐等类型的节目通常会通过有线、地面、卫星和网络传输将远程信号传输至本地，作为节目信号源；除此以外，个人拍摄的照片、手机视频甚至是网络页面，都可以作为节目素材；节目素材可存入电视台存储中心，供节目制作或播出使用。

二、电视节目制作系统

电视节目制作系统分为非实时（Off-line/Non-real Time）的后期节目制作系统和实时（Real Time）的直播类节目制作系统。纪录片、访谈类节目、天气预报等节目拍摄时会有很多冗余镜头，需要后期修改和编辑。非实时类节目制作系统属于非实时系统，它对资源共享与节目编辑能力的要求较高，但对实时性、安全性的要求不高。类似春节联欢晚会、奥运会比赛这样的直播类节目，

要求拍摄和播出同步进行。实时类节目制作系统对实时性、安全性的要求都较高，但对资源共享与节目编辑的能力要求就不高了。新闻直播类节目则要求素材能够以最快的速度实现共享，对即时性、安全性的要求极高；每条新闻可在新闻直播前编辑完成，因此这类系统对素材的共享要求也很高。

以下系统是电视台常见的制作（播出）系统：

（一）ENG系统（Electronic News Gathering，电子新闻采集系统）

EGN系统是能够独立采访或进行节目素材录制的便携系统，只负责录制素材，不负责素材的后期加工。ENG系统的主要部分一般是摄录一体机，即摄像机、录像机组装在一起，小型、轻便：也有由ENG摄像机和便携录像机组成的ENG系统，两者之间使用专用线缆或专用接口连接。

ENG系统的配套设备包括以下内容：

①主体补充设备，包括镜头、传声器、寻像器、便携箱等。

②电源设备，包括充电电池（摄录主体设备的直流电源）、充电器、交流适配器（摄录主体设备直接外接交流电源时使用）。

③三脚架设备。

④照明设备，包括直流便携手持照明灯具、便携可充电式直流照明电源、交流照明灯具。

⑤其他器材设备，包括存储单元、小彩监及视音频连线、通话耳麦、小型微波发射设备。

（二）EFP系统（Electronic Field Production，电子现场制作系统）

电子现场制作，即把节目制作设备搬到现场去的制作方法，主要采用转播车进行外景实况录制。现场制作和转播完毕时，一部包括图像、声音、字幕和特技切换在内的完整节目就产生了。

EFP系统组成包括视频系统、音频系统、同步系统、（编辑）控制系统、提示系统和通话系统等。

（三）ESP 系统（Electronic Studio Production，演播室节目制作系统）

演播室节目制作是指在电视台的演播室中录制节目。演播室在设计和建造时就预先考虑到了节目制作时的技术要求，需要具有较好的音响效果、完备的灯光照明系统以及布景等，而且可配置高档的节目制作设备，因此，演播室节目制作是一种理想的电视节目制作方式，可制作出质量较高的电视节目。

ESP 系统组成包括视频系统、音频系统、同步系统、（编辑）控制系统、提示系统、灯光系统和通话系统等。

（四）线性编辑系统（Linear Editing System）

线性编辑系统主要是以磁带为记录媒介，使用视频放像机和录像机对磁带进行编辑的系统，分为一对一编辑系统、二（多）对一编辑系统、（线性）数字合成系统。其中，前两种系统是通过编辑控制器遥控编辑放像机和编辑录像机，从而顺序完成镜头录制的过程；（线性）数字合成系统则在上述编辑系统中加入了调音台、特技机和切换台等设备。

（五）非线性编辑系统（Non-Linear Editing System）

非线性编辑是指素材的长短和顺序可以不按照制作的长短和先后次序进行编辑。非线性编辑系统主要利用硬盘、专业光盘等作为存储媒介，其核心是存储媒介必须能够随机存取素材。

多台非编工作站可组成非线性编辑网络，从而实现资源共享和协同制作。当前非线性编辑网络分为单网结构和双网结构两种。结合多通道录制系统，非线性编辑系统中的多机位编辑可提供一定延时的准实时节目制作功能。

第二节　数字视频分量信号

一、电视图像的数字处理

随着广播电视技术的数字化发展，当前常用的电视系统设备多为数字设备，设备及系统之间传输的信号亦为数字信号。在自然环境下拍摄图像，进而输出

数字图像数据的过程可以理解为从模拟到数字的转换过程，具体可分为抽样、量化、压缩编码三个处理过程。

（一）抽样

抽样（Sampling），又称为采样或取样。摄像机对物理光学画面进行采集的媒介是感光器件（CCD 或 CMOS）；从彩色光投射到感光器件，再到感光器件中的每一个光敏单元输出相应的电荷或电压，这个过程可以理解为抽样；在此过程中主要考虑抽样频率和抽样脉冲宽度两个因素。

1. 抽样频率

根据奈奎斯特（Nyquist）准则，当抽样频率大于信号最高频率的两倍时，才能从提取出的信号中无失真地恢复原始信号。

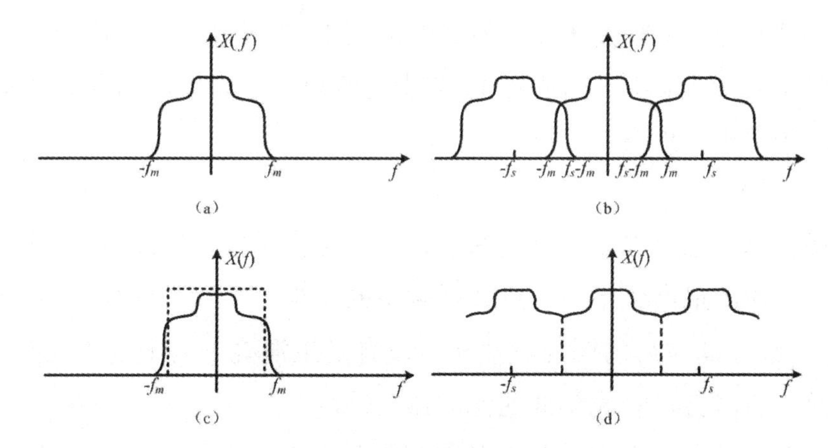

图 3-1　抽样过程中信号的频谱变化示意图

如图 3-1（a）所示，原始信号最高频率为 f_m，在频域上表示为 X（f）。该信号在经过频率为 f_s 的抽样后，其在频域上可表示为：

$$X_s(f)=\sum_{-\infty}^{\infty} X(f-nf_s) \quad \text{式（3-1）}$$

抽样后信号频谱相当于原始信号经过了周期为 f_s 的延拓，如图 3-1（b）所示；如果不能满足 $f_s > 2f_m$，则频率从 f_s-f_m 到 f_m 之间的信号发生频谱混叠（Aliasing）。

摄像机拍摄图像时，也要遵循以上定理，即摄像机感光器件的抽样频率必

须大于被摄景物画面的最高频率的两倍，否则会引起混叠失真。混叠的现象是抽样后的画面中会产生莫尔条纹（Moire Pattern），即俗称的“爬格”现象。一般来说混叠产生的条纹会出现在图像的高频区，比如服装或建筑物上细密且规律的纹理区域，这是因为发生了混叠的 f_s-f_m 到 f_m 区间属于图像的高频部分。如图 3-1（b）所示，图中的屋檐出现了莫尔条纹。

不仅如此，在图像处理、格式转换和显示等过程中，如果进行了抽样处理后的图像分解力小于原有信号的分解力，则图像也会出现混叠。

消除频谱混叠的方法包括以下两种：

（1）提高抽样频率

ITU-R BT.601625/50 标准中规定亮度信号 Y 的抽样频率 f_s=13.5MHz，而标清电视视频信号的最高频率为 6MHz，满足了 f_s=13.5MHz ＞ $2f_m$。高清电视信号的抽样频率更高，ITU-R BT.7091250/50 标准中规定了亮度信号 Y 的抽样频率 f_s=74.25MHz，明显高于标清的 Y 信号抽样频率，因而，高清采集设备允许的画面最高频率也就更高。

（2）前置滤波

对于图像高频信息过于丰富的情况，可对图像进行低通滤波，如图 3-1（c）所示，保证图像的最高频率不超过抽样频率的一半，然后再进行抽样。如图 3-1（d）所示，经过滤波后的图像，抽样后没有发生混叠。为了避免混叠，摄像机感光器件前方有时会增设光学低通滤波器（OLPF）。

演播室常用的数字分量信号在从模拟信号转变而来的过程中也要经过抽样，ITU-R BT.601/ITU-R BT.709 规定了亮度和色差信号抽样前低通滤波器幅频特性和群延时特性。对标清信号来说，亮度信号频率响应直到 5.75MHz 都是平坦的。前置滤波后亮度信号的抽样频谱在最高亮度信号频率 5.75MHz 与奈奎斯特频率 6.75MHz 之间有一个空隙，能满足防止频谱混叠的要求。而对于高清信号，亮度低通滤波器带宽为 0.4 倍的抽样频率，即 74.25MHz 的抽样频率，对应的低通滤波器带宽为 29.7MHz。

2. 抽样脉冲宽度

理想情况下，抽样脉冲是无限窄的，但实际应用中的抽样脉冲经常是门脉冲。

以摄像机感光单元来说，无论 CCD 还是 CMOS，每一个感光单元（像素）都是有一定宽度的。相当于抽样脉冲不是理想的δ脉冲，而是宽度为τ的门脉冲（Flat Top Sampling），这就会引起孔阑失真。

宽度为τ的门脉冲的时域序列可表示为：

$$S_\delta(t)=\sum_{-\infty}^{\infty}P(t-nT_s) \qquad 式（3-2）$$

式中，$P(t)=\begin{cases}1 & |t|\le \tau_s/2\\ 0 & |t|>\tau_s/2\end{cases}$

这个脉冲序列的频谱为：

$$S_\delta(\omega)=2\pi\frac{\tau_s}{T_s}.\sum_{-\infty}^{\infty}\left[\frac{\sin(n\pi\tau_s/T_s)}{n\pi\tau_s/T_s}\right].\delta(\omega-n\omega_s) \qquad 式（3-3）$$

其中，$\omega_s=2\pi/T_s$。公式（1-3）中所示脉冲序列谱线的位置与理想δ抽样脉冲序列频谱完全一致，只是谱线的幅度受到了 sinx/x 函数的调制。用这样的脉冲序列进行抽样时，其抽样信号的频谱为：

$$\begin{aligned}F_s(\omega)&=\frac{1}{2\pi}F(\omega).2\pi\frac{\tau_s}{T_s}.\sum_{-\infty}^{\infty}\left[\frac{\sin(n\pi\tau_s/T_s)}{n\pi\tau_s/T_s}\right].\delta(\omega-n\omega_s)\\&=\frac{\tau_s}{T_s}.\sum_{-\infty}^{\infty}\left[\frac{\sin(n\pi\tau_s/T_s)}{n\pi\tau_s/T_s}\right]F(\omega-n\omega_s)\end{aligned} \qquad (3-4)$$

显然，抽样后信号频谱的谱线幅度也受到了 sinx/x 函数的调制。当$n=0$时，有最大幅度；当$n=T_s/\tau_s$时，幅度下降为零。

感光器件中每一个像素对应的感光单元有一定的宽度，且感光单元之间的间隔很小，因而抽样脉冲宽度与抽样周期相同，即$\tau_s\approx T_s$、$n=1$时，输出信号幅度就下降为零。由此，感光器件输出的高频信号幅度会明显降低，这就是摄像机的水平孔阑效应。

防止孔阑失真的方法有如下两种：

（1）抽样脉冲尽量窄

令抽样脉冲窄，即$n<1$，则高频信息的对比度会有所提高。但是，对于摄

像机来说，感光器件不可能做到无限小，抽样脉冲不能无限窄。这是因为在相同的感光技术前提下，感光面越大，摄像机越灵敏，但抽样脉冲会越宽。

（2）模数变换后加入高频补偿

摄像机感光器件输出的模拟信号已经有一定程度的孔阑失真。该信号经过AD变换后成为数字视频信号。摄像机数字视频处理系统的轮廓校正（DTL）模块可对其进行高频补偿，从而增强高频部分的图像信号对比度。除此以外，也可通过计算机软件完成同样的处理过程，不过，摄像机数字处理模块可以保留较高的精度，处理效果会比较好。

（二）量化

将抽样的样值变为在幅度上离散的有限个二进制信号，这就是量化。抽样使时间上的连续信号变为离散信号，量化又使幅度上的连续变为离散。

在图3-2中，曲线表示被抽样的模拟信号；竖线表示量化后的样值电平；Q表示量化间距；m表示量化电平的级序，m所指的位置表示此处的量化电平为mQ，在这里所有的量化间距都是相等的，因而被称为均匀量化或线性量化。量化后的样值电平与原来的模拟信号电平之间是有误差的，这个误差被称为量化误差。一般采用四舍五入的方法来处理被量化样值与预定的量化电平之间的差值。比如，电平在$mQ \pm Q/2$范围内的模拟信号样值，其量化电平都定为mQ。这种量化方式的最大量化误差为$|Q/2|$。

若输入信号的动态范围为S，则总的量化电平级数$M=S/Q$。以二进制编码时，所需的比特数n与M的关系为：

$$M=2^n \tag{3-5}$$

量化误差是数字系统中特有的损伤源。量化误差可以看作一种噪声，即量化噪声。这种噪声明显时，会引起信号波形失真和图像上的伪轮廓效应。

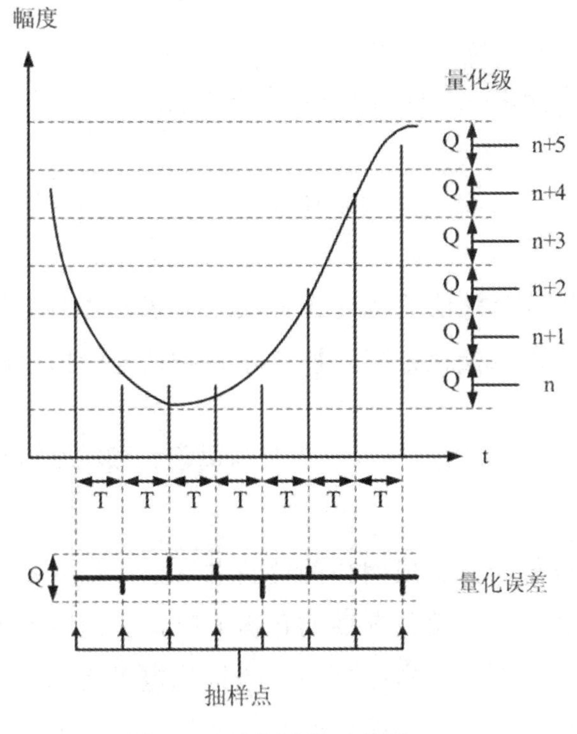

图 3-2　量化过程示意图

量化噪声是随机的，对于线性量化，其量化噪声的一阶概率在 $-Q/2$ ～ $+Q/2$ 区间是均匀分布的。于是求得量化噪声的均方差为 $Q^2/12$，噪声有效值为 $Q/\sqrt{12}$。D/A 变换后的输出信号峰－峰值为 2^nQ。在一个理想的数字视频系统中，输出信号的峰－峰值 S 与量化噪声的有效值 N_{rms} 之比为：

$$\frac{S}{N_{rms}} = 20\lg\frac{2^nQ}{\frac{Q}{\sqrt{12}}} = (6.02n + 10.8)dB \qquad (3\text{-}6)$$

上式在模拟输入信号电平占有整个量化范围时成立。此外，尚有以下两个实际因素影响 S/N_{rms}：

①视频信号的实际带宽限制到 f_{max}，使 S/N_{rms} 提高一个量值，即 $10\lg(f_s/2f_{max})$。

②实际视频信号峰－峰值不占满量化范围时对量化信噪比的影响，即量化范围大于视频信号峰－峰值，则 S/N_{rms} 将小一些。

考虑以上两个因素，公式（3-6）修正如下：

$$\frac{S}{N_{rms}}=6.02+10.8+10\lg\frac{f_s}{2f_{max}}-20\lg\left(\frac{V_q}{V_w-V_B}\right)dB \tag{3-7}$$

式中，n 表示每个样值的量化比特数；f_s 表示抽样频率；f_{max} 表示视频信号的最高频率；V_q 表示量化范围；V_w 表示视频信号的白色电平；V_B 表示视频信号的黑色电平。

量化会给 AD 变换后的图像带来伪轮廓现象和颗粒杂波现象。

1. 伪轮廓

量化比特数过低，会造成明显的伪轮廓现象，信号量化区间太大、图像大面积缓慢变化（如红色、黄色渐变的花瓣）时，会出现不连续的跳变，即在图像的缓变区出现从一个量化电平到另一个量化电平之间的轮廓线，这实际上就是图像的等量化电平线。这种轮廓线是原图像所没有的，被称为伪轮廓现象，即轮廓效应。

为了去除伪轮廓，可利用随机高斯噪声信号发生器产生适当的颤动信号，叠加到原图像信号中，使人们察觉不到轮廓效应的存在。数字电视中使用最多的颤动信号频率为抽样脉冲的 1/2、峰－峰值为量化间隔的 1/2 的方波信号。不过，这种方法并不能直接去除伪轮廓。实际应用中，人们尽量使用较高的量化比特数进行量化，避免出现伪轮廓现象。

2. 颗粒杂波

小信号的量化区间太大，造成量化噪声太大，使得小信号区域即图像暗部区域信噪比不足，表现为图像在这个区域内出现颗粒状的杂波。相对明亮区域而言，人眼对暗部图像中的噪点更敏感。

欲减少颗粒杂波，可采用非线性量化，即减少小信号的量化区间；还可以采用压缩扩张的编解码方法，即在量化前先利用非线性器件将信号电平高的部分进行压缩，然后量化编码；解码 D/A 后的模拟信号再通过非线性器件对大幅

信号进行扩张，恢复到原比例关系。这种方法扩大了小信号的动态范围，等效于“小信号细量化，大信号粗量化”。

（三）压缩编码

当前常用的图像压缩编码标准包括MPEG-2、MPEG-4等，许多压缩编码过程本身就包含了量化部分。因此，压缩编码过程中引入的噪声，主要是其中的量化步骤带来的量化噪声。

①差分脉冲编码DPCM。量化误差累积，造成边缘清晰度临界，即当被预测值处于图像突变边缘时，往往产生较大的预测误差。

②变换编码DCT。由于DCT变换是基于8×8的块进行的，高频信息丢失后，块与块之间的交界处出现信号跳变，表现为“块效应”。

③运动补偿。画面活动剧烈时，预测效果较差，“块效应”明显，表现为运动物体边缘的“蚊音效应”。

二、数字标清演播室信号标准

数字标清演播室常用的数字分量信号的三个分量为Y、C_R　C_B，该信号可理解为从模拟分量信号进行取样、量化、编码得来的。我们把模拟基带信号表示为E_R'和E_G'，即红、绿、蓝三基色信号。

信号转换方程为：

$$E_{Y'} = 0.299E_{R'} + 0.587E_{G'} + 0.114E_B' \qquad 式（3-8）$$

$$E_{CB}' = 0.564(E_B' - E_Y') \qquad 式（3-9）$$

$$E_{CR}{}' = 0.713(E'R - E_Y{}') \qquad 式（3-10）$$

E_Y'的取值范围在0～1，式（3-9）和式（3-10）中的压缩系数为0.564和0.713，可以令转换后的色差信号E_{CB}'、$E_{CR}{}'$的数值保持在-0.5～0.5，这样该信号的范围就与亮度信号的量化范围一致了。

（一）样点分布行场定时关系

表3-1是ITU-R BT.601的抽样参数，我国数字电视演播室常用其中625/50（4∶2∶2）的扫描标准，即表3-1右侧一列。

表 3-1 625/50 扫描标准的 4 ∶ 2 ∶ 2 抽样参数

	525 行 /60 场系统	625 行 /50 场系统
每行总的样点数	Y：858 C_B：429 C_R：429 总样点数：1716	Y：864 C_B：432 C_R：432 总样点数：1728
每个有效行的样点数	Y：720 C_B：360 C_R：360 总样点数：1440	
抽样结构	正交：行、场、帧内，每行的 C_B、C_R 样点位置与 Y 的奇数样点位置一致	
抽样频率	Y：858 f_s=13.5MHz C_B 和 C_R：429 f_s=6.75MHz	Y：864 f_s=13.5MHz C_B 和 C_R：432 f_s=6.75MHz

由于样点位置在垂直方向上逐行、逐场对齐，即排成一列列直线，故形成正交抽样结构，C_B和C_R 样点位置与 Y 的奇数位样点位置一致。

对于 625/50 扫描标准，每行的 Y 样点数是 864 个，编号为 0 ～ 863；色差信号的样点数是 432 个，编号为 0 ～ 431；亮度有效行的样点数是 720 个，编号为 0 ～ 719；C_B 和 C_R 有效行样点数都是 360 个，编号为 0 ～ 359。

行消隐持续 144 个抽样周期，为第 720 ～ 863 周期。数字有效行持续时间为 720×1/13.5MHz=53.333μs，其中第 0 ～ 9 个样点持续时间为 10×1/13.5MHz=0.74μs，在 D/A 变换时用来形成行消隐的后沿；最后的第 712 ～ 719 个样点持续时间为 8×1/13.5MHz=0.59μs，用于形成模拟行消隐的前沿。数字有效行内的第 10 ～ 711 个样点持续时间为 702×1/13.5MHz=52μs，这是持续传送图像内容的模拟有效行持续期。

为了避免处理半行数字信号，视频数字场与模拟场的场消隐不同，为避免处理半个数字行，两场的有效行数都定为 288 行，且第 1 场的场消隐期为有效行前的 24 行，第 2 场的场消隐期为有效行前的 25 行。

（二）亮度和色度数据的时分复用

根据需要，亮度数据和色度数据可以单独传输或采用时分复用的方式传

输。时分复用时每行的总样值（字）数为 1716 个（525/60 扫描标准），编号为 0 ～ 1715：或为 1728 个（625/50 扫描标准），编号为 0 ～ 1727。

在数字有效行内复用数据的字数对两种扫描标准是一致的，都是 1440 个，编号为 0 ～ 1439；在数字消隐期间复用数据的字数对两种扫描标准是不同的，625/50 标准为 288 个，编号为 1440 ～ 1727。

在比特并行输出时分复用器的输入端，输入的模拟信号 E_Y' 和 E_{CB}'、E_{CR}' 经过抗混叠的低通滤波器后，进入各自的 A/D 变换器，输出的 Y 数字信号速率为 13.5 兆字 /s，抽样间隔为 74ns；C_B 和 C_R 数字信号的速率为 6.75 兆字 /s，抽样间隔为 148ns，且三个数字信号并行进入数字合成器。

合成器输出数据的速率是 27 兆字 /s，每个字的间隔为 37ns。三个分量信号按 C_B、Y C_R Y、C_B、Y …… 的顺序输出。C_B 和 C_R 的样点与奇数位（1、3、5…）的 Y 样点位置一致。前三个字（（C_{B1}、Y_1、C_{R1}）属于同一个像点的三个分量，紧接着的 Y_2 是下一个像点的亮度分量，它只有 Y 分量。每个有效行输出的第一个视频字应是 C_B。

（三）定时基准信号（TRS）EAV 和 SAV 的位置

数字分量标准规定，不直接传送模拟信号的同步脉冲，而是在每一行的数字有效行数据流（复用后的亮度、色差数据）之前（后），通过复用方式加入两个定时基准信号（TRS）EAV 和 SAV。SAV（占 4 个字）标志着有效行的开始，而 EAV（占 4 个字）标志着有效行的结束。对于 525/60 扫描标准，其定时信号 EAV 的位置是字 1440 ～ 1443，SAV 的位置是字 1712 ～ 1715；对于 625/50 扫描标准，EAV 的位置是字 1440 ～ 1443，SAV 的位置是 1724 ～ 1727。在场消隐期间，EAV 和 SAV 信号保持同样的格式。

（四）数字分量的量化电平

现以 100/0/100/0 彩条信号为例，说明数字分量信号对量化范围的规定。

1. 亮度分量

在 10 比特量化系统中共有 1024 个数字电平（2^{10} 个），用十进制数表示时，其数值范围为 0 ～ 1023；用十六进制数表示时，其数值范围为 000 ～ 3FF。数字电平 000 ～ 003 和 3FC-3FF 为储备电平（Reserve）或保护电平，这两部分电

平是不允许出现在数据流中的，其中000和3FF用于传送同步信息。

模拟信号进行A/D变换时，其电平不允许超出A/D的基准电平范围，否则会发生限幅，产生非线性失真，所产生的谐波在抽样后会引起频谱混叠。因此，标准中规定了储备电平，确保即使模拟信号电平达到储备电平范围仍不会发生限幅，防止产生混叠失真。但储备电平的数字不进入数据流，D/A后恢复的模拟信号也不会出现储备电平范围的信号。

004～3FB（十进制数4～1019）代表亮度信号的数字电平；040（十进制数64）为消隐的数字电平；3AC（十进制数为940）为白峰值的数字电平。

标准规定的数字电平留有很小的余量：底部电平余量为004～040（十进制数为4～64），顶部电平余量为3AC～3FB（十进制数为940～1019）。值得注意的是，数字分量方式对亮度信号中的同步部分不抽样。由于调整的偏差和飘移，通过滤波器和校正电路产生的过冲都会扩大模拟视频信号的动态范围，所以在消隐电平以下和峰值白电平以上都留有余量（Headroom），以使余量范围内的信号不失真地进行数字传输。

用8比特量化时，其储备电平为0和255（十六进制数为00和FF）。数字电平的余量范围为1～16和235～254（十六进制数为01～10和EB～FE）；1～254代表亮度信号数字电平。消隐数字电平定为16（十六进制数为10），白峰值数字电平定为235（十六进制数为FB）。

8比特字的数字信号可以通过10比特字的数字设备和数字通路，只要在8比特的最低位后加两位0即可；在输出端再将两位去掉，恢复成8比特字数字信号。

系统的量化噪声S/N_{rms}可用式（3-6）计算，将参数n=8(或10)、f_s=13.5MHz f_{max}=5.75MHz，V_q=766.3mV-(-51.1)mV=817.4MV V_w-V_B=700mV-0mV=700mV代入式中，计算结果为：

10比特系统为S/N_{rms}=70.35dB

8比特系统为S/N_{rms}=58.3dB

亮度信号量化公式为：

$$Y = \text{int}\left\{\left(219E_Y' + 16\right) \times D\right\} / D \qquad 式（3-11）$$

8 比特系统中 D=1；10 比特系统中 D=4，代表补 2bit 零；Int { } 代表取整。

2. 色度分量

色度信号是双极性的，而 A/D 变换器需要单极性信号，因此，将 100% 彩条的色度信号电平上移 350mV，以适合 A/D 变换器的要求。

用 10 比特量化时，量化电平为十六进制数 004 ～ 3FB（十进制数为 4 ～ -1019），共 1016 级表示 CB 和 CR 信号。消隐（零电平）的量化电平定为 200（十六进制数），模拟信号的最高正电平对应的数字电平定为 3CD（十进制数为 960），最低的负电平对应 040（十进制数为 64）9 所规定的顶部电平余量为 3CD ～ 3FB（十进制数 960 ～ 1019），底部电平余量为 004 ～ 040（十进制数 4 ～ 64），其作用同亮度信号的电平余量。储备电平范围也同亮度信号的储备电平范围一样。

色差信号量化公式为：

$$C_R = \text{int}\left\{\left(224E'_{CR} + 128\right) \times D\right\} / D \qquad 式（3-12）$$

$$C_B = \text{int}\left\{\left(224E'_{CB} + 128\right) \times D\right\} / D \qquad 式（3-13）$$

（五）定时基准信号（TRS）的编码规定

定时基准信号由四个字组成，这四个字的数列可用十六进制计数符号表示如下：

3FF　000　000　XYZ

前三个字 3FF、000 和 000 是固定前缀，作为定时标志符号，只为 SAV 和 EAV 同步信息的开始做出标志。XYZ 代表一个可变的字，它包含确定的信息：场标志符号、垂直消隐的状态、行消隐的状态。

F 是场标志符，F=0 表示在第 1 场期间，F=1 表示在第 2 场期间。

V 是垂直消隐标志符，V=0 表示在有效场期间，V=1 表示在场消隐期间。

H 是行消隐标志符，H=0 表示有效行开始处（SAV），H=1 表示有效行结束处（EAV）。

F、*V*　*H* 取值与该定时基准信号在整帧图像的位置有关。

（六）辅助数据的插入

辅助数据分为行辅助数据（HANC）和场辅助数据（VANC）。10 比特的 HANC 数据允许插在所有的数字行消隐内。从 EAV 开始到 SAV 结束的期间是数字行消隐时间。在每行的数字行消隐期间从 EAV 结束到 SAV 开始前的部分可以传送一个小辅助数据块，块长不足 280 个字（625/50 标准）或 268 个字（525/60 标准）。场辅助数据（VANC）只允许插在场消隐期间的各有效行内（从 SAV 结束到 EAV 开始前），每行可插入多达 1440 个字的大辅助数据块。

考虑数据格式的需要并留有一定的储备，辅助数据空间可能减少 20%。在总的 270Mbps 的数据率中去掉辅助数据率，实际传送的视频数据率为 212.4Mbps。

辅助数据中可插入以下数据：

1. 时间码

在场消隐期间传送纵向时间码（LTC）或场消隐期时间码（VITC）、实时时钟等其他时间信息和用户定义信息。

2. 数字声音

在串行分量数字信号的消隐期间可传送多达 16 路 AES/EBU20/24 比特的数字声音信号。

3. 监测与诊断信息

插入误码检测校验字和状态标识位，用于检验传输后的校验字有效状态，以监测 10 比特字数字视频接口的工作状况。

4. 图像显示信息

在 4 ∶ 3 和 16 ∶ 9 画面宽高比混合使用的情况下，传送宽高比的标识信令。

5. 其他数据

比如传送图文电视信号、节目制作和技术操作信令。国际标准化组织不断地对以上各种数据的格式及插入位置做出统一规定。

三、数字高清演播室信号标准

《高清晰度电视节目制作及交换用视频参数值》行业标准 GY/T 155—2000

规定了我国高清晰度电视演播室编码参数标准，该标准是按照 ITU-R BT.709-3 的部分标准制定的。

表 3-2　我国高清电视演播室编码参数表

<table>
<tr><th colspan="2">参数</th><th colspan="2">数值</th></tr>
<tr><td colspan="2">图像扫描顺序</td><td colspan="2">从左到右，从上到下；隔行时，第一场的第一行在第二场的第一行之上</td></tr>
<tr><td colspan="2">隔行比</td><td colspan="2">2 ∶ 1</td></tr>
<tr><td colspan="2">帧频（Hz）</td><td colspan="2">25</td></tr>
<tr><td colspan="2">行频（Hz）</td><td colspan="2">28125</td></tr>
<tr><td colspan="2">宽高比</td><td colspan="2">16 ∶ 9</td></tr>
<tr><td colspan="2">像素宽高比</td><td colspan="2">1 ∶ 1</td></tr>
<tr><td colspan="2">每帧总行数</td><td colspan="2">1125</td></tr>
<tr><td colspan="2">每帧有效行数</td><td colspan="2">1080</td></tr>
<tr><td rowspan="2">每行总样点数</td><td>R, G, B, Y</td><td colspan="2">2640</td></tr>
<tr><td>C_R，C_B</td><td colspan="2">1320</td></tr>
<tr><td rowspan="2">每行有效样点数</td><td>R, G, B, Y</td><td colspan="2">1920</td></tr>
<tr><td>C_R，C_B</td><td colspan="2">960</td></tr>
<tr><td rowspan="2">取样频率（MHz）</td><td>R, G, B, Y</td><td colspan="2">74.25</td></tr>
<tr><td>C_R，C_B</td><td colspan="2">37.125</td></tr>
<tr><td colspan="2">取样结构</td><td colspan="2">正交</td></tr>
<tr><td colspan="2">模拟信号标称带宽（MHz）</td><td colspan="2">30</td></tr>
<tr><td colspan="2">量化电平</td><td>10 比特量化</td><td>8 比特量化</td></tr>
<tr><td colspan="2">R, G, B, Y 黑电平</td><td>64</td><td>16</td></tr>
<tr><td colspan="2">C_R，C_B 消色电平</td><td>512</td><td>128</td></tr>
<tr><td colspan="2">R, G, B, Y 标称峰值电平</td><td>940</td><td>235</td></tr>
<tr><td colspan="2">C_R，C_B 标称峰值电平</td><td>64 和 860</td><td>16 和 240</td></tr>
<tr><td colspan="2">量化电平分配</td><td>10 比特量化</td><td>8 比特量化</td></tr>
<tr><td colspan="2">视频数据</td><td>4 ～ 1019</td><td>1 ～ 254</td></tr>
<tr><td colspan="2">同步基准</td><td>0 ～ 3 和 1020 ～ 1023</td><td>0 和 255</td></tr>
</table>

另外，我国高清电视演播室视频参数标准还规定了 1080Z24P 格式，用于兼容数字电影，即可以使用高清电视摄像机拍摄数字电影，该编码参数标准见表 3-3 表所示。

表 3-3　我国 1080/24P 编码参数表

参数		数值
图像扫描顺序		从左到右，从上到下
隔行比		1 ：1（逐行）
帧频（Hz）		24
行频（Hz）		27000
宽高比		16 ：9
像素宽高比		1 ：1
每帧总行数		1125
每帧有效行数		1080
每行总样点数	Y	2750
	C_R，C_B	1375
每行有效样点数	Y	1920
	C_R，C_B	960
取样频率（MHz）	R, G, B, Y	74.25
	C_R，C_B	37.125
取样结构		正交
量化电平		10 比特量化，　8 比特量化

按照 ITU-R BT.709 建议书规定的高清电视用的显像荧光粉和 D_{65} 白，高清电视的亮度方程、色差方程和模拟视频分量信号的转换方程见表 3-4。

表 3-4　高清视频分量信号的转换

视频分量	转换方程
Y, C_R, C_B	$Y=0.2126R+0.7152G+0.0722B$ $R-Y=0.7874R-0.7152G-0.0722B$ $B-Y=-0.2126R-0.7152G+0.9278B$
E'_Y, E'_{CB}, E'_{CR}	$E'_Y=0.2126R+0.7152G+0.0722B$ $E'_{CR}=0.635(R-Y)$ $E'_{CB}=0.5389(B-Y)$

第三节　演播室信号接口

演播室系统中的各个设备之间大多采用线缆连接。技术人员在对演播室进行搭建、维护和管理时，必须明确所有信号接口的属性、传输信号的类型、信号走向等。接口接插错误对整个演播室节目制作会带来严重的后果。由于当前很多数字电视演播室仍然使用一些基本的模拟信号接口，因此本章节列出了一些常用的模拟接口。

一、电气特性

线缆安装时，发送端和接收端的物理接口会有相应的电气特性指标要求。常见的接口电气特性参数及其意义如下：

（一）信号电平（Amplitude）

视频传输接口的输出电平多数以 *mVpp* 为单位， *Vpp* 即电压峰 - 峰值（Peak to Peak），也就是信号中最高电平与最低电平的差。

（二）阻抗（Impedance）

阻抗单位为 $\dot{U}$。视频接口连接时，一般要求阻抗匹配，即视频源设备输出阻抗（可理解为源阻抗 Z_0）与其后连接设备的输入阻抗（负载阻抗 Z_L）相同，如图 3-3 所示，这样可实现传输功率的最大化。阻抗不匹配会产生信号反射，干扰正常信号的传输，表现为图像模糊、重影、图像过亮、字符抖动等；对于经过数字压缩的视频信号，在阻抗失配的情况下还会出现马赛克或图像丢失等现象。

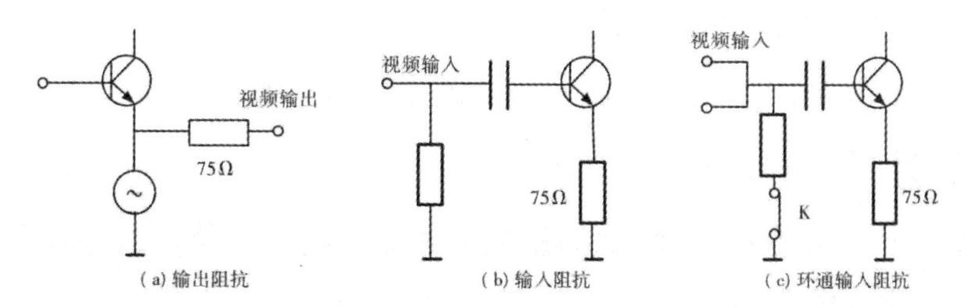

图 3-3　视频设备接口特性阻抗示意图

反射系数：

$$p=\frac{ZL-Z_0}{ZL+Z_0} \quad 式（3-14）$$

视频设备输出接口在未连接负载时，Z_L 无穷大，反射系数为 1，信号全部反射。为避免反射，常需要人工将输出接口转为 75 Ω 负载。阻抗匹配时，反射系数为零，系统中不会有反射信号干扰。在多台设备环通时，最后一台设备的输出接口也要转为 75 Ω 负载。

（三）反射损耗（Return Loss）

反射损耗是指通道中视频输入端或天馈线输入端由于阻抗失配产生反射，引起传输过程中的能量损耗。反射损耗 RL 的计算公式如下，其中 P_i 是输入功率，P_r 是反射功率。

$$RL(dB)=10\log_{10}\frac{P_i}{P_r} \quad 式（3-15）$$

（四）平衡传输（Balanced）/ 非平衡传输（Unbalanced）

发送端将信号调制成对称的信号，用双线缆传输，这被称为平衡传输。利用这种传输方法，即使信号传输通道中混入噪声，但由于两条传输线缆被包裹在一起，噪声也会非常相似。输出信号由差分电路对两条线缆的信号进行相减得出，因此信号中的噪声相互抵消，被去除。平衡传输线缆一般可以支持较长距离的信号传输。

如果采用单线传输，即对应有参考电平，则被称为非平衡传输。非平衡传输中混入的噪声无法去除，因此只能支持较短距离的信号传输。

（五）直流偏置（DC Offset）

交流信号中出现的存在直流信号成分的现象称为直流偏置。

（六）过冲（Overshoot）

过冲就是上升沿中第一个峰值超过最高设定电压的值，或下降沿中第一个谷值低于最低设定电压的值。

（七）抖动（Jitter）

数据流中脉冲沿的位置与基准时钟的相对偏差之变化，即数据流中脉冲位置的调制被定义为抖动。

在理想的情况下，数据流中的脉冲位置应与一个稳定的、完全无抖动的原始时钟进行比较，所测得的抖动量是绝对的抖动，也被称为总抖动（Total Jitter）。所测量到的值包含所有的抖动频率分量。

另一种测量方法是基准时钟是从被测信号提取的，这样测出的抖动被称为相对抖动（Relative Jitter）。再生的基准时钟含有被测信号的某些抖动频率分量，因此，其频率分量取决于时钟提取的方法。按测量的频带宽度，SMPTE 推荐的 RP184 标准规定了两种类型的相对抖动。

1. 定时抖动（Timing Jitter）

在 10Hz 到 1/10 时钟速率的频率范围内测量的抖动，要求时钟提取电路的频带不超过 10Hz。

2. 校准抖动（Alignment Jitter）

在 1KHz 到 1/10 时钟速率的频率范围内测量的抖动。

二、数字视频基带信号传输系统

所有的数字视频数据、同步信息、辅助数据以及多路 AES/EBU 标准数字音频都可以通过一根电缆在电视节目制播范围内传输。在很多情况下，现有的视频电缆都可用来传输串行数字信号。

（一）比特串行数字信号的通道编码

比特串行数字信号的速率为：

比特并行数字信号的速率（兆字 /s）× 比特数 / 字

4 ：2 ：2 串行分量数字信号的速率为：

27 兆字 /s×10 比特 / 字＝ 270Mbps

比特串行数字信号需要通道编码确定数据流进入通道时 0 和 1 的变化方式。通道编码的目的是使信号频谱的能量分布相对集中，降低直流分量，有利于时钟恢复。

1. 不归零码（NRZ）

对逻辑 1 规定一个适当高的 DC 电平，对逻辑 0 规定一个适当低的 DC 电平。虽然 NRZ 码简单而且常用，但是它有以下缺点：

①串行数字信号不单独传送时钟信号，在接收设备中用一个锁相环（PLL）和压控振荡器（VCO）重新产生时钟信号；锁相环通过数字信号中的 0 到 1 或 1 到 0 的跳变沿进行锁定。而 NRZ 码可能出现连 0 和连 1 的状态，这样就在一段时间内无法实现 0 和 1 的转换，锁相环就失去了基准，这段时间内在接收端数据再生的抽样精度就取决于 VCO 的稳定度了。

② NRZ 码具有直流分量，而且其大小随数据流本身的状态改变，还有明显的低频分量，这不适合交流耦合的接收设备。

鉴于以上原因，在串行数字视频传输中不采用 NRZ 码，而是采用 NRZI 码（NRZ Inverted Code）。

2. 倒相的 NRZ 码（NRZI）

如图 3-4，NRZ 码是逻辑 1 时，NRZI 码的电平发生变化；NRZ 码是逻辑 0 时，NRZI 码的电平保持不变。串行数字视频信号传输采用 NRZI 码编码。

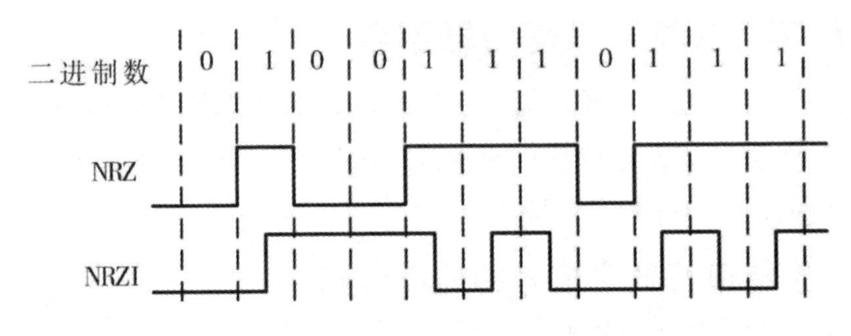

图 3-4　NRZ 码和 NRZI 码的特征

NRZI 码在每个时间单元内比 NRZ 码有更多的电平变换次数，即脉冲沿增多，这可改进时钟再生锁相环的工作，稳定时钟信号。在 NRZ 码信号为很长的连 1 时，其 NRZI 码就成为方波信号，其频率是时钟频率之半。显然 NRZI 码的极性并不重要，只要检测出电平变换，就可以恢复数据。

不过，NRZI 码虽然比 NRZ 码优越，但它仍有直流分量和明显的低频分量。

为进一步改进接收端的时钟再生，实际应用中采用了扰码方式（Scrambling），扰码器使长串联0和连1序列以及数据重复方式随机化并扰乱、限制了直流分量，从而提供足够的信号电平转换次数，保证时钟恢复可靠。

扰码器产生伪随机二进制序列（PRBS），伪随机二进制序列与传送数据组合起来，使传输的数据随机化。扰码器由9级带反馈的移位寄存器组成，移位寄存器由9级时钟触发的主从D触发器构成。反馈信号通过异或门与传送数据合成。加扰函数的生成多项式为：

$$G_1(X)=X^0+X^4+1 \quad \text{式（3-16）}$$

扰码器可能产生长串联1序列，但在扰码器后接有NRZ到NRZI变换器，将连1变成电平转换。NRZI变换由一级带一个异或门的主从D触发器组成。NRZI变换器的生成多项式为：

$$G_2(X)=X+1 \quad \text{式（3-17）}$$

在接收端，传送数据首先通过NRZI到NRZ变换器，用同样的步骤生成多项式（3-17）进行相反的运算，还原出NRZ码，再通过解扰器，其生成多项式与扰码器的方式相同，但在电路中用前馈代替了发端的反馈，用同样的随机序列进行相反的运算，恢复出原始数据。

（二）串行数字信号传输标准

SMPTE259M标准规定了4∶2∶2数字分量信号和40数字复合信号的串行数字接口（SDI）标准，并适用于625/50和525/60两种扫描标准，见表3-5。其中，SMPTE259M-A和259M-B是数字复合信号的串行传输标准，该数字信号来源于模拟复合信号直接进行的取样、量化和编码。取样频率为色度负载波频率的4倍：NTSC制色度负载波频率为3.579545MHz，其转换为数字信号的取样频率是色度负载波频率的4倍，约为14.3MHz；PAL制色度负载波频率为4.43361875MHz，其转换为数字信号的取样频率约为17.7MHz。每一个样点量化比特数为10bit，从而得出相应的数字复合信号码率分别是143Mbps和177Mbps。我国常用4∶2∶2、270Mbps、625行的串行数字信号标准。

表 3-5　SMPTE259M 标准参数表

标准	码率	显示宽高比	行数 / 帧	每行有效像素	有效行	帧 / 场频
SMPTE 259M-A	143Mbit/s	4 ：3	525	768	486	60i
SMPTE 259M-B	177Mbit/s	4 ：3	625	948	576	50i
SMPTE 259M-C	270Mbit/s	4 ：3or16 ：9	525	720	486	60i
SMPTE 259M-C	270Mbit/s	4 ：3or16 ：9	625	720	576	50i
SMPTE 259M-D	360Mbit/s	16 ：9	525	960	486	60i

该接口标准已用于采用同轴电缆的演播室内，但正常的工作要求同轴电缆的长度不要超过设备生产厂家所限定的范围；典型的限定条件是在时钟频率上的电缆对信号的衰减量不超过 30dB。

串行数字信号接口的电气特性归纳于表 3-6 中，尤其值得重视的是串行数字信号源（发端）输出信号波形参数的容限。串行数字信号是从并行数字信号转换来的，原并行数字信号应能很好地满足演播室的应用要求。

表 3-6　串行接口的电气特性

通道编码	发端特性	收端特性
加扰的 NRZI 码 输入信号为正逻辑 生成多项式为： $G_1(X)=X^9+X^4+1$ $G_2(X)=X+1$ 字长度：10 比特 比特传送顺序：先传送数据字的最低位 LSB	非平衡输出 输出阻抗： 75Ω 反射损耗：≥ 15dB（5Mz ～ 270MHz） 输出信号幅度：800mVpp±10% DC 偏置：0V±0.5V 相对信号幅度之半 从幅度的 20% ～ 80%± 升和下降时间： 0.4 ～ 1.5ns，上升和下降时间之差应不超过 0.5ns，上冲和下冲：小于信号幅度的 10% 抖动：见表 3-7	非平衡输入 输入阻抗： 75Ω 反射损耗：≥ 15dB （5Mz ～ 270MHz） 电缆均衡量： 在时钟频率上 可选 30dB

表 3-7　串行数字信号的抖动指标

参数	限定值
测量定时抖动的下限频率	10Hz
测量校正抖动的下限频率	1KHz
测量频率的上限	＞1/10 时钟频率
定时抖动	≤0.2UIpp
校准抖动	≤0.2UIpp
测试信号	100% 彩条
串行时钟的分频比例	≠10

表 3-7 列出了 SMPTE 对抖动量的限定值，SMPTE 的 RP192 标准推荐了测量方法。对于表 3-7 中的以下几点需要进行说明：

①如果某些并行数字信号的时钟最大抖动量高达 6ns 时，将引起过大的串行信号定时抖动。

② UI（Unit Interval），即码元宽度。对不同的数据速率，其 UI 值不同。对 4 ∶ 2 ∶ 2、10 比特字串行数字分量信号，UI 值为 3.74ns。表 3-7 中的 0.2UIpp 表示最大的抖动范围不得超过 0.2UI。

实际上，低频抖动对接收端的数据恢复影响小，在 2UI 以内都可恢复数据，而且抖动容限大的低频范围与时钟再生的锁相电路类型有关。对高频抖动的容限为 0.2UI，超过这个容限就不能恢复数据。但低频抖动对串并转换后的数字信号处理会有影响，例如使 D/A 变换后的波形有失真。

③串行时钟分频后作为测量示波器的触发基准信号，现采用 10 比特字长；若触发信号频率是时钟频率的 1/10，则示波器上正好显示出有 10 个零点的波形，字同步的抖动将显示不出来。因此，分频器的分频比不能等于 10。只要分频比不等于字长数，所有的抖动都会显示出来。

（三）比特并行接口

与比特串行接口相似，每帧视频均以 C_{B1}、Y_1、C_{R1}、Y_2、C_{B2}、Y_3、C_{R2}、Y_4——C_{B360}、Y_{719}、C_{R360}、Y_{720} 的顺序进行传输，不同的是，每一个字所包含的 10 个比特利

用接口中的10对导线平衡传输，码型为NRZ码。

实际的比特并行接口采用25芯电缆，内有12对双绞线，其中一对传27MHz的时钟，一对是公共地点位连接线，剩余的10对线传输比特并行数据以及一根机壳接地线用于防止电磁辐射而连接于电缆屏蔽层。25芯接口接插件接点分配见表3-8。

表3-8　芯比特并行接口接点分配表

接点序号	信号	接点序号	信号
Pin1\pin14	时钟A\时钟B	Pin8\pin21	Data 4A\Data 4B
Pin2\pin15	系统地A\系统地B	Pin9\pin22	Data 3A\Data 3B
Pin3\pin16	Data 9A\Data 9B	Pin10\pin23	Data 2A\Data 2B
Pin4\pin17	Data 8A\Data 8B	Pin11\pin24	Data 1A\Data 1B
Pin5\pin18	Data 7A\Data 7B	Pin12\pin25	Data 0A\Data 0B
Pin6\pin19	Data 6A\Data 6B	Pin13	电缆屏蔽
Pin7\pin20	Data 5A\Data 5B		

双绞线传输27MHz的数据时，电缆的幅频特性限制了电缆使用长度。在无电缆均衡器的条件下，允许电缆长度为50m，采用均衡器后可达200m左右。并行接口只适合于长度较短的范围内使用，比如在设备内部的信号连接。

（四）高清串行数字信号传输标准

标准ITU-R BT.1120和SMPTE292中规定了高清串行数字信号传输标准，其思路与SDI接口相同。我国于2000年颁布了数字高清晰度电视演播室视频信号接口标准GY/T 156—2000。

高清串行数字信号编码思路与标清串行数字信号非常相似，亮度信号Y与两个色差信号C_B和C_R（以4：2：2的采样比）复用传输。另外，标准亦支持R、G、B信号（以4：4：4的采样比）复用传输。

高清比特串行数据提供视频信号、定时基准信号、消隐数据和辅助数据。另外，高清比特串行数据还提供行号数据（LN）和检测数据（CRC）。

行号数据（LN）被安插在定时基准信号后方，分为LN0和LN1，具体编码

方式见表 3-9。not b8 表示数据是否为 8 比特量化；R 为保留位，预置为 0；L0 ～ L10 为行号二进制编码。

表 3-9　行号数据编码表

行号数据	9 高位比特	8	7	6	5	4	3	2	1	0 低位比特
LN0	not b8	L6	L5	14	L3	L2	L1	L0	R	R
LN1	not b8	R	R	R	L10	L9	L8	L7	R	R

校验码（CRC）是用于检测在行有效数据及其后的 EAV 码中的错误。校验码的生成多项式为：

$$CRC(X)=X^{18}+X^{5}+X^{4}+1 \quad 式（3-18）$$

CRC 起始数据为零，从一行的第一个行有效数据开始计算，直至行号数据的最后一位（LN1）以后结束。CRC 包括 YCR 和 CCR，其中 YCR 用于检测亮度信号，CCR 用于检测色差信号。CRC 具体码表见表 3-10。

表 3-10　校验码（CRC）编码表

校验码	9 高位比特	8	7	6	5	4	3	2	1	0 低位比特
YCR0	not b8	CRC8	CRC7	CRC6	CRC5	CRC4	CRC3	CRC2	CRC1	CRC0
YCR1	not b8	CRC17	CRC16	CRC15	CRC14	CRC13	CRC12	CRC11	CRC10	CRC9
CCR0	not b8	CRC8	CRC7	CRC6	CRC5	CRC4	CRC3	CRC2	CRC1	CRC0
CCR1	not b8	CRC17	CRC16	CRC15	CRC14	CRC 13	CRC12	CRC11	CRC10	CRC9

HD-SDI 接口电气特性与 SDI 一致，但是由于码率变为 1.485Gpbs，因此码元间隔也减小了。

以上标准仅适用于码率为 1.485Gbps 的 1080（25p/30p/50i/60i）等格式的视频传输；1080（50p/60p）的高清视频码率更高。SMPTE 指定了 Dual Link HD-SDI 和 3G-SDI 标准，见 3-11 表。SMPTE435 是面向 4K 超高清信号基带传输 10G-SDI 接口标准，其标准早在 2009 年已发布，但未有相关产品上市。表 3-11

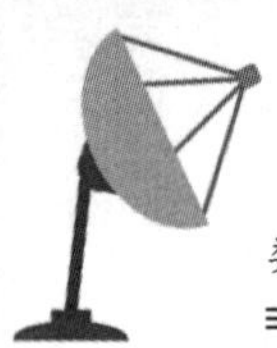

中的 SMPTE-ST-2081 和 SMPTE-ST-2082 还是草案，SMPTE 的 32NF-70 工作组正在制定 ST-2081、ST-2082、ST-2083 标准，其中 ST-2083 支持 24Gbit/s 码率。Black magic Design（澳大利亚的广播电视节目制作设备生产商）等公司先后推出了带有 6G-SDIU2-SDI 接口的超高清产品。

表 3-11　几种高清串行信号传输接口标准

标准	名称	码率	视频格式
SMPTE 292M	HD-SDI	1.485 Gbps，1.485/1.001 Gbps	720p，1080i
SMPTE 372M	Dual Link HD-SDI	2.970 Gbit/s，2.970/1.001 Gbit/s	1080p
SMPTE 424M	3G-SDI	2.970 Gbit/s，2.970/1.001 Gbit/s	1080p
SMPTE 435 M	10G-SDI	10 Gbit/s，10.692 Gbit/s，10.692/1.001 Gbit/s	
SMPTE-ST-2081	6G UHD-SDI	6 Gbit/s	4Kp30
SMPTE-ST-2082	12G UHD-SDI	12 Gbit/s	4Kp60

三、数字音频传输接口

与数字视频信号相似，数字音频传输接口传输的数字音频信号也是由模拟音频信号进行取样、量化、编码后形成的。音频取样原理与视频取样相同，其精度取决于取样频率和量化比特数的高低。

（一）音频取样频率的确定

音频抽样原理与视频抽样相同，抽样的精确度取决于抽样频率的高低，抽样频率的选择还要考虑数字信号存储与传输的复杂性。抽样脉冲宽度接近 0 时为理想抽样。人耳听觉频率范围是 20Hz ～ 20KHz，根据对声音质量的要求，音频信号频率范围可取 15Hz ～ 20KHz。

现在实际采用的抽样频率主要有以下五种：

① 32KHz（专业传输标准）。这种抽样频率满足 FM 立体声广播要求，最高音频信号频率为 15KHz。

② 44.1kHz（消费级标准）。由于早先利用比较成熟的磁带录像技术来记录数字音频信号，抽样频率应纳入电视的行、场格式中；对于 50 场、625 行标

准的录像机，规定利用每场312.5行中的294行记录数字音频信号，并每行记录3个样值，所以抽样频率选定为50×294×3 = 44100Hz。后来这类录像机被视为CD复制的信号源，且44.1KHz成为被广泛应用的标准。此类录像机同样也用于R-DAT记录中。

③ 48KHz（广播级标准）。此频率与32KHz有简单的换算关系，便于进行标准的转换。

④ 96KHz。高级应用。

⑤ 192KHz。高级应用。

（二）音频信号的量化和编码

1. 量化

对模拟音频信号抽样后，同样要对每个样值进行量化和二进制编码。与视频处理相似，对音频信号的量化也采取四舍五入的原则。因此，抽样保持并量化编码的数字信号经D/A恢复的音频信号波形呈阶梯状，并与原本连续的模拟音频信号电平之间产生量化误差。

①音频采用“2的补码”进行编码

二进制数值范围对正负音频信号是不对称的，通常对负信号的量化值采用“2的补码”进行编码。编码后的最高位表示极性，1代表负，0代表正。以4比特量化为例，编码后的样值为1000、1001、1010、1011、1100、1101、1110、1111、0000、0001、0010、0011、0100、0101、0110，0111。若用20比特量化，则正负最高电平分别限制在7FFFF和80000（十六进制）。

（2）减小量化误差的方法

对幅度低的模拟音频信号量化时，若比特数很少，则会加大量化误差。这时可通过增加量化比特数来减少量化误差。一是高分辨率A/D转换器已采用24bit量化；另一种减少量化误差的方法是提高抽样频率，即采用过抽样方法。

（3）限制音频信号幅度

模拟音频信号幅度超过量化电平范围时会产生数字限幅。由于限幅产生谐波而引起频谱混叠，因此，在A/D转换器的低通滤波器之前连接一个限幅器，将音频信号幅度限制在规定范围内。未达到限幅电平的最大音频电平对应A/D

转换器的最大数字编码输出，此电平定为 0dBFS（FS 为满幅度）；所有数字电平相对此基准电平的 dB 数均为负值。有音频设备制造商选择 - 20dBFS 作为标准工作电平，留出 20dB 的余量， - 20dBFS 相当于＋ 8dBm。标准工作的电平在不同的工业标准中数值亦有所不同。

（4）量化噪声

量化噪声相当于叠加在原始信号上的噪声，它使恢复的声音变得粗糙并有颗粒感。当抽样点正好位于两个离散的二进制值中间时，量化误差最大，等于 1/2 量化间距。若用 q 表示量化噪声，则最大量化误差为：

$$q=|Q/2| \tag*{式（3-19）}$$

音频信号的量化误差可能是 +Q/ 2 到 -Q/2 之间的任何值，其概率是均匀分布的，概率值为 $1/Q$。量化误差的频谱为等能分布，量化误差的平均功率即均方值为：

$$N\frac{2}{q}=\frac{1}{Q}\int_{-Q/2}^{Q/2}q^{2}de \tag*{式（3-20）}$$

噪声电压的有效值即为量化误差的均方根值为：

$$N_q=\sqrt{\left(\frac{1}{Q}\int_{-Q/2}^{Q/2}q^{2}de\right)}=\frac{Q}{\sqrt{12}} \tag*{式（3-21）}$$

若量化比特数为 n，被量化音频信号是正弦波，则量化后的正、负振幅分别为 ^{n-1}Q。

音频信号的有效值取正弦波的最大均方根值为：

$$Sq=\frac{2^{n-1}Q}{\sqrt{2}} \tag*{式（3-22）}$$

信噪比为：

$$\frac{S_q}{N_q}=\frac{2^{n-1}Q\sqrt{12}}{\sqrt{2}Q}=2^{n}\sqrt{1.5} \tag*{式（3-23）}$$

用分贝表示则为：

$$\frac{S_q}{N_q}=6.02n+1.76 \tag*{式（3-24）}$$

2. 编码

为满足传输和记录的需要，对每个量化的二进制样值要进行编码，经常使用的方法是脉冲编码调制（PCM）、脉宽调制（PWM）、自适应调制（ADM）、块浮点系统编码和差分脉冲编码调制（DPCM）。PCM 使用线性量化，且量化步长固定，是最简单和使用最广泛的音频编码系统，但编码效率低。

（三）过抽样

在实际中经常以过抽样技术和噪声整形技术为基础，依靠数字滤波器等数字信号处理方法，把量化噪声从可听频段移到超声频段，降低量化噪声的影响。过抽样通过提高抽样频率，减少量化误差和混叠分量。采用过抽样时增加了样点数，因此在模拟音频信号幅度变化很大处增加样点数可降低量化误差。从频域的角度来看，抽样频率越高，量化噪声分布频带越宽，原先带宽中的功率谱密度越小，因而可提高信噪比。采用过抽样时，一个正弦信号的最大信噪比为：

$$\frac{S_q}{N_q}=6.02n+1.76+10lg_{10}d \qquad \text{式（3-25）}$$

n 是每个样值的量化比特数，d 是过抽样因子。4 倍过抽样时，信噪比提高 6dB，相当于增加一位量化比特数。

（四）通道编码

在数字音频的记录和传输系统中，为了使编码数据特性与录音机或传输信道的特性相匹配，还要对量化编码的数字信号进行通道编码。

AES/EBU 接口标准的音频基带编码采用阻，双相标志码（BPM，Bi-phase Mark）。这是一种按照某种规则进行基带频谱变换的编码方法。通过不归零码和双相标志码的数据流波形比较，表明双相标志码的 1-52NRZ 与 BPM 数据流波形比较特点。

双相标志码编码的原则为双相标志码在每个数据比特单元的开始和每个比特 1 的中间都有一个转换。因此在双相标志码的编码数据流中不会出现两个连续的 1 或 0。这种数据流信号的极性并不重要，在数据比特单元的中间有电平转换表示 1，没有转换就是 0。这种码是用于 AES/EBU 接口标准的通道编码和磁带上记录的时间码编码。

最佳的通道编码应是能够与传输通道特性近似匹配的编码，并同时满足带宽和频谱特性的要求。归零码和双相标志码的功率密度频谱特性的比较显示：不归零码的能量大部分集中于低频，双相标志码的频谱宽于不归零码，编码的数据需要更大的信道带宽；双相标志码编码数据的能量在低频和高频区都很小，在比特率左右最大，在低频和直流处能量为 0。显然，双相标志码是一种较理想的数字音频的通道编码。

（五）AES/EBU 数字音频传输接口

AES/EBU 数字音频传输标准的研究初衷是为了满足专业级设备与家用设备的连接。AES/EBU 数字音频传输标准是 Audio Engineering Society 和 European Broadcasting Union 一起开发的一个数字音频传输标准，即 AES/EBU 标准（AES3—1992、ANSIS4.40—1992、JEC-958 或 AES3—2003）。它是传输和接收数字音频信号的数字设备接口协议。我国的广播电影电视相关标准为 GY/T I58—2000。

AES/EBU 数字音频信号编码允许使用平衡或非平衡方式通过电缆传输，亦支持光缆传输。在进行 A/D 转换之前，为避免混叠失真、保证取样频率 f_s 大于等于画面最高频率的 2 倍，要先将模拟信号进行低通滤波，使声音信号的最高频率下降至取样频率的一半以下。A/D 转换器将模拟音频信号进行取样、量化、编码。AES/EBU 系统取样频率支持 32 ～ 192KHz，量化比特数为 16 ～ 24bit。当前演播室最常用的取样频率为 48KHz 取样，即每秒传输 48000 个音频帧，量化比特数常为 20bit 或 24bit。产生的并行数字字节通过串行器转换为串行传输，此时输出的信号为 NRZ 码。AES/EBU 编码器将信号转变为 AES/EBU 格式，对于不同比特量化的数据，AES/EBU 音频帧结构不同。在串行传输并行字节时先传输最低有效位（LSB），因此必须加入字节时钟标志以表明每一个样值的开始。为保证信号传输质量，数据流最终须进行双相标志码编码。

每个 AES/EBU 数字音频帧分为两个子帧，每个子帧为 32bit 量化。每 192 个音频帧构成一个块。对于 48KHz 的系统，一个音频帧的时间是 20.83μs，一个音频块的时间为 192×20.83μs = 4000μs。0bit 及 20bit 以下量化的音频帧的每个子帧含有 4bit 首标（同步数据）、4bit 附加数据、20bit 音频数据、

1bitV（有效比特）、1bitU（用户比特）、1bitC（通道比特）、1bitP（奇偶校验比特）。

24bit 量化的音频帧的每个子帧包含 24bit 音频数据，占用本用于传输辅助字的 4bit，其余部分的结构与 20bit 及 20bit 以下量化的音频帧结构相同。

1.AES/EBU 数字音频编码

（1）前置同步字

每一个子帧的最开头处为前置同步字，同步字的编码根据该子帧所在块的位置而定。同步字共分 *X*、*Y*、*Z* 三种。同步数据为 4bit 量化，*Z* 表示该子帧为每个音频块的第一帧的子帧 1，*X* 表示块内其余帧的子帧 1，*Y* 表示每个帧的子帧 2。传输时，AES/EBU 数据除同步数据外，都须使用 BPM 编码。此时，同步数据将以 8bit 编码序列的形式传输，其具体编码见表 3-12。

表 3-12 AES/EBU 数字音频帧同步数据编码

	先前状态 0	先前状态 1	标识
X	11100010	00011101	子帧 1
Y	11100100	00011011	子帧 2
Y	11101000	00010111	子帧 1 和块起始

（2）辅助字（Auxiliary Sample Bit）

辅助字可作为辅助声道传送其他音频信息，如制作人员的通话或演播室之间的音频交流。每个音频子帧可传送一个辅助声道的信息。每个辅助声道在 4ms（一个音频块）内可传送 4bit×192 = 768bit 的附加数据，可组成 64 个 12bit 分辨率的音频字节。每个 4ms 提供 64 个样值，相当于 16KHz 的抽样频率。在 24bit 量化的 AES/EBU 数字音频系统中，辅助字被音频数据占用，即此时的音频数据有 24bit，音频帧里没有辅助字。

（3）有效样值（V——Validity Bit）

如果样值数据是音频且可以进行 D/A 转换，则此比特值为 0，否则，接收设备将有问题的样值输出静音。该比特位并不被所有音频设备支持。

（4）用户比特（U——User Data Bit）

用户比特可以任何形式被用户所用，这有利于 AES/EBU 数字音频传输的灵

活性发展。在默认情况下，用户比特值为0。

（5）通道比特（C——Channel Status Bit）

它提供通道状态信息，由于AES/EBU数字音频支持单通道和双通道（子帧1和子帧2各为不同通道）两种传输模式，对于双通道立体声音频，子帧1和子帧2的通道比特可以根据自己所携带的音频数据不同而不同。通道状态信息包含音频取样字长度、音频通道数量、取样频率、时间码、源与目标的字母数字显示编码信息、再次强调信息。

由于AES/EBU数字音频块包含192个帧，即包含192个子帧1和192个子帧2两个通道，每个子帧包含通道比特1bit，那么一个音频块的每一个通道就可提供192bit的通道状态块（Channel Status Bit Block）。一个通道状态块包含24个字，每个字为8bit量化。

（6）奇偶校验比特（P——Parity Bit）

提供该子帧比特位从4至31的奇偶校验位，该值的设置可令4～31比特位中共有偶数个“0”和偶数个“1”。

2.AES/EBU数据特性

抽样频率为48KHz时，总数据率为32×2×48000＝3.072Mbps。在双相标志码编码后，数据传输率提高两倍，即为6.144Mbps。双相标志码的频谱能量在6.144MHz的倍频处为0。

同步字包括三个低单元和随之而来的三个连续的高单元。在AES/EBU信号频谱中占据一个低的基频，即3.072MHz/3＝1.024MHz。

每个音频帧包括64bit，每20.83s发出一帧。帧中的一个数据比特持续时间为325.5ns，一个双相标志码比特单元时间为163ns。这样，由一些数据流比特叠加产生的眼图眼宽时间为163ns。

3.AES/EBU接口的电气特性

AES/EBU专业格式接口包括XLR、光纤接口和BNC接口，其中最常使用的XLR接口电气特性见表3-13。

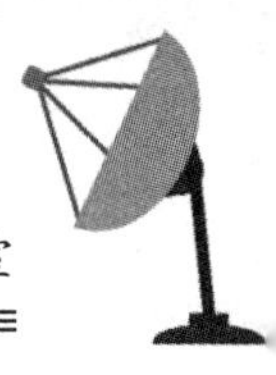

表 3-13　AES/EBU 专业格式 XLR 接口特性

格式	两声道抽样线性编码数据的串行传输
发送端特性	平衡输出 插件：XLR 插头 芯脚分配： 芯 1：电缆屏蔽，信号地 芯 2：信号（极性不要求） 芯 3：信号（极性不要求） 源阻抗：110Ω ±20% 不平衡度：＜ -30dB（到 6MHz） 输出信号幅度：在 110Ω 负载上 2 ～ 7Vpp（平衡）上升和下降时间：5 ～ 30ns 抖动：20ns
接收端特性	平衡输入 插件：XLR 插座 芯脚分配： 芯 1：电缆屏蔽，信号地 芯 2：信号（极性不要求） 芯 3：信号（极性不要求） 输入阻抗：110Ω ±20% 共模抑制比：最高 7Vpp，20KHz 最大可接受信号电平：7Vpp 电缆规范：屏蔽双绞线，最长 100 ～ 250m 电缆均衡：可选

4. 数字音频信号的传送接口电路

原 AES3—1992 标准定义了在双绞线音频电缆上传输 AES/EBU 信号的规格。AES3-3id—1996 文件和 ANSI/SMPTE276M—1995 标准文件定义了其他一些传送格式。这些标准都定义了在非平衡同轴电缆上 AES3 格式化数据的传输。

（1）110Ω 双绞线电缆传输电路

AES3—1992 建议的传输线路如图 3-5 所示。

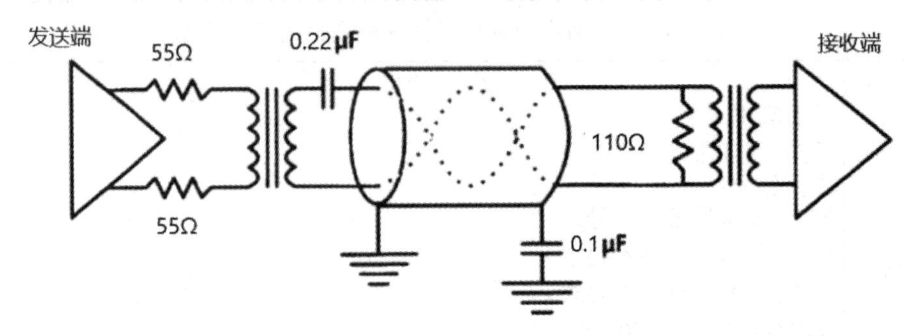

图 3-5 AES3—1992 传送连接电路

（2）75Ω 同轴电缆传送电路

开发此标准是为了克服双绞线传送时的电缆长度、XLR 接插件大小和费用带来的限制，但更重要的是可以用不箝位的模拟视频分配放大器和路由器来传送数字音频信号。由于绝大多数音频设备都使用卡侬（XLR）接插件，因此必须考虑到需要与 BNC 端子的转接。此外，由于至少需要 12MHz 带宽来传输双相标志码编码的 AES/EBU 信号，所以有些模拟传送放大器的带宽可能不够。

75Ω 同轴电缆传送接口的特性见表 3-14。

表 3-14 75Ω 同轴电缆传送接口的特性

通道编码	双相标志码编码的 AES/EBU 信号
发送端特性	带 BNC 端子的非平衡输出 源阻抗：75Ω 标称值 反射损耗：＞ 25dB（0.1 ～ 6MHz） 输出信号幅度：在 75Ω 负载上 1V±10% 直流偏置：0V±50mV 上升和下降时间：在信号幅度的 10% ～ 90%（30 ～ 44ns） 数据抖动：≤ 20ns
接收端特性	非平衡输入 输入阻抗：75Ω 标称值 反射损耗：＞ 25dB（0.1 ～ 6MHz） 最小输入电平灵敏度：100mV 电缆均衡：可选

AES-3id 建议还包括关于电缆性能、电缆均衡器特性的信息。

在录音室中应使用平衡电缆馈送，避免接地环路问题。在现有的录音室中已安装的模拟电缆可用于数字音频分配，但电缆长度一般限于 100 米，具体长度视电缆类型而定，高质量的双绞线电缆可达到 250 米。一个数字音频设备输出只能连接一个接收端。

（3）其他接口协议

除 AES/EBU 协议外，还有三种接口格式被广泛使用：MADI（多声道音频数字接口）、SDIF-2（Sony 数字接口互连）和 SPDIF（Sony Philips 数字接口）。

① MADI 格式

MADI 格式在 AES10—1991 标准文件和 AES40id—1995 中被定义，它可以容纳最多 56 路遵从 AES3—1992 标准的 32bit 信号。MADI 最早用于点到点的系统，如多轨录音机和数字音频组件以及处理器间的互联、数字路由系统和录音室到录音室的互联。MADI 信号很容易转换成 AES/EBU 子帧，只有最初 4bit 与 AES/EBU 子帧不同，支持抽样频率为 32KHz ～ 48KHz，可变化 ±12.5%，以支持录音机的变速操作。数据传输率固定为 125Mbps，对编码数据流提供足够带宽（56 路 ×40bit×48KHz×1.125 ＝ 121Mbps）。

传输介质可以是宽带宽的同轴电缆（最多 50m）或光纤（超过 50m）。AES-10id—1995 文件给出了光纤接口的说明。

② SDIF-2 格式

这种格式由 Sony 开发，用于专业级控制和记录、单声道 44.1KHz 和 48KHz 信号的互联，由 32bit 长度的音频字节组成。前 20bit 保留作为音频样值，接下来的 9bit 用来创建控制字，剩下的 3bit 为同步信息。控制字中包括有关预加重、正常音频还是非音频数据、拷贝禁止、每 256 音频字节中 SDIF 音频块同步信息以及用户数据等声道信息。

传输介质是工作在 TTL 电平上的 75Ω 同轴电缆，数据率为 1.54Mbps。它是一个点对点的互联系统，需要三根同轴电缆来传输左、右声道数据和字节时钟信号。

③ SPDIF 格式

此格式是AES/EBU（AES3—1992）格式协议的消费级版本。为了在专业设备和家用设备间传输数字音频数据从而开发了此标准，且在AES3专业设备和AES3家用设备之间需要进行格式转换（数据和电平转换）。

（六）音频同步

在演播室内，对来自不同音频源的数字音频信号进行混合、插入或组合时，需要将样值与一个基准信号源在相位和频率上同步。同一演播室内的两台设备在各自的输出端可能会产生定时上的缓慢飘移，需要一个时钟发生器产生基准信号或是从一台设备提供基准给另外一台。

1.数字音频信号间的同步

不同的数字音频源的同步需要考虑以下两点：

①抽样时钟的时间校准，即频率同步。

②音频信号的帧校准，即相位同步。

AES11—1991建议规定，在录音室环境中，数字音频设备的频率同步和相位同步应采用专门的时钟发生器提供基准信号进行频率同步，所有的制作设备都锁定于主基准发生器；小的录音室可使用一台设备的输出作为基准。

AES-11规定数字音频样值必须与一个基准信号同相，在发送器输出端一个音频帧的同步容差为±5%，在接收器端一个音频帧的同步容差为±25%。定时基准点是X或Z同步字的第一个边沿。

当两个数字音频信号抽样率不同或无法将信号锁定在一起时，可使用抽样率转换和同步器。抽样率锁定且保持整数关系即为同步转换。

2.数字音频和视频信号间的同步

在电视系统中，数字音频基准信号必须与视频基准信号锁定以使音频和视频信号同步，这样可进行无缝的音频和视频切换。表3-15对三种不同的视频帧速率表示出对应的三种不同抽样率及每个视频帧内所含的音频样值数，数值表示单位数量的视频帧传输的音频帧数量。

表 3-15　每个视频帧对应的音频样值数

抽样频率（KHz）	29.97fps	25fps	30fps
48	8008/5 帧	1920/1 帧	1600/1 帧
44.1	147147/100 帧	1764/1 帧	1470/1 帧
32	16016/15 帧	1280/1 帧	3200/3 帧

625 行和 525 行标准的视频抽样频率和 48KHz 音频抽样频率之间的关系为：

数字分量视频抽样频率为 13.5MHz

F_H=15.625KHz时F_v=25Hz

$$48KHz=13.5MHz/864/625\times1920 \quad (3-26)$$

F_H=15.734KHz时F_v=29.97Hz，

$$48KHz=13.5MHz/858/525\times8008/5 \quad (3-27)$$

在 625/25 系统中，每一视频帧有确定数目的音频样值（48KHz 抽样时有 1920 个音频样值），音频和视频信号间的相位关系很容易保持。AES3 音频可与从 625 行基准视频信号中分离出的 48KHz 基准信号进行鉴相，实现音频与视频信号的锁定。

在 525/60 系统中，每一视频帧对应的音频样值数不是整数，而是小数，按下式可计算得出：33366.67μs/20.8333μs=1601.6。这里 33366.67μs 是一个视频帧的时间，20.8333μs 是一个音频帧的时间。在五个视频帧后，可获得音频样值的整数（1601.6×5 = 8008），利用数字音频帧与视频帧这种关系进行音频与视频信号的锁定。

四、演播室的其他接口

根据传输信号的不同，演播室各设备之间需要多种接口连接。按照信号类型分类，演播室接口可分为模拟接口和数字接口。按照信号内容来分类，接口可分为视频接口、音频接口、Tally 接口、同步接口、控制接口、时间码接口、供电接口等。

（一）模拟复合视频信号接口

该接口用于模拟复合视频信号的传输。信号包括亮度信号、经正交平衡调

幅的色差信号、复合消隐信号、复合同步信号和色同步信号。

模拟复合视频设备都采用的接口特性为：

①电平：1Vpp±20mV。

②极性：正极性。

③阻抗：75Ω±1%。

④传输：非平衡型。

⑤连接端：BNC连接端。

BNC接口一般连接同轴电缆。BNC接口是用于演播室基带视频数据传输的主要接口。接口连接简单，不需要专用工具安装或拆卸；连接后，接口不易脱落，适合于“电视台”这类传输安全要求极高的系统使用，在摄像机控制单元、切换台主机、矩阵等设备上也经常被使用。

在家用级设备传输模拟复合信号时，通常会采用RCA接口。模拟复合信号接口上一般会标记为“CVBS”，它是“Composite Video Baseband Signal”“Composite Video Burst Signal”或者“Composite Video with Burst and Sync”的缩写。

（二）Y/C分离接口

Y/C分离接口是S-VHS录像机和Hi8录像机使用的一种图像信号接口，又称为S端子，即S-video接口。该接口可以理解为将复合视频信号中的亮度信号与色度信号分离传输，其中Y代表亮度，C代表正交平衡调幅的色度信号。

接口标准：

①亮度信号Y：1Vpp，正极性。

②色度信号C：0.3Vpp（PAL制）、0.286Vpp（NTSC制）。

③接口阻抗：75Ω。

④传输：非平衡型。

另一种是迷你7芯Y/C接口。7芯Y/C接口中的pink、pin2、pin3、pin4可与4芯接口一致。pin7还可传输模拟复合视频信号；pin5是pin7的地线，pin6不传输信号。

7芯Y/C接口还可传输模拟分量信号，其pin4、pin7、pin3可分别传输

Y、P_B　P_R，也可传输G、B、R信号，剩下的4个芯是地线。

（三）Y、P_B　P_R模拟分量接口

常用的模拟分量信号标准有BetaCam、MII、SMPTE/EBUN10、SMPTE170MNTSC和ITU-R BT470PAL等，传输Y、P_B　P_R信号，其中我国常用标准为EBUN10和SMPTE标准。R、G　B转换为Y、P_B　P_R信号的转换公式为：

①亮度信号：Y=0.299R+0.587G+0.114B。

②色差信号：P_R=0.713（R-Y）、P_B=0.564（B-Y）。

EBUN10和SMPTE标准参数为：

①亮度信号为正极性，带有行场同步和消隐信号，幅度为1Vpp。

②两个色差信号为双极性信号，其幅度对100/0/100/0彩条来说是0.7Vpp，对100/0/75/0彩条则是0.525Vpp。

③阻抗：75Ω。

④传输：非平衡型传输。

⑤连接端：BNC连接端。

（四）R、G　B分量接口

R、G　B三路信号并行的接口，作为业务级和广播级摄像机使用。R、G　B三路信号的带宽都和亮度信号相同，三个信号的特性一样，均为：

①电平：0.7Vpp电平。

②极性：正极性。

③阻抗：75Ω（或50Ω）。

④传输：非平衡型。

⑤连接端：BNC连接端。

民用设备上的模拟分量接口也会采用RCA接口。

R、G　B信号中的同步信号传输处理方法有以下几种：

①信号带同步头，R、B信号有行、场消隐脉冲，无同步头，这种方法只需要三个接口传输一路模拟电视信号。

②R、G　B信号均带同步头，这种方法需要三个接口传输一路模拟电视信号。

③ *R*、*G* *B* 信号有行、场消隐脉冲，均无同步头，需要另传输 1 路复合脉冲一起使用，这种方法需要 4 个接口传输 1 路模拟电视信号。

④ *R*、*G* *B* 信号有行、场消隐脉冲，均无同步头，另加两路行、场同步脉冲，这种方法需要 5 个接口传输 1 路模拟电视信号。

（五）串行数字传输接口 SDTI（Serial Data Transport Interface）

SDI 不能直接传输压缩的数字信号。如果想将压缩信号通过 SDI 线缆传输到设备上就需要进行解压，而如果目标设备需要以压缩形式存储该数据时，又要对传输以后的数据进行压缩操作。多次的压缩过程会造成图像信号下降，为避免此状况发生，多家公司使用了 SDTI 标准。SDTI 接口的目的是使压缩信号能够直接通过现有的 SDI 系统进行传送和分配。Sony 的同类接口为 SDDI（Serial Digital Data Interface）、QSDI（Quad Serial Data Interface），Panasonic 的同类接口为 CSDI（Compressed Serial Data Interface）。

SDTI 的优点是有利于数字视频网与计算机网的连接；数字录像机重放的压缩信号可直接通过矩阵，分配给其他录像机记录或直接送到服务器；可高效率地传输数据，减少传输时间。SMPTE 为其指定的标准分别为 SMPTE305M(270Mbps)、SMTPE348M（1.485Gbps）。

SDTI 传输的数据是经过编码的 8bit 信号，该信号可插入每行 SDI 信号中的行消隐信号和行有效数据中，每行 SDTI 含包头数据共 53 个字、校验码 CRC2 个字。另外，SDI 中的 SAV 和 EAV 码（共 8 个字）必须保留，不能被其他数据代替。为保证切换 SDTI 信号时不损伤场有效数据，在场消隐数据中有 6 行是不传输 SDTI 数据的。因此，SDTI 的码率可由下式得出：

$$25\text{振/s}\times(625-6)\text{行、振}\times\left[\left(1728-8-2-53\right)\right]\text{字/行}\times 8\text{比特/字}\approx 206\text{Mbps} \quad \text{式（3-28）}$$

（六）同步接口

同步接口是指同步信号的接口，用于视频设备之间的同步连接。常用的有以下几种类型：

1. 同步脉冲接口

用于传递模拟同步脉冲信号，包括复合同步脉冲、复合消隐脉冲、行推

动脉冲、场推动脉冲、色同步门脉冲、PAL 识别脉冲、副载波，其中使用最多的是复合同步脉冲。我国使用的标准是 GY 26—1984，该接口特性为电平 2Vpp±10%；负极性；75Ω；非平衡传输；BNC 接口。

同步脉冲接口中包含的信号有：

①复合同步脉冲：用于控制电视接收设备行、场扫描频率和相位，使其与发端同步。

②复合消隐脉冲：用于电视接收设备行、场的逆程消隐，避免逆程扫描线出现在屏幕上对电视图像形成干扰。

③行推动脉冲、场推动脉冲：电视中心系统内行、场扫描基准，用于摄像机头部分的行、场扫描推动脉冲和在视频处理电路中形成其他特需脉冲使用。

④色同步门脉冲：用于确定色同步信号出现的位置。

⑤ PAL 识别脉冲：使电视中心系统内各编码器形成的 PAL 彩色电视信号中 V 分量逐行倒相的顺序一致。

⑥副载波：用于提供色度信号载频的频率和相位。

2. 副载波接口

用于传输副载波信号。在我国标准 GY 26—1984 中，其接口特性为电平 2Vpp±10%；75Ω；非平衡传输；BNC 接口。

（3）黑场信号接口

黑场信号接口用于传输黑场信号。一行黑场信号包含了彩色全电视信号中的所有同步信号。由彩色全电视信号的接口标准可知，当图像信号全部为黑色电平时，即为黑场信号的接口标准：电平 0.45Vpp；正极性 75Ω；非平衡型传输；BNC 接口。

目前在数字电视演播室应用中，黑场信号经常被作为同步信号使用，为演播室提供极其重要的同步信息。标清演播室常用黑场信号作为同步信号，高清演播室系统一般也会使用黑场信号作为同步信号，不过有些高清演播室为了提高同步精度，会采用三电平信号作为同步信号。

另外，黑场信号的基准参考位置是其下降沿的 50% 处的位置，为了得到这个位置，需要先求得同步信号的最高电平和最低电平之差，再乘以 50%。但当

我们检测出该值（50% 电平值）时，本行的关键位置已经错过了，很难及时得到同步基准位置。为解决这个问题，可以使用上一行同步信号中的 50% 下降沿电平作为本行信号 50% 下降沿电平来寻找同步基准的位置。然而，通过电缆长距离传输的信号电平可能有一定的飘移，这就造成同步基准位置的不准确，进而造成信号抖动。

4. 三电平信号

三电平信号可满足各种帧率格式的电视信号的同步需求，而黑场信号只支持 25fps 与 29.97fps 的电视信号同步。

三电平信号的同步基准位置处于上升沿 50% 的位置，该位置的电平对应的是行消隐电平。这也就是说，这个电平属于已知电平，不存在使用黑场信号同步遇到的问题，所以使用三电平信号进行同步引起的抖动更小。

可以说，在高清系统中，我们应该尽可能使用三电平信号作为同步信号，然而只要标清信号还在使用，黑场信号仍然会作为同步信号继续存在。

（七）IEEE1394 串行接口

IEEE1394 串行接口是 1995 年确认的高速度、低成本串行总线标准，由 APPLE 和 TI 公司创始，Firewire、Texas Instruments 称之为 Lynx，Sony 称之为 i.Link，可用于局域多媒体设备 PC、摄像机、录像机、打印机、扫描仪。

两种总线结构如下：

①专用于计算机系统和其他硬件的内部，提供电路板间或系统部件的互联，在 12.5Mbps、25Mbps、50Mbps 的速率下工作。

②一种电缆结构，定义了点到点基于电缆连接的虚拟总线，传输速率可达 90.304Mb/s、196.608Mb/s、393.216Mb/s、786.432Mb/s、1.6Gbit/s 和 3.2Gbit/s，简称 SI00、S200、S400、S800、SI600、S3200。

IEEE1394 是半双工工作方式，可以进行双向通信，但在某一时刻只能有一个方向传送数据。它包括等时同步方式和异步方式两种传输方式。

等时同步方式保证以一定周期接收 / 发送一定数量的信息包，适用于图像和音频数据流的传输。

异步方式以寻址形式将数据和处理层信息发送到指定地址的单元上，适用

于文件数据的传输。

IEEE1394 常用线缆接口分为 6 芯与 4 芯两种，其中 6 芯线传输线包括三种：

①两对屏蔽双绞线：一对传输数据，一对传输时钟信号。

②一对电源线：为总线上处于等待方的设备供电。

⑤低成本。

（九）HDMI

HDMI（High-Definition Multimedia Interface）技术，中文全名为“高清多媒体接口”，是目前在各种视频、音频领域应用较为广泛的一种接口标准。它主要用于传输视音频非压缩数据，可作为录放机、蓝光播放器、PC 机、切换台等视音频信号源设备向高清监视器传输信号的接口。

HDMI 经历了 1.0、1.1、1.2、1.3、1.4、1.4b 和 2.0 等版本。其特点包括以下几方面：

①更好的抗干扰性能，能实现最长 20m 的无增益传输。

②针对大尺寸数字平板电视分辨率进行优化，兼容性好。

③设备之间可以智能选择最佳匹配的连接方式。

④拥有强大的版权保护机制（HDCP），有效防止盗版现象。

⑤接口体积小，各种设备都能轻松安装。

⑥一根线缆实现数字音频、视频信号同步传输，有效降低使用成本和繁杂程度。

⑦完全兼容 DVI 接口标准，用户不用担心新旧系统不匹配的问题。

⑧支持热插拔技术。

（十）RJ45 网口

RJ45 是用于计算机网络数据传输的常用接口之一，相关产品一般使用标准为 IEC60603-78P8C，为 8 芯接口。接口线缆颜色分 T568A 和 T568B 两类。按照管脚编号从 1 到 8 的顺序，T568A 管脚连线颜色分别是绿白、绿、橙白、蓝、蓝白、橙、棕白、棕，而 T568B 为橙白、橙，绿白、蓝，蓝白、绿，棕白、棕。千兆以太网中，该接口八根管脚对应四对差分传输线，见表 3-16。

表 3-16　1000BASE-TRJ45 接口数据

管脚编号	1	2	3	4	5	6	7	8
信号 ID	DA+	DA-	DB+	DC+	DC-	DB-	DD+	DD-

采用以太网连接的演播室系统中，关键设备上一般都有 RJ45 网口，提供系统控制信号、数据信号的连接。在高码率视频传输方面，该接口也能起到一定的作用。在相同设备连接时，比如从路由器到路由器，可采用交叉线方式，即线缆一端接口为 T568A，另一端为 T568B。

另外，数字演播室为了发送一些具有统一协议的数据或实现远程触发等，还需要用遥控接口 RS-232、RS-422A，Tally 接口、提词信号等。

第四节　数字演播室的系统

由于电视台制作的节目种类五花八门，所需的摄制环境也有所不同。比如新闻播报需要的演播室尺寸不大，但是要求极强的时效性和安全性；访谈类节目可使用后期节目制作作为补偿，但要求演播室最好是空间较大的实景演播室，有足够的位置设置观众席，并且音响要满足现场观众的听觉要求；有些专题节目需要利用美轮美奂的虚拟场景以吸引观众，这时就需要虚拟演播室。无论何种演播室，核心系统结构都比较相似。

一、演播室分类

根据空间大小、处理信号和背景技术等特点的不同，演播室的分类方法有很多种。

（1）按照面积来分类，可分为小型演播室、中型演播室和大型演播室。

①小型演播室

面积小于 250m^2，主要用于新闻播报、体育节目解说等主持人不多、场景相对简单的节目制作。

②中型演播室

面积大于 250m^2、小于 400m^2，这类演播室适合进行普通访谈类、竞技类、

教学类节目的摄制，演播室空间允许少量观众参与。

③大型演播室

面积在 400m^2 以上，主要用于大型晚会或互动类节目，空间允许较多的观众进入观众席参与拍摄。

（2）按照节目信号来分类，演播室可分为标清演播室、高清演播室、3D 高清演播室和超高清演播室。

①标清演播室

我国的标清演播室一般处理 720×576（50i）、4 ：3 画幅的标清（SD）信号。

②高清演播室

我国的高清演播室一般处理 1920×1080（50i）、16 ：9 画幅的高清（HD）信号。

③ 3D 高清演播室

3D 高清图像由左、右两幅高清图像组成。

④超高清演播室

超高清演播室可分为 4K 高清和 8K 高清。当前国际使用的超高清演播室多为 4K 信号，即 3840×2160（50p/60p）、16 ：9 画幅。

（3）按照背景生成方式的不同，演播室可分为实景演播室和虚拟演播室。

①实景演播室

一般演播室表演区的布景为人工搭建的实景舞台或使用景片作为背景。摄像机拍摄到图像后，切换台将信号直接切出。从技术上讲，该系统简单、稳定。其缺点是不同的节目组使用时可能需要重新搭建布景或更换景片，不够灵活。

②虚拟演播室

布景为蓝屏或绿屏，由计算机生成虚拟场景。场景的拍摄参数需用摄像机跟踪技术获得；色键器负责抠去主持人背景的蓝色或绿色，最后前景与虚拟背景合成，进而被切换台切出。其优点是节约拍摄空间，不必更换布景，虚拟效果绚丽；缺点是软硬件成本高、前期投入大，对现场灯光和主持人的灵活应变能力要求高。

二、演播室区域构成

演播室主要由演播区（表演区）、导播室（控制区）及演播室辅助区域组成。

演播区搭建布景，安装摄像机、话筒等拾音设备、灯光照明及部分控制设备、内部通话系统、演播室用监视器、提词器，墙壁上安装各种插座、跳线板。在这里工作的人员包括主持人、摄像师、导演助理等。

导播室又成为控制室，与演播室相邻，是导播协调所有制作活动的地方。在这里工作的人员包括导播、技术人员、音响师、灯光师等。

导播室主要由以下五大部门组成：

①节目控制：包括视频监视器、音频监听扬声器、内部通话系统、时钟和计时器。

②视频控制：由视频技术人员通过控制切换台、矩阵、录像机或视频服务器等完成。

③音频控制：音响师操作调音台。

④照明控制：灯光师操作灯光控制器。

⑤辅助控制：辅助人员操作。

演播室辅助区域包括布景与道具库、化妆间、服装间、排练室、休息室等。

三、演播室系统构成

传统的演播室包含视频系统、音频系统、同步系统、编辑控制系统、Tally提示系统及时钟系统、通话系统、灯光系统。

（一）视频系统

视频系统一般由信号源、特技切换设备、监看检测设备及路由设备等组成。一般放于左侧的摄像机、放像机属于信号源设备，它们输出的信号直接被送入切换台或矩阵，供制作人员切出并输出、存储，这些设备都属于信号源。另外，各类具备播放或输出视频信号功能的视频播放器、存储器、字幕机、图形工作站以及信号转换设备，只要其输出信号能够送入特技、切换设备的，都属于信号源。切换台是视频系统的核心设备，节目镜头的切换完全靠导播对切换台的操作完成。输出信号经视频分配器（VDA）分成多路内容相同的视频信号，送入

不同的监看、监测或记录设备。导播在整体控制画面调度时，需要使用监视器对各信号源进行监看，从而选择当前哪路信号被输出。另外，切换台、特技机等设备可以对节目信号进行特技处理，特技的调整过程也需要监视器监看。除此之外，为了信号安全播出，节目信号还需要使用波形示波器、矢量示波器等监测设备对节目信号进行监看。

（二）音频系统

与视频系统相似，音频系统由信号源、调音设备、监看检测设备及路由设备组成，其核心设备是调音台。调音师通过对不同声道的音频信号进行电平控制、增益、均衡、延时、限压等处理，对来自不同音频信号源的声音信号进行合成。音频信号源可以是摄像机、录像机以及其他音源 MD、CD、DAT 录音机输出的音频信号。输出的信号经音频分配放大器（ADA）分解成内容相同的多路声音信号，送入不同部门的监听或记录设备。周边处理设备包括混响器、均衡器、效果器、延时器、压限器、噪声门等。通过调音台辅助输出母线，指定的某一路声音信号可以进入这些效果器中，经处理后再返回到调音台。监听设备包括功放、音箱和耳机，调音台设有音量表显示声音的大小。常用的音频信号是 AES/EBU 数字音频信号或模拟音频信号。

（三）同步系统

演播室制作中的同步系统用于保障全系统的同步工作，以便使信号源及相关的设备受控于一个同步信号源。若没有稳定的同步系统保证全体信号源的同步，信号切换时就会发生图像跳动，另外也无法保证视音频的同步。同步系统由同步机和视频分配系统组成。

（四）编辑控制系统

编辑控制系统的核心是编辑控制器、编辑机或计算机、服务器等。通过遥控接口，编辑控制器与放像机、录像机、切换台等设备连接，前提条件是这些设备都能支持编辑控制器所采用的协议。

现在有的切换台带有编辑控制器功能，系统的编辑控制就是由切换台控制的。编辑控制器可控制录像机的播放及工作方式（快进、倒退、搜索、重放、

录制和编辑等）、编图辑方式（线性系统——组合编辑或插入编辑），确定画面的编辑入点和出点，执行自动编辑，还可以控制视频特技切换台的特技状态（混、扫、键、切）和特技持续（过渡）时间。

（五）Tally 提示及时钟系统

Tally 提示及时钟系统是视频系统工作时的一种辅助系统，可以及时提醒节目导演、摄像师、技术人员演播室的工作状态，同时具有在节目进行中协调导演和摄像师、节目主持人工作的作用。切换台或矩阵将某一路信号从众多信号中选出，并且输出后，该信号源设备对应的监视器 Tally 灯就会亮起。如果信号源是摄像机，则摄像机上方、寻像器内及摄像机控制单元等设备上的 Tally 灯都会亮起，以此提醒对应区域的工作人员该路信号已被切出。由此可见，Tally 信号源来自切换台或矩阵。

电视演播室对时间的准确性有严格的要求。时钟系统是电视台节目制作播出的各个环节协同工作的关键。电视台的演播室机房都配有时钟设备，因此，整个电视台的标准时间同步于一个统一的时钟系统。常用的时钟源为 GPS 时钟信号和中央电视台节目场逆程中带有的标准时钟信号等。

（六）通话系统

演播室需要专用的通话系统，为电视演播室制作和转播工作人员之间的通话提供解决方案，具有双向、点对点的通话功能特点。演播室常用的通话系统有三种类型：

1. 包含于摄像机讯道内的通话系统

该系统存在于摄像机到摄像机控制单元的双向通道中，摄像机上安装有耳机和麦克风接口。耳机帮助摄像师听到来自导播的声音，麦克风则可以拾取摄像师的声音。之后，声音通过摄像机讯道传输至摄像机控制单元，摄像机控制单元亦有通话信号的输出接口与输入接口。摄像师的通话信号由通话系统接口输出，再通过相应的连接线连至导播工作台的前方；导播可通过耳机或扬声器听到摄像师的声音。该系统仅能提供摄像师与导播之间的通话，不能满足其他工作人员的需求。

2. 包含于音频系统内的通话系统

该系统由调音台的对讲通道和正常音频通道构成。使用时，导播通过麦克风向演播间讲话，声音信号通过调音台调节，从演播间扬声器输出。为了防止啸叫正反馈，该声音信号不能被演播区的麦克风拾取，所以必须中断从演播区返送到导播区的信号传输；通常系统会带有相应的通断开关供导播使用。一般按下开关时，导播的声音信号向演播区传输，松开开关时，演播区麦克风的声音信号返送回导播区。因此，导播如果希望听到演播区演职人员的回应，则必须停止自己的讲话。另外，由于演播区的扬声器在导演训话时被使用，此时须中断节目制作与播出。因此在现场直播类节目中，此类通话系统是不允许被使用的。

3. 专用通话系统

该系统在大、中型系统中被使用，通话的基本路径是首先由通话端发出通话信息，经过通话矩阵进行分配交换，再将信息送到一个或多个授话端。内部通话系统由不同类型的内部通话子系统组成，分为有线和无线系统。

（七）灯光系统

演播室灯光系统是指在电视演播室内，为完成电视节目制作的需要而设置的灯光设备及其控制系统。

电视演播室的灯光设备包括普通照明灯具、灯具吊挂、调光控制设备及布光控制设备、电脑效果灯具以及其他辅助设备等。演播室灯光系统主要包括调光控制系统、布光控制系统、电脑灯控制系统等。演播室灯具是为符合电视节目拍摄对照明的要求并能够产生一定的灯光艺术效果而设定的装置。灯光吊挂系统则安装在演播室的顶棚、灯栅层、特殊固定吊点或某些特殊的支撑面上，是用来悬挂灯具或灯光设备的装置。而为了实现灯具的调光，完成控制灯光的亮暗变化，达到节目录制的照明需要，变换灯光的视觉效果从而达到创造意境、表达情绪和切换时空的艺术要求，需要使用调光控制系统。布光控制系统的主要作用则是实现灯具的自动升降、转动等控制，完成灵活的布光设计。电脑灯控系统可以完成电脑效果灯光控制，产生无限变化的灯光艺术效果。

第四章　广播电视

第一节　广播电视技术基础知识

一、广播的诞生

广播诞生于20世纪初期，是通过无线电波或导线传送声音的新闻传播工具。通过无线电波传送节目的称为无线广播，通过导线传送节目的称为有线广播。广播的优势是对象广泛，传播迅速，功能多样，感染力强；短处是一瞬即逝，顺序收听，不能选择，语言不通则收听困难。近百年来，尽管许多新媒体，如电视、互联网等不断兴起，尽管面对着与各种媒体的激烈竞争，但广播一直保持着很高的收听率和生命力。特别是在农村牧区，由于其接收方便的特点受到广大群众的喜爱。

从传输手段来看，广播可分为无线广播和有线广播。无线广播按其声音的调制方式可分为调幅广播和调频广播两大类。所谓调幅广播就是用无线电波幅度的变化来模拟声音的大小。有线广播则是利用电缆或光缆传输广播信号入户的广播方式。

（一）广播的发送原理

广播电台播出节目是首先把声音通过话筒转换成音频电信号，经放大后被高频信号（载波）调制，这时高频载波信号的某一参量随着音频信号做相应的变化，使要传送的音频信号包含在高频载波信号之内，高频信号再经放大；然后高频电流流过天线时，形成无线电波向外发射，无线电波传播速度为3×10^8m/s，这种无线电波被收音机天线接收；接着经过放大、解调，还原为音频电信号，送入喇叭音圈中，引起纸盆相应的振动，就可以还原声音，即是声电转换传送一电声转换的过程。广播的发送分为三个频段：

①中波的频率（高频载波频率）规定为 525 ～ 1605KHz（千赫兹）。

②短波的频率范围为 3500 ～ 18000KHz。

③调频的国际标准频段为 87 ～ 108MHz 的甚高频波段。

（二）广播节目的录制

广播节目的录制一般在播音室。播音室是指在声学上经过处理的、供播出和录制广播节目用的专用房间。播音室要求有较好的隔音条件，要有必要的防振设施，以防止固体传声。室内的天花板及墙壁应按照要求的混响时间及扩散声场的指标而设置多种不同的吸音材料和扩散体。

根据不同的用途，播音室的面积可分为 15 ～ $80m^2$ 不等。语言播音室的面积一般在 $30m^2$ 以下，混响时间为 0.4 ～ 0.5s。文艺播音室面积较大，按演员的人数和节目的性质设计不同的面积和不同的混响时间。在利用多声道录音后期加工工艺的演播室中，为了增加每个声道间的分隔能力和保留后期加工的余地，则要求设置强吸声、强扩散的设施，其混响时间均控制在 0.5 ～ 1s，与演员人数和节目性质等无关。

混响室要求为具有较长混响时间和扩散声场的录音专用房间。在录音或录音复制过程中，为了改善音响效果，需要利用混响室在声音中人为地增加混响或制造回声。混响时间要求为 3 ～ 5s 或者更长。混响室声音的扩散性要好，并做适当的隔声、隔振处理。室内可设活动吸声结构，以改变混响时间。

（三）中波广播

最早用于广播的频段是中波频段。中波是指频率为 300KHz ～ 3MHz 的无线电波，中波靠地面波和天空波两种方式进行传播。在传播过程中，地面波和天空波同时存在，有时会给接收造成困难，故传输距离不会很远，一般为几百千米，主要用作近距离本地无线电广播、海上通信、无线电导航及飞机上的通信等。中波能以表面波或天波的形式传播，这一点和长波一样。但长波穿入电离层极浅，在电离层的下界面即能反射。中波较长波频率高，故需要在比较深入的电离层处才能发生反射。波长在 2000 ～ 3000m 的无线电通信，用无线或表面波传播，接收场强都很稳定，可用以完成可靠的通信，如船舶通信与导航等。波长在 200 ～ 2000m 的中短波主要用于广播，故此波段又称为广播波段。20 世纪 20

年代，世界上第一家中波电台成立。中波广播的诞生，使广播成为继报纸以后的第二媒体。它以接收简便、覆盖面广、时效性强、内容生动等优点成为大众获取新闻和各种信息的重要媒体，同时成为大众欣赏音乐和其他文艺节目的主要方式。我国于20世纪20年代，建立了第一家中波广播电台。中华人民共和国成立后，在党和国家的重视和关怀下，我国中波广播得到迅速发展。

（四）短波广播

短波是指频率为3～30MHz的无线电波。短波的波长短，沿地球表面传播的地波绕射能力差，传播的有效距离短。短波以天波形式传播时，在电离层中所受到的吸收作用小，有利于电离层的反射。经过一次反射可以得到100～4000km的跳跃距离。经过电离层和大地的几次连续反射，传播的距离更远。我国规定无线广播中的短波（SW）频率范围为2～24MHz，有的收音机又把短波波段划分为短波1（SW1）、短波2（SW2）等。

（五）调频广播

20世纪40年代，人们开始进行调频广播试验。调频广播是以调频方式进行音频信号传输的，调频波的载波随着音频调制信号的变化而在载波中心频率（未调制以前的中心频率）两边变化，每秒的频偏变化次数和音频信号的调制频率一致，如音频信号的频率为1KHz，则载波的频偏变化次数为每秒1000次。频偏的大小是随着音频信号的振幅大小而定，在调频发射机中允许将最大频偏限制在75KHz。我国的调频频率规定范围为87～108MHz。由于调频广播的抗干扰能力强，噪声小，音质优于中、短波广播，因此20世纪50年代调频广播得到迅速发展。我国于20世纪60年代进行调频广播试验，20世纪60～70年代在很多高山上建立了调频发射台，用来传送中央人民广播电台的广播节目。20世纪70年代中期，我国开办了立体声调频广播。20世纪80年代后期，我国开始大力发展调频广播，供大众直接收听，从此调频和中波广播收音机成为大众的主要收听工具。为满足人们在高速移动的情况下收听好广播的需要，目前我国各地均开办了调频同步广播。

（六）有线广播

我国新中国成立后开始进行有线广播。新中国成立后不久，按照当时提出的“城市听无线，农村听有线”的要求，20世纪50年代，我国建设了以县为覆盖范围的广播站。随后，农村有线广播在全国范围内得到迅速推广。农村有线广播扩大了中央及省市的无线广播覆盖，成为县、乡政府联系农民大众的有效渠道。在20世纪50～80年代，很多农村有线广播网用铁线制作传输线，因此节目信号传输质量差。20世纪90年代后期，随着有线电视网的发展，一些地区的广播和电视共缆传输，有线广播质量获得很大的提高。后来，随着中波及调频广播的普及，有线广播逐渐淡出人们的生活。

21世纪以来国家开始推进村村响工程。村村响工程是农村牧区群众的迫切需要。当前有许多农村牧区里的青壮年都基本外出务工，留在家中务农的多是老年人，一些新型的信息媒体由于成本和技术要求高、费用消耗大等原因，在他们手中拥有和使用率很低。如果农村牧区的广播再不响，群众难以获得各方面的信息，一旦遇到山火、洪灾、传染病等自然灾害和突发事件，他们将无法及时知晓。

当前很多农村牧区群众反映，他们喜欢“广播”这种被动的收听方式，能方便及时地了解国内外大事、收听天气预报，尤其是用地方方言播报时政大事、党的方针政策，听着亲切又直观明了，入脑入心。遇到农忙季节，可以边劳动边收听。他们特别喜欢在广播里听讲授农牧业技术、种子和农药选配等知识，从中能获取实用技术。及时播出科技致富信息、种养技术、病虫害预防知识及天气预报等，广播成了农牧民科学养殖种田、传递信息的顺风耳。

有线广播以新的形式在广大农村牧区再次得到使用，以其平民性和大众化的优势，传输信息简单，最能体现农村宣传的特色需要，重新发挥了其特有的功能。

（七）数字音频广播

随着数字压缩编码技术和数字信道编码调制技术在广播领域的应用，无线电广播正在经历着从模拟体制向数字体制的深刻变革。

数字音频广播起源于德国。数字广播技术的基础是Eureka147标准，即数

字音频广播（DAB）系统标准。经过十几年的不断实践，我国对数字音频广播（包括数字多媒体广播）技术系统的构建、业务的开发、市场化运营等诸方面进行了坚持不懈的有益探索，积累了许多宝贵的经验。随着国内多家接收机生产厂家新一代接收机的投产，以及国内多个城市设台建网，在2015年全国的数字音频/多媒体广播事业取得了突破性的进展。

（八）成本低

无论其自身的运行成本，还是受众的接收成本，广播的各种费用都是最低的、最经济的。

从受众的角度来说，广播是获取信息价格最低廉的媒体。这与人们消费水平的日渐提高没有关系，因为即使消费水平再高，人们也希望以最少的投入，获得最大的回报。如今及今后一个时期，由于种种条件的限制，不是所有的家庭都能拥有电脑，也不是所有的人在所有的场合都能拥有电脑，而买个小小的半导体，或利用其他手段听到广播，则是很容易的事。

从传播方来说，广播节目的采访、制作、传输等环节，相对于其他媒体而言，成本是较低的。比如说，一部电话就可解决广播节目的采访与传输问题，电子邮件也越来越多地被广播记者用于采访。这些手段，虽然不能代替面对面的采访，但用在某些时候，便节约了宝贵的时间，提高了工作效率，还减少了远距离采制节目造成的人力、物力、财力消耗。当然，其他媒体也可以使用，但是广播利用这些手段得到的却是它独具特色的表达方式——声音。

首先，广播的传播速度是快捷的。速度是网络的一大优势，对于一般的信息处理来说，互联网要快于广播。但是，对于重大事件、重要新闻，广播的传播速度要快于互联网。换句话说，被广播记者盯上的事，其新闻传播速度几乎可以等同于事件的进展速度。

移动电话的普及，大大提高了广播节目的时效性。在新闻事件的现场，广播记者只需要有一部电话，即可眼观六路，耳听八方，一边观察、一边采访、一边思考、一边口播，把信号直接送入直播室，将新闻事件的进程实时报告给听众；同时，也能使现场的各种音响，如人物的谈话、自然的音响直接上天。广播还可以现场直播，听众可以从中实时了解新闻事件的进展情况。

（九）广播发展趋势

信息时代三大技术——数字技术、网络技术和卫星技术在传媒中的运用，使广播媒体成为最大的受益者，也使广播实现真正意义上的“广为传播”。

广播要想摆脱如今弱势媒体的不利处境，求得大的发展，小打小闹、局部调整，就节目谈节目、就广播说广播显然是不行的；而数字技术、网络技术和卫星技术为广播进行脱胎换骨般的变革提供了充分的技术保障。如今，广播在采访、编辑、传输、制作、播出、收听、贮存等方面进行全面革新，时机已经成熟，条件已经具备，而且一些走在广播改革前沿的电台，已经做出了成功的示范。

二、电视技术基础知识

（一）电视的诞生

电视（Television，TV，Video）是指利用电子技术及设备传送活动的图像画面和音频信号的装置，即电视接收机，也是重要的广播和视频通信工具。电视用电的方法、即时传送活动的视觉图像同电影相似，电视利用人眼的视觉残留效应显现一帧帧渐变的静止图像，形成视觉上的活动图像。电视系统发送端把景物的各个微细部分按亮度和色度转换为电信号后，顺序传送。在接收端按相应的几何位置显现各微细部分的亮度和色度来重现整幅原始图像。电视不是某一个人的发明创造，它是众多不同历史时期和国家的人们的共同成果。早在 19 世纪，人们就开始讨论和探索将图像转变成电子信号的方法。在 20 世纪，“电视”一词就已经出现。

20 世纪 30 年代，英国广播公司采用贝尔德机电式电视，第一次播出了具有较高清晰度、步入实用阶段的电视图像。20 世纪 50 年代，美国德克萨斯仪器公司研制出第一台全晶体管电视接收机，从此电视进入了高速发展的历史阶段。

电视信号从点到面的顺序取样、传送和复现是靠扫描来完成的。各国的电视扫描制式不尽相同，在中国是每秒 25 帧，每帧 625 行。每行从左到右扫描，每帧按隔行从上到下地分奇数行、偶数行两场扫完，用以减少闪烁感觉。扫描过程中传送图像信息，当扫描电子束从上一行正程结束返回到下一行起始点前的行逆程回扫线，以及每场从上到下扫完，回到上面的场逆程回扫线均应予以

消隐。在行场消隐期间传送行场同步信号，使收、发的扫描同步，以准确地重现原始图像。

电视摄像是将景物的光像聚焦于摄像管的光敏（或光导）靶面上，靶面各点的光电子的激发或光电导的变化情况随光像各点的亮度而异。当用电子束对靶面扫描时，即产生一个幅度正比于各点景物光像亮度的电信号，传送到电视接收机中使显像管屏幕的扫描电子束随输入信号的强弱而变。当与发送端同步扫描时，显像管的屏幕上即显现发送的原始图像。

（二）电视发展历程

电视的发展经历了从黑白电视到彩色电视，从模拟电视到数字电视的发展历程。电视的诞生使其成为继报纸、广播以后的新兴媒体，它具有传播迅速、及时、形象、生动、直观等特点。

1. 黑白电视

黑白电视是只注重重现景物的亮度而不重现其颜色的电视系统，在电视机上只能呈现黑白图像。20 世纪 30 年代，英国首先在世界上播出了黑白电视节目。20 世纪 50 年代，我国也开始试播黑白电视，我国第一座电视台——北京电视台（中央电视台前身）正式播出。

2. 彩色电视

彩色电视是能重现接近景物实际色彩图像的电视系统。其原理是利用红、绿、蓝三种颜色（简称“三基色”），根据不同比例配出不同的颜色，从而呈现出色彩的图像。1954 年，美国在世界上首先开播彩色电视。20 世纪 70 年代，我国也开始试播彩色电视。彩色电视将色彩信息放到电视信号的彩色幅载波上，加到黑白电视信号中一起播出。这样原来的黑白电视机仍然可以接收新的彩色电视节目，而彩色电视机利用彩色副载波上的色彩信息就可以看到彩色图像了。

3. 模拟电视

模拟电视就其本质来说，在电视信号的产生、处理、传输和记录的过程都是模拟信号。其特点是采用时间轴取样，每帧画面在垂直方向取样，以幅度调制方式传送电视图像信号。为降低所需的传输带宽和减小闪烁感觉，又将每帧图像分为奇、偶两场扫描。模拟电视从传输方式分为地面无线电视、有线电视

和卫星电视三种。

（1）地面无线电视

电视诞生后，首先是通过无线电米波（VHF）和分米波（UHF）频段来传送的。一座地面电视发射台的传播距离与调频广播类似，可覆盖几十千米的范围。目前，电视发射机的发射功率为几十瓦至几千瓦。我国在 20 世纪 70—80 年代主要靠地面无线电视广播进行覆盖。世界上有三种地面无线电视（模拟电视）制式，即以美国为代表的 NTSC 制、以西欧为代表的 PAL 制和以苏联与法国为代表的 SECAM 制。我国采用的地面无线电视制式是 PAL 制。无线电视广播只需要一台电视机就可直接接收。

（2）有线电视

有线电视通过光缆和电缆的方式把电视信号分配、传输到千家万户。有线电视技术的应用使我国的广播电视发展实现了一次大的飞跃。与地面无线电视相比，有线电视网络可以传送几十个频道，接收电视节目的数量和信号质量都有了极大的提高，能够开办多套电视节目，也使得广播电视有了一个很大的发展空间。我国有线电视的发展随着电视接收机的普及和技术进步，规模从小到大，经历了以下几个发展阶段：楼宇有线电视阶段，即共用天线系统接收无线电视节目，使用同轴电缆传送了 3 ～ 10 个频道，用户终端 50 ～ 100 户；小区域有线电视网络阶段，20 世纪 70 年代后期在一些大型企业及一些单位分别建立了有线电视单独的前端，除转播中央、省市节目外，还自办一些电视节目；20 世纪 80 年代末期在一些经济发达的中、小城市和县城建立了一批行政区域有线电视台；20 世纪 90 年代，国家发布《有线电视管理暂行办法》，从而使有线电视得到了飞速发展；进入了 20 世纪 90 年代之后，在城域有线电视网络中开始采用光纤传输技术。

（三）卫星电视

我国国土辽阔、地貌复杂，人口众多、居住分散，非常适宜应用开展广播电视传输覆盖。自 20 世纪 80 年代中期，我国开始利用 C 频段通信卫星传输中央电视台第一套模拟电视卫星。由于当时卫星转发器资源非常紧张，到 20 世纪 90 年代，我国仅批准了中央电视台第一套、第二套、第四套、第七套，以及新疆、

云南、贵州、四川、西藏、浙江、山东电视台，中国教育电视台，山东教育电视台共计13套模拟电视节目利用卫星传输，当时主要使用了中星5号、亚洲1号、亚太1A等几颗C频段通信卫星。多年来，卫星传输不仅大大提高了我国广播电视节目的人口覆盖率，而且极大地促进了我国广播电视事业的发展。

（四）数字电视

数字电视是指在电视信号产生后的处理、记录、传送和接收的过程中使用的都是数字信号，相应的设备称为数字电视设备。在20世纪80年代末期电视接收机和电视台内的制作播出系统就已经出现数字化的趋势，但是由于数字电视信号原始码率太高而很难实现传输的数字化。

世界各国在20世纪90年代初期采用原始码率大大压缩的信源处理技术和将数字电视信号高效放入传输通道的信道处理技术，找到了采用数字技术实现高清晰度电视系统。数字电视的出现使全世界认识到下一代电视不仅仅是电视清晰度的升级，而是要将整个模拟系统向数字系统转换。

广播电视有三种传输方式：地面无线电视广播、有线电视广播和卫星电视广播。数字电视广播就是要将这三种方式全部进行数字化转换。

1. 地面数字电视

世界各国政府都非常重视地面数字电视广播的发展，主要有以下原因：一是地面数字电视广播是公共服务，数字化过程涉及大众的利益；二是频率资源是社会的公共资源，是由政府管理和控制的不可再生资源；三是数字广播电视发展会对信息制造业产生巨大的影响。目前，国际上形成了四种不同的地面数字电视广播传输标准，即美国的ATSC标准、欧洲的DVB-T标准、日本的ISDB-T标准。21世纪，我国颁布了自己的地面数字电视传输标准。目前，我国结合广播电视“户户通”工程大力发展地面数字电视。

地面数字电视具有以下优点：一是高信息容量，为HDTV节目提供大于24Mb/s的单信道码率；二是高度灵活的操作模式，通过选择不同的调制方式和地址信息，系统能够支持固定、便携、步行或高速移动接收；三是高度灵活的频率规划和覆盖区域，使用单频网和同频道覆盖扩展器/缝隙填充器的概念，通过选择不同保护间隔的工作模式可构建16km和36km覆盖范围的单频网；四

是支持不同的应用，如 HDTV、SDTV、数据广播、互联网、消息传送等；五是支持多个传送 / 网络协议，如 MPEG-2 和 IP 协议集，易于与其他的广播和通信系统连接；六是在 OFDM 调制系统（TDS-OFDM）中实现了先进的信道编码和时域信道估计 / 同步方案，降低了系统 C/N 门限，以便降低发射功率，从而减少对现有模拟电视节目的干扰；七是支持便携终端低功耗模式，并支持多种工作模式，传输速率可选范围为 5.414 ～ 32.486Mbps，调制方式可选 QPSK、16QAM、64QAM，保护间隔可选 55.6ms、125ms，内码码率可选 0.4、0.6、0.8。

2. 有线数字电视

随着人们精神文化需求的日益增长，使用模拟技术的有线电视网络所提供的单一服务和粗放的管理方式已经不能满足用户的需求，有线电视网络进入了数字化改造阶段。从 21 世纪开始，我国已在 49 个城市和地区开展有线电视数字化试点工作，探索实施了数字化整体转换。目前，内蒙古等多个省市已经实现了用户的数字化，其他省市正在全力推进有线电视数字化，在不久的将来，全国大部分省市的有线电视都将完成数字化转换。随着数字技术的不断发展和网络的进一步完善，有线电视将向多媒体、宽带综合业务、双向交互多功能方向发展，电视机将成为家庭多媒体信息终端，有线电视网络将成为国家信息化建设的重要组成部分，最终实现三网合一。

3. 卫星数字电视

国际上，数字电视广播以卫星电视广播为突破口，逐步带动有线电视数字化和地面电视数字化。在我国，从 20 世纪 90 年代中央电视台采用数字卫星电视信号传输系统开始，中央电视台和各省台的卫星节目均采用了数字方式，目前通过卫星传输的电视信号全部都是数字电视信号。

随着大功率卫星制造技术日益成熟和数字压缩技术的发展，直播卫星具备覆盖范围大、不易受其他频率的干扰、方便接收等显著特点。目前，我国已经投入使用的“中星 9 号”直播卫星就具备这些优势。“中星 9 号”采用法国阿尔卡特宇航公司 SB4100 系列成熟商用卫星平台，是一颗大功率、高可靠、长寿命的电视卫星。该卫星发射时的重量达 4500kg，总功率约 11000W，设计寿命 15 年。“中星 9 号”原计划和中国航天科技集团制造的东方红四号平台电视直

播卫星一起构建中国第一代电视卫星直播系统，但由于“鑫诺二号”出现技术故障而成为太空垃圾，“中星9号”取代“鑫诺二号”成为中国第一颗广播电视直播卫星。

“中星9号”采取不加密方式传输节目，主要针对偏远的看不到电视、听不到广播的农村地区。利用“中星9号”直播卫星，全国98%以上的居民可以不经媒介传输，使用直径0.45～0.6m的圆形天线，就能免费直接收听、收看广播电视节目和实现卫星宽带互联网业务。

目前，我国各地用户使用直径50cm左右的小口径天线和一个卫星接收机就可以很好地接收上百套广播电视节目。

（四）高清晰度电视HDTV

HDTV是High Definition Television的简称，翻译成中文是“高清晰度电视”的意思。HDTV技术源于DTV（Digital Television，数字电视）技术，HDTV技术和DTV技术都是采用数字信号，而HDTV技术则属于DTV技术的最高标准，拥有最佳的视频、音频效果。我们知道DVD给了我们VCD时代所无法比拟的视听享受，但随着技术的进步和人们需求的不断跟进，人们对视频的各项品质提出了更高的要求：屏幕要更宽，画质要更高。于是，HDTV就孕育而生了。高清晰度电视是一种新的电视业务，国际电联给出如下定义：“高清晰度电视应是一个透明系统，一个正常视力的观众在距该系统显示屏高度的3倍距离上所看到的图像质量应具有观看原始景物或表演时所得到的印象。”其水平和垂直清晰度是常规电视的2倍左右，配有多路环绕立体声。HDTV与当前采用模拟信号传输的传统电视系统不同，HDTV采用了数字信号传输。由于HDTV从电视节目的采集、制作到电视节目的传输，以及到用户终端的接收全部实现数字化，因此HDTV给我们带来了极高的清晰度，分辨率最高可达1920×1080，帧率高达60fps，是足够让DVD汗颜的。除此之外，HDTV的屏幕宽高比也由原先的4：3变成了16：9，若使用大屏幕显示则有亲临影院的感觉。同时由于运用了数字技术，信号抗噪能力也大大加强，在声音系统上，HDTV支持杜比5.1声道传送，带给人Hi-Fi级别的听觉享受。和模拟电视相比，数字电视具有高清晰画面、高保真立体声伴音、电视信号可以存储、可与计算机组成多媒体系统、频率资

源利用充分等多种优点，诸多的优点也必然推动 HDTV 成为家庭影院的主力。所谓的数字电视，是指从演播室到发射、传输、接收过程中的所有环节都是使用数字电视信号，或对该系统所有的信号传播都是通过由二进制数字所构成的数字流来完成的。

21 世纪，按照国家广电总局的规划，我国全面推广高清数字电视的地面传输，中央电视台在高清数字电视上投入巨大，“央视高清”频道已经开播。近几年来，高清数字电视机出现飞速的发展，目前全国有线高清数字电视用户市场规模达 1200 万户。高清数字电视的发展在任何一个国家都不是短期可以完成的工程，真正意义上的高清电视，必须具备高清电视节目内容、高清节目传输系统、高清电视机和高清机顶盒。目前我国数字高清电视发展面临高清节目和频道严重匮乏，高清数字电视机市场混乱，电视机价格较为昂贵，高清机顶盒的成本居高不下等问题，这些问题严重影响了高清数字电视的发展。

三网融合为高清数字电视提供机遇。所谓三网融合指的是互联网、电信网、广电网三张网的互相渗透融合，随着新技术和新功能的增加，能更好地满足消费者家庭娱乐的体验必将成为电视机竞争的核心方向，高清数字电视的普及不言而喻。

三网融合是一场真正的“宽带革命”，丰富的节目内容或服务应用将推进宽带建设和光纤通信的飞跃发展。光纤通信以其通信容量大、传输距离远、保密性好等优点，在产业中逐步形成了“光进铜退”的趋势，为广电运营商应用光纤接入技术进行有线电视的双向改造，提供高清视频点播、3D 游戏等高附加值互动服务提供了可能。同时，三网融合还会衍生出丰富的增值业务，如多样化的高质量视频、语音、图文等多媒体应用，这些应用将进一步加强人与人之间的沟通能力，提高人们的生活品质。

三网融合为高清电视的发展和普及提供了难得的机遇，为高清互动、高清机顶盒、高清一体机市场的繁荣提供了政策支持。

第二节　广播电视是跨区域传播的新媒体

一、现代技术创造了跨区域传播的条件

媒介传播技术的创新发展对传播行为产生无可估量的影响。现代传媒发展的历史脉络已经清晰地显示出“偏倚空间的媒介”倾向。所谓“偏倚空间的媒介”，也就是说传播媒介在跨越空间地域上具有极其强大的能力。如今，电子媒体所实现的远距离实时传播已经充分发挥出了传媒“偏倚空间”这项特性。特别是在全球性的重大现场直播活动中（比如，对奥运会开幕式、世界杯足球赛、战争实况等的直播），对于分布在世界各地的媒介受众来说，已经没有了“时差”的概念。

传统的电视从黑白电视发展到彩色电视，再发展到现在的有线电视、卫星电视、数字电视，广播也从原来的有线广播发展到调频广播、数字广播、卫星广播，使广播电视逐步走向现代化，对社会产生越来越大的影响。这一过程，正体现了人类文明社会发展的必然趋势和客观规律。

二、市场环境提供了跨区域传播的可能

20 世纪 90 年代，广播电视业被列为第三产业。只有使福利型、公益型和事业型的第三产业逐步向经营型转变，实行企业化管理，做到自主经营、自负盈亏，才能建立起充满活力的第三产业自我发展机制。既然广播电视作为第三产业，需要走进市场，那么市场就是没有边界的。“市级办广播电视”的方针在历史上曾做出过贡献，在国家财力有限的情况下，它有效地调动了地方办广播电视的积极性，促进了我国广播电视的大发展。但是在市场经济条件下，这种办台模式使行政边界成了市场边界，市场被人为割裂，资源不能有效整合。各地以行政保护的手段应对市场竞争，直接导致两个结果：一是各级广播电视“小而弱，滥而散”；二是跨区域经营遭遇行政壁垒，困难重重。这种“画地为牢”的地方保护主义和封锁市场的行为，都是违背市场经济发展客观规律的，

迟早会消减或退出。由于跨国传媒集团事实上的介入和我国社会主义市场经济体制的确立，广播电视长期在计划经济模式下实行的按行政区域划分和指令性传播的方式严重束缚了传媒产业的发展。原来分属于不同级别、不同区域行政保护的媒体正在逐步失去“吃皇粮”的地位，原来各自拥有的大小不等而又带有垄断性质的区域市场正在被瓦解。几乎在全国所有的传媒产业市场上都或明或暗地涌动着资源重组、市场重组、媒介重组、力量重组的浪潮。原有的品种单一、市场封闭的媒体已经显得势单力薄，不足以抗击开放后的市场浪潮和境内外强势媒体的冲击。

自20世纪90年代中期，由《广州日报》率先进行的多种媒介、跨行业、跨区域经营的改革正在向全国扩展。21世纪初期，全国已经有正式批准挂牌的报业集团26家、广播电视集团7家、出版集团8家。还有些媒体虽然没有正式获准建立集团，但也通过各种不同的渠道和方式进行了媒体重组和资产重组。在20世纪末期，一些有实力、有发展规划的媒体整合了一批有市场、有发展的媒体及其资产，搭起了组建集团所必需的体制框架。有些媒体集团把部分属于经营性的产业采用借壳上市等合法的手段，完成了经营项目的多元化改造和融资渠道的多元化扩展。如上海广电集团（东方明珠）、湖南广播电视集团（电广传媒）、北京广播影视集团（歌华有线）等，甚至连国家级主流媒体也开始进入资本市场，如人民日报（燃气股份）、中央电视台（中视股份）等。这些媒体集团虽然规模不同、做法各异，但有一点是相同的，就是没有一家仍然局限在自己的“三十亩地一头牛”上，都开始了向其他媒体、其他行业和其他区域的扩张与渗透。

跨地区发展是传媒产业进入市场以后，以市场为主体展开竞争、扩张的必然要求。各地电台、电视台曾多次自发地进行跨地区合作。省级台联盟、城市台联盟、沿海城市台联盟、有线台联盟的不断出现，是跨地区重组整合趋势的萌芽，也是市场规律促动和媒体自身发展的必然结果。

卫星频道资源的利用也成为跨区域发展的途径。西部卫视频道一度成为东部中小媒体争夺的目标，尽管存在一定的风险和难度，但这种探索和尝试从未停止过。如杭州电视台曾尝试通过西藏卫视将节目上卫星，由于他们上星的节

目仅限于地域性很强的新闻节目，再加上其他方面的原因，尝试没有成功；21世纪，浙江湖州电视台吸取杭州电视台的经验教训，买断了青海卫视白天9小时的节目时段，将自己的节目重新包装上卫星，引起全国的广泛关注；上海文广集团为了实现跨地域发展，21世纪选中宁夏卫视“借壳上星”，计划利用宁夏卫视白天承载上视财经频道，晚上承载上视体育频道，出于保护地方利益的考虑，这项“借壳上星”计划最终没能实现。

这些探索、努力没有从根本上改变我国广播电视产业跨区域经营现状，但随着媒介竞争的加剧，走出本地域、寻求跨区域发展必将成为不可阻挡的时代潮流。央视推出西部频道、贵州卫视重新定位为西部黄金卫视、海南卫视改造为旅游卫视都是鲜明例证。

第三节　广播电视是跨媒体发展的新媒体

现代广播电视与传统广播电视的最大区别就是它的存在方式发生了变化。传统广播电视单媒体形态将逐步融入多媒体，也被称为“新媒体”。这种变化是不以人的意志为转移的广播电视的基本发展方向。目前，我们正在推行的由模拟制播系统向数字制播系统转化的工作，只是向多媒体发展跨出的第一步，也是非常关键的一步。数字化之后，我们的电视机变成了多媒体信息终端，不仅能看电视节目，还可以听广播，可以获取多种信息资讯服务，可以通过电视购物、缴水电费，使电视成为人们生活中不可缺少的工具，成为社会现代服务业的支撑平台。我们只能抱着积极的态度去主动迎接这种挑战，抱残守旧是没有出路的。

一、广播电视与多种媒体在内容形式上的互补融合

广播电视的信息网络化趋势改变了传统广播电视的传播观，现代化的数字压缩技术使网络信息的存储、传递方面比传统广播方式具有绝对的优势。数字化的网络传输系统兼容报纸、图文、电话、广播、电视、电影传播功能并将其融为一体，从而从根本上提高了传播效率，降低了传播成本。网络中的广播电视不仅可供用户收听、观看，也可供用户检索、阅读、存储、评论、下载、剪

辑和转发，从根本上改变了传统媒体信息单向流动的特征，给予受众前所未有的传播选择权和参与权。这种双向互动的方式强化了传播的效果，弥补了传统广播电视的不足，发挥出了前所未有的互补优势。

（一）传播功能的优势互补

广播电视传媒与网络传播一体化整合发展，有助于充分利用网络传播的优势，克服广播电视自身存在的许多缺陷。而广播电视传播和网络传播的一体化整合，使广播电视传播功能得到优势互补。因为微型电脑不仅可以单独处理资料、文字、声音、图像、视频，而且具有综合处理音频、视频、图像、文字等多类信息的功能，实现图文视听一体化。如网站上的广播电视节目，可以配备相关的图文及背景数据链接，为用户提供多方面的信息参考。电视曾经以声音和图像同步传播的优势，取代了印刷媒介。而网络传播实现了文字、图片、图表、动画、广播、电视等多种媒体功能的集中体现，因此，广播电视传媒和网络传播的一体化整合，为广播电视超越自身的局限拓展了无限宽广的天地。

（二）传播信息的有增无减

传统广播电视的信息容量只能局限在有限的时间段内，一个频道一天只有24个小时的信息容量，因此，信息流量变得非常有限。而广播电视传播和网络传播的一体化整合突破了传统广播电视线性播出的流程，使所有信息都可以同时储存在网络上，根据选择需要随时在网络终端呈现，从而大大增加了广播电视播出的信息容量。另外，计算机数字压缩技术使节目内容的存储和查寻变得简单可行。通过链接，用户可以随时随地访问所有存储节目的信息以及其他相关的内容。此外，文字、图片等多种信息传播功能的辅助配合，也进一步扩大了信息传播容量。用户可以在与节目相关的文字、图片、声音等形式的背景资料进行链接的过程中，对节目相关信息做进一步的选择。

（三）传播时效的随机更新

广播电视节目由于按线性流程播出，最大的缺点就是稍纵即逝。这对于受众充分汲取、消化信息内容，存在很多不方便。而广播电视的网络一体化整合使节目内容既可同步实况播出，也可异步传播。这也就是说，一方面所有节目

内容暂留储存在共时线上，供用户随时选择播出，从而有效地改变了传统广播电视节目只能同步接收、转瞬即逝的缺陷，大大增强了信息传播的有效性；另一方面，传统广播电视节目内容的更新往往受制于节目板块的整体安排，很难突破，而网络中的广播电视节目内容则可以超越板块的局限性而随机更新，从而大大提高信息传播的时效性。

（四）传播区域的无远弗届

原来广播电视节目的覆盖范围受制于发射主体的技术条件、覆盖区域的转播条件和用户的接收条件。一般情况下，覆盖区域较小，只有实力雄厚、具有足够发射功率的广播电视公司才能把节目扩散到更远更大的区域。而广播电视传播与网络传播一体化整合后，通过网络，任何广播电视节目均可迅速实现全球性传播，大大加速了广播影视文化的国际化进程。计算机空间文化最有吸引力的地方是任何人都可以与任何国家、任何地方的人直接沟通，能够在全球范围内实现知识共享。

（五）传播媒体的超级链接

传统的广播电视节目由于按线性流程播出，用户只能根据节目时间表和节目预告，在预定的节目播出时间段查寻节目内容，接受效率极低。而广播电视传播和网络传播整合后，通过强大的网络搜索功能，用户所需的节目信息迅速呈现在显示器上，极大地加强了接收节目的确定性和针对性，提高了检索和利用信息的效率。

（六）传播受众的日益分化

传统的广播电视节目由于受线性播出的时间限制，节目容量极其有限。为了使有限的节目内容具有更高的接收率，广播电视节目只能采取面向大众的形式，以吸引尽可能多的听众或观众。而网络广播电视节目内容由于具有异步接收、共时线上的特性，传播容量趋向无限。为了拓展服务对象和内容，节目趋向于丰富性和多样化，既保证了大众化用户的需求，也有足够的信息空间满足受众个性化的需求。另外，丰富多彩的节目内容又使受众的思想情趣和审美需求多样化，从而反过来又对网络广播电视节目的多样化提出更高的要求，进而繁荣

了节目创作，丰富了文化生活。

（七）传播形式的双向互动

传统的广播电视传播基本上属于单向和被动的传播方式，属于由点到面的单向传播。用户只能通过直接或间接对电视机或收音机进行控制来体现微弱的主动性，通过电话、信件体现微弱的双向互动性，由于人力、物力所限，其有效性也可想而知。而广播电视传播与网络传播的一体化整合，使广播电视发展到由点到点的双向交互式的传播水平，从而从根本上改变了传统广播电视单向传播的缺陷，充分体现出人的主动性和传播的双向互动性。通过计算机接收直播广播电视节目，从行为本身的性质来看属于人—机对话，即机器与用户之间相互反馈信息，由用户根据自己的时间、地点、兴趣主动搜索、选择节目的内容，控制节目的播放。特别是网络广播电视节目基本上处于共时线上状态，从而有效地克服了传统广播电视线性传播所导致的被动状态。

此外，网络传播所具有的极大的兼容性也为全方位的双向互动性提供了可能。这些综合性的网络传播功能包括文字交流、音频传播、视频传播交流，用户只要配备一个简单的麦克风和摄像头，就可以在接收节目的同时与主办方或其他用户交流沟通。目前，网上很多节目内容都具有评论提示和转发提示，既供用户发表看法，做出直接的反馈，也便于用户以传播者的身份继续对该信息进行传播，网上的 BBS、QQ、E-mail、网络电话等就是在广大节目用户之间、用户和节目编辑之间进行双向互动性交流的常用形式。网上广播电视节目由于异步播出，节目容量趋于无限，从而使内容趋于丰富多样以满足各种不同的用户的需要。这样，用户不再需要按线性的播出流程被动地接收已经编排好的节目内容，而可以在无限广阔的节目信息空间中根据自己的爱好和需求检索、选择节目，从根本上获得主动性和互动性。因此，在使用网络接收节目的情况下，把用户定义为受众已经不是很恰当，因为这时用户已经改变了传统广播电视接收者的地位，成为人—机互动关系中的主动者。

二、广播电视与多种媒体在产业经济上的互补融合

各类传播媒体之间应以互利互惠、共谋发展为原则，与各媒体运营主体开

展各种形式的合作，力争使广播电视资源得到最大程度的综合利用，使它的宣传效果和服务水平得到最大程度的满足和完善，逐步发展成为多媒体、多渠道、多品种、多层次、多功能的综合性传媒产业集团。第一，应该着力抓好本系统资源的整合，包括对内部资源的挖掘和有效整合，同时对跨区域资源和其他媒体资源进行互利合作开发以及对民间资源的有条件利用吸收；第二，科学地调整制作、播出、传输、分配之间的关系，最大限度发挥资源整合的优势，增强自己的核心竞争力；第三，在新的体制框架下，以市场主体的姿态积极参与各省区之间广播电视领域的合作与发展，实行资源整合、优势互补、互利共赢，并建立起合作机制；第四，应以市场为导向，排除区域合作的各种障碍，打破地区封锁的格局，逐步建立健全对内对外双重开放的统一的广播电视产业大市场，促使广播电视物流、人才流、资金流、信息流、品牌等各种生产要素实现跨区域、跨媒体自由流动；第五，要在实行国有控股的前提下，鼓励和支持非公有资本进入广播电视产业领域，逐步形成以公有制为主体，多种所有制经济共同发展的广播电视产业格局，提升广播电视集团（总台）的整体实力和竞争力。资源整合的结果也促成了种种高效率新媒体的出现，目前新媒体已经呈现出以下一些发展态势：

（一）网络广播

20 世纪 90 年代中后期，广东珠江经济广播电台率先在网上进行实时广播以来，网络广播在中国已经得到广展开展。截至 21 世纪初期，除中国广播网和国际在线两大国家级音频广播网站外，全国各省、直辖市、自治区的省级广播电台、97 个地市级的广播电台都建立了广播网站，并开通了网络广播。另有一批商业性的网络电台也已开通，目前影响比较大的有“中国广播网”“国际在线”“听盟”等。

“中国广播网”原名为“中央人民广播电台网站”，20 世纪 90 年代末期注册开通，21 世纪正式更名为“中国广播网”。这家网站提供中央人民广播电台 9 套节目网上直播、270 多个重点栏目的在线点播服务，网站音频数据总量 2TB（2048GB）。21 世纪，中国广播网又开通了“银河网络电台”，受众通过互联网和手机都可以收听到“银河网络电台”的节目。“国际在线”由中国国

际广播电台主办，于20世纪90年代末期开通，拥有42种语言文字和46种语言音频节目。21世纪正式推出了汉语普通话网络电台节目，21世纪正式开播了多语种网络电台。“听盟”是由千龙网、北京人民广播电台、国际广播电台、听听网络文化公司四家单位为主发起建立的商业性网络电台，拥有400多家合作伙伴，接近10万h的音视频节目。“听盟”提供音频下载业务、语音增值业务、数字版权业务、在线广播业务等，用户每月支付较少的费用就可以在线收听。

（二）网络电视

中国网络电视与网络广播几乎同时起步。中央电视台于20世纪90年代开始建立了自己的站点。各省市级电视台都趋之若鹜，纷纷开辟了自己的网站，其中有些开设了可供点播的视频节目。到21世纪，各省、自治区、直辖市电视台（除青海省电视台外）都建立了自己的网站，并且开设有音频、视频的频道或栏目；108个地级市电视台的网站开设有音视频下载或点播的频道或栏目。目前，影响比较大的有央视国际（央视网络电视）、东方宽频以及电信部门的互联星空等。

“央视国际”是由中央电视台开办，以新闻信息传播为主，具有视音频特色的国家重点新闻网站。网站提供CCTV-新闻、CCTV-4、CCTV-9三个频道24h网上同步视频直播，CCTV-1、CCTV-2、CCTV-5等频道有代表性的节目网上直播，以及各套节目的重点栏目、大赛、晚会、特别报道在网上的视频点播。每日视频节目制作量超过35h，并提供有Real和Windows Media两种格式，56K、128K、300K多种视频码流，满足不同上网条件用户的收看需求。“央视网络电视”是中央电视台开办的网络视频运营商。央视网络汇集了中央电视台自成立以来几十万小时的历史资料片，同时每天新增几十小时的实时电视节目。用户通过央视网络电视可以随时点播自己喜爱的中央电视台各栏目的节目，还可以在线收看高质量的电视剧。央视网络已经向用户开通了付费服务。

上海东方宽频是上海文广集团创办的宽带网络电视业务运营机构。21世纪，东方宽频的网络广播业务进入微软的网站门户，共加入4路中文网络广播，填补了中国内地在该流媒体全球门户中没有中文视听节目服务的空白。东方宽频与中国电信和中国网通均已建立战略合作伙伴关系，全面覆盖中国2000多万宽

带网络用户。

中国电信的"互联星空"从21世纪初期开始全面进入商业运营。"互联星空"本身并不是网络电视，但是它作为网络服务提供商，为开展音视频内容服务的网站提供了网络带宽资源和用户认证、费用结算的服务，从而使影视内容在宽带互联网上传播的技术壁垒和管理手段大为减少，网络内容供应商可以专注于音视频内容的制作与发布。网络资源的分配与协调、用户的认证与费用结算由"互联星空"统一处理。

（三）IPTV

与一般网络电视不同，"IPTV"是具有交互功能的网络电视，是集互联网、多媒体、通信等多种技术为一体，提供包括网络电视在内的多种交互式服务的崭新技术。

作为主管国家信息网络传播视听业务的广播电影电视总局，对IPTV的管理工作也取得明显成效。一方面，颁发了第一张IPTV运营牌照，并在哈尔滨地区进行试点，发展用户5万多户，创建了广播电视主导IPTV业务的运营模式，促进了IPTV业务的规范化运营；另一方面，国家广播电视总局正在组织制定《信息网络传播视听节目管理暂行条例》，拟从国家层面规范IPTV的发展与管理。

电信部门则是IPTV的积极倡导者，21世纪中国电信与中国网通均把IPTV作为年度新业务的发展重点。中国电信和中国网通在IPTV用户发展上虽然不很理想，但与目前唯一获得IPTV运营牌照的上海文广集团合作测试试点的城市却分别达到了23个和20个，做好了全面启动的准备。电信主管部门也在抓紧制定IPTV的相关标准，这些标准中包含业务需求、总体框架、机顶盒、业务平台接口、运营平台接口、接入设备的支持以及视频编解码七个方面的内容。

（四）手机电视

近几年，手机成为媒体业务个性化发展的主要标志，手机电视正在逐渐成为一种独特的新媒体形态。所谓"手机电视"业务，就是利用移动终端为用户提供视频资讯服务。手机电视业务有两种实现方式：一种是基于移动运营商的蜂窝无线网络，实现流媒体多点对多点的传送；另一种是通过数字多媒体广播（DMB）方式，实现点对多点的传送。支持流媒体方式的网络有GPRS、EDGE、

CDMA 网络以及 3G 网络，支持 DMB 方式的有地面无线广播电视网和卫星广播电视网。

21 世纪以来，中国移动和中国联通先后推出了基于蜂窝移动网络的手机电视业务，在中国广州、四川、苏州、北京等地逐步推进。广州移动向全球通 GPRS 用户提供了手机电视业务。中国联通推出“视讯新干线”，与中央电视台的新闻频道、第四套、第九套以及凤凰资讯台等 12 个电视频道联手推出手机视频服务。

21 世纪，上海文广新闻传媒集团（SMG）成立了专营手机电视的公司上海东方龙移动信息有限公司，负责手机电视的内容集成和节目编辑制作及相关的增值业务运营、市场推广等具体工作。SMG 获得国家广电总局颁发的手机电视全国集成运营许可证。SMG 与中国移动达成战略合作，SMG 作为中国移动的手机电视内容唯一的合作伙伴，共同发展手机电视业务。中国移动正式开通手机电视“梦视界”，提供下载点播和直播等形式的手机电视节目。东方龙的内容服务费是包月收费，中国移动的 WAP 业务也向用户收取一定的费用。上海文广新闻传媒集团与东方明珠投资 2 亿元成立合资公司，运营数字多媒体广播（DMB）方式的手机电视项目，计划采取包月收费模式收取手机电视费用。

随着时间的推移，使用新媒体将会成为未来的主流方向。所谓新旧是相对而言的，随着现代科学技术的不断推陈出新，新媒体也将随之成为传统媒体，更新的传媒方式也将会产生。新媒体发展的最终结果就是传统媒体平台与新媒体平台的完全融合、互动，产生更为可观的价值空间和更长的产业链条。

第四节　广播电视是跨文化交流的新媒体

既然是跨区域传播的媒体，必然面临如何满足不同区域文化背景和民族习惯受众的需求问题，跨文化传播当然也就是题中应有之意了。这也就是说，技术上虽然实现了跨区域和跨媒体的传播，但只有在内容上实现跨文化传播，才是真正有效的传播。当文化的多样性影响到了传播的性质及其影响时，跨文化传播就发生了。因此，当我们谈到跨文化传播的时候，我们是指理解并分享文化者所表达的意思这个过程。实际上，跨文化传播包含了许多不同的形式，其

中有跨民族传播（当交流双方来自不同民族时）、跨种族传播（当交流双方来自不同种族时）、跨国籍传播（当交流双方代表不同政治实体时）和文化内传播（包括各种同民族、同种族或其他相似群体内部发生的传播）。

人类社会是由各式各样文明、文化的多元共同体组成的，它们相互影响、相互作用，形成不同政治、经济和文化以及宗教、科学、艺术的精神生活方式，组成了一个多元文化和不同文明的人类社会共同体。尽管人类社会发展进化程度和文化差异不同或发展阶段不平衡，但属于人类社会发展的基本历史顺序和框架却大致是一样的。从中我们可以分析，在漫长的人类社会发展历史过程中，文化是怎样逐渐突破地域局限，在更大的时空中获得广泛交流的，乃至于形成了某些跨区域的社会共同体。当我们跨越不同发展阶段和不同文化传统，用传播的理念去分析人类社会群体在不断变异中日渐走向整体选择时，跨文化传播问题就成为人们研究现实文化趋同的一个必然思考的问题。思考的方向必然就是如何跨越两种以上不同的文化，使人类思想成果得到交流，取得认同，充分共享。

一、语言文化的差异

语言是文化的载体，每一种语言符号都蕴含着约定俗成的笔意——它们都与文化有关。在文化沟通方面，语言与非语言符号都是习得的，“是社会化过程的一个组成部分——也就是说，象征以及意义是由每一种文化教给它的成员的”。比如“龙”字，英语通常把“龙”翻译为“dragon”，是一种很可怕的动物，这与中国人心中神圣的图腾“龙”是完全不一样的。所以，文化既教我们符号也教我们符号所代表的意义，每一个人成长过程中在吸收某种社会文化的同时也吸收了符号的意义。跨文化传播在语言符号方面的难度就在于“理解任何文化的语言意味着必须超越这种文化的词汇、语法和范畴。扩大我们对文化的理解角度而达到一种宏阔的视野”。

我们在日常进行交流时使用词语好像毫不费力，这是因为生活在相同区域中的人们对词语产生的意义达成了高度的共识。我们的经验背景十分相似，所以给正常交流中使用的大部分语言符号基本上赋予了相同的意义。但是，当我们一旦置于多元的文化背景和国际环境中时，我们就会面临着众多的语言文化

差异——语言文字的种类、使用范围、使用习惯、语言歧义等，这就必然会形成沟通的障碍。在跨文化传播中，民族语言在不同国家和地区所造成的误译、误读或误解，主要是缺乏对语言差异的深入了解所致。各民族语言不是建立在共同的词汇基础上，也就缺乏词语的共同含义，以至于想传播什么信息与实际传播了什么信息有时是不一致的。

语言的差异使得一些信息不是被错误传播就是根本无法传播，即使同样的词在不同的文化中都会有完全意想不到的理解。由此可见，要进行有效的跨文化传播，使语言文字得到当地民族的文化认同是至关重要的。要做到这一点，就必须对语言的多样化和差异性做深入了解，适应其语言习惯及特色；了解文化造成的词语的直意、隐意的变化，以免产生歧义而影响传播效果。特别是广告词中有很多反映各民族事物和观念的语言，它们有着深厚的文化内涵，体现了特定的价值观，在翻译过程中要尽可能用对等的语言表达出来。

二、民俗文化的差异

民俗文化实际上指的是世代相传蕴藏在民情风俗中的文化现象。风俗习惯是很难改变的，无论哪个国家、民族都存在这样或那样的忌讳，对于千百年来形成的民族风俗，我们应给予必要的尊重。不同的社会习俗对传播的影响很大，对于跨文化传播来说，只有了解与尊重当地特殊的风俗习惯，有针对性地传递信息，才能使传播产生效果。

尊重风俗习惯，意味着所传达的讯息不能触犯当地的禁忌，否则将会引起不必要的麻烦，甚至抵制。有时甚至一些颜色、数字、形状、象征物、身体语言等都可能会无意识地冒犯某种特定的文化习俗。因为在不同的文化中，数字、颜色、动物形象的含义是各不相同的。

很多时候人们经常从自己的文化角度去看待他人的生活习惯，所做出的判断可能恰好触犯了文化禁忌。特别是体态语言，由于表达不当，违反了当地的风俗习惯，往往会导致人们心理上不同的感受，从而影响传播的客观效果。

三、伦理文化的差异

伦理文化主要体现一种人际关系中的价值取向，每个人乃至每个民族都是

在一定价值观的主导下为人处世的。不同的价值取向会在处理同一事物时，产生不同的结果，有时会有天壤之别。在跨文化传播中，如何理解不同文化人们价值观的差异，是对传播效果产生重要影响的一个重要因素。因为价值观所反映出的思想观念、道德准则、喜好态度等，实质上代表了社会的潮流和民族的意志。如果广播电视中传递的价值观得不到认同或引起反感，那么传播的内容当然会受到排斥。

不同的价值观和思维方式（也包括表达方式）乃是中西文化深层次的差异，是我们与西方人跨文化交流的主要障碍。

研究表明，中西文化在价值观念上的差异主要表现为“集体主义”与“个人主义”的对立。中国的文化传统历来强调群体意识，从家庭到社稷，从国家到天下，最后才是个人。西方强调“个人主义”，这一理念从西欧启蒙运动开始，经历了几百年的发展。它是一种人生哲学，也是一种政治理念，高度重视个人自由、民主人权，强调自我支配、自我控制，不受外来约束。它反对权威对个人各种各样的支配，特别是社会对私生活的干预，主张保护个人隐私和私有财产。

第五章　移动数字电视

第一节　移动数字电视的发展

移动数字电视是指满足移动人群收视需求的数字电视系统。移动数字电视系统发送端采用数字广播技术（主要指地面传输技术）播出。移动数字电视系统接收端分为两类：第一类为车载移动数字电视，例如安装在公交车、出租车、商务车、私家车、轻轨、地铁、城铁、火车、轮船、机场及各类流动人群密集处和其他公共场所的移动载体上的移动接收终端；另一类是手持接收设备，例如 3G、4G、5G 手机，PMP，便携 PC 等移动接收设备。目前，手持移动数字电视产品中占绝对数量的是手机电视。

一、移动数字电视发展的背景

移动数字电视在技术上要保证一座城市无盲点覆盖，这就需要构建一个由数台数字电视发射机组成的单频网，通过单频网适配器和 GPS 接收机保证各发射机同步工作，确保在城区的绝大多数点都能接收到数字电视信号，且各发射点发出的信号不会在终端引起相互干扰，为移动接收提供接收的可能性。

移动数字电视针对的是一个特殊的群体——移动人群，其受众是在移动的交通工具上（如公交车、出租车、渡轮等）、公众聚集场所里（候车室、候机楼、候诊室等）短暂停留的人群。这部分人群处于传统电视覆盖的盲区，是移动数字电视主要的服务对象。因此，移动数字电视的诞生不仅仅是电视覆盖面的扩大，更是电视产业链的巨大延伸。移动数字电视独特的传播优势造就了其诱人的广阔前景，正等待着人们去挖掘和利用。

随着通信和信息技术的迅猛发展，人类获取信息的方式正在由固定走向移动，由语音走向多媒体。目前，能够在移动环境向大量观众提供多媒体内容的

网络架构主要有三种：移动通信网络（3G、4G、5G），无线局域网（WLAN）和地面数字广播网络。此外，欧洲 DVB（数字视频广播）组织，发布了通过地面数字电视广播网络向便携 / 手持终端提供多媒体业务所专门制定的 DVB-H 标准（Digital Video Broadcasting Hand held）。其他国家如美国、日本、韩国乃至我们中国，也分别推出移动数字电视传输标准，进而使这一领域的竞争变得更为激烈。随着移动数字电视成为电视业的新亮点，地面数字电视广播系统将支持数字电视的移动接收。

移动数字电视的面世和广泛应用，以其独特的传播特征打破了传统的电视覆盖理论，学界、传媒界惊呼：移动数字电视将为广电事业的持续发展带来新的经济增长点，使人们真正地达到 3-A（Anyone，Anytime，Anywhere）境界，人们将随时随地享受视听及其他多媒体信息。这种新方式必将给人们的生活带来巨大的变革。

移动数字电视业务发展的步骤具体如下：

①移动电视的第一个目标是地铁、公交车上的乘客。

地铁、公交车上的乘客中虽然也有听收音机、MP3、MP4 的，看书、报纸、杂志的，有的车厢前面还有播放广告的电子屏，但尚没有能统一调动乘客主动性的媒体。移动数字电视抢占了这个先机。假如有听广播的乘客上了公交车，在移动数字电视图像的吸引下和移动数字电视伴音的干扰下，就会关掉收音机，虽然有的是不情愿的。数字电视声音的满空间覆盖，使广播没有了生存的空间。

②移动电视的第二个目标将是出租车、公务车和私家车。

虽然在这些车里，广播收音机已先入为主。但是，只要移动数字电视安装在了这些车里，收音机就基本成了聋人的耳朵。在出租车上，乘客比司机重要，为了不影响乘客收看移动数字电视的效果，司机只好不开收音机。出租车司机在空载时，也不会关断移动数字电视，因为有随时可能上车的乘客。在私家车上，只要载有客人或家人，驾车的主人一般也会选择打开移动电视。

③移动数字电视的第三个目标，就是火车、长途汽车、飞机和轮船。

在多人乘载的交通工具上，收看移动数字电视，可减轻旅途的寂寞和身体的疲惫。因此，这类交通工具上需要安装更多的移动数字电视接收机。但这就

要求发射信号要有更大的覆盖范围。此外，还有时速不超过 120km 的收视瓶颈。在目前的技术下，超过这一时速，受众也许不能看到稳定清晰的电视节目。当今是技术高速发展的时代，这一瓶颈也在逐步突破。

④移动数字电视的第四个目标是手机电视。

手机在我们国家已经普及，3G、4G、5G 手机均可接收移动数字电视，而 4G、5G 手机由于下载速率高，观看效果也会更好，5G 手机还可看高清电视。随着 4G、5G 的普及，地铁、公交车上的低头族收看移动数字电视节目这一场景越来越常见。

二、移动数字电视的优势

（一）受众面广

庞大的流动人群造就了“移动数字电视受众面广”这一最大优势。这一特征使得移动数字电视具有广阔的生存空间，且不必担心受传统电视的挤压。传统的电视受众是固定在某一个地方的相对“静止”的人群，这类观众收看电视节目的高峰期主要集中在晚间。而白天里都市人忙于生意和上班，没有过多的时间坐下来看电视，传统的电视受众面“变窄”了，主要是在家的老、幼观众。相反，数量庞大的移动人群却使移动数字电视受众面“变宽”了，移动数字电视服务的对象包括城市各类运载工具和人流密集区域的流动人口。移动数字电视的触角可以延伸到城市公交、地铁、出租车甚至是铁路列车等各个系统。如此庞大的受众市场是传统电视的“盲区”，正好让移动数字电视独领风骚，其潜在的商业价值极高。

（二）实时性强

传统的电视必须在某个固定的地方观看，这对于白天为工作而奔忙的都市上班族来说是一种奢侈的事情。移动数字电视的出现，使移动人群随时随地可以观看电视，获得更多更新的资讯，极大地满足了快节奏下现代社会中人们对于信息的需求，同时也丰富了市民文化生活。乘客即使在堵车时，也可以通过观看清晰有趣的电视节目来消除烦恼。

（三）受众可免费获取信息

公共交通移动数字电视的接收系统是由传媒公司投资建设的，受众无须增加个人投资和消费成本，只需付出“注意力资源”，因此，易被受众接受。从这一点来说，移动数字电视的普及完全是一项既能获利又具有社会公益性质的事业。

（四）信息利用率高

如何让已有的信息为最广大的人群服务并产生最大的经济效益和社会效益，一直是传媒人所关注和思考的问题。传统电视媒体对信息的利用远远没有发挥出其应有的价值。一方面，移动数字电视的开展，投资建设者可以是传统电视媒体，他们可以充分利用本身已有的人力和节目资源创造出更大的效益，这将节省一大笔成本；另一方面，还可以成立专门的移动数字电视频道，整合各台的新闻、信息资源，通过移动数字电视系统为更广阔的受众群体服务，达到资讯利用最大化、利润创收最大化。

（五）信息覆盖面大

移动数字电视可以在公交车、出租车、商务车、私家车、轻轨、地铁、火车、轮船、机场及各类流动人群集中处的移动载体上广泛使用，应该说它的出现填补了媒体的一个空白。移动数字电视杀入媒体市场，体现出诸多潜力和优势。移动数字电视在公交车上广播，标志着继报刊、杂志、广播、电视、网络之后，移动数字电视正以“第六媒体”的姿态在市场兴起。广告额度的增长肯定将为新媒体带来更多的机会，包括移动数字电视在内，其广告市场的前景是十分可观的。

首先，是公交系统的广告潜力。据统计，以北京为例，身在或途经北京的消费者平均每天要坐 1 次车，地铁人流更是高达每天好几百万人次，特别是 2008 年前后公交系统全面升级，移动数字电视在城铁、地铁车站及地铁车厢安装，这些都为移动数字电视广告的发展提供了很好的市场资源。

其次，是小轿车市场的广告开发潜力。随着未来的发展计划，小轿车市场也是移动数字电视下一步要渗透的市场。比如，国产“宝马”牌轿车就已经安装了移动数字电视。北京市目前已有超过 300 万辆小轿车，这个巨大的广告市

场前景也是十分广阔的。

第三，是手机市场的广告发展潜力。随着手机技术的发展，移动数字电视直接进入手机终端，目前，国内销售的4G、5G手机均具有移动数字电视接收功能，移动数字电视广告将借助手机在市场中实现真正意义上的“无孔不入”。

（六）信息传播性价比高

广告主需要最佳性价比的广告，将自己的产品或品牌信息传递给最多的目标消费者，移动数字电视可以说为广告主提供了一个全新的、超值的选择。

第一，移动数字电视全天播出，受众可以全天候收看。据统计，北京人平均每天在车上获取广告信息的时间至少在40分钟左右，这对广告主而言无疑是一个十分重要的广告时段。而且，移动数字电视可以针对受众的不同，播出不同的节目和广告内容，使每一时段都成为广告的黄金时段。一般来说，移动数字电视对于在固定时间乘车的人群，基本可以保证他们在一周之内看到移动数字电视本周播出的绝大部分节目。

第二，受众面广，直击最有价值的人群。受众面广是移动数字电视的最大优势，包括城市公交、地铁、出租车、列车等各个系统，其传播或服务的对象囊括了城市人群密集区域的流动人口。而且，公共交通的乘客主要以工薪阶层和中产阶层为主，他们具有一定的购买力，也是社会消费的主流人群，商业价值高并且结构稳定，毫不夸张地讲，这是任何广告主都不愿放弃的最具吸引力的广告投放目标。

（七）移动数字电视为下一代手机带来新动力

中国政府已推出支持T-DMB标准的移动数字电视服务，也推出支持DVB-H的移动数字电视服务。在北京奥运会开幕期间，已为众多的家庭和移动用户提供实时多媒体音视频服务。此后，我国大力促进电视手机市场的发展，这为中国电信/广电运营商、移动数字电视内容提供商、第三方设计服务公司和手机制造商带来一次极好的机遇。

当今的手机正在从一个纯粹的通话设备快速转变成个人通信娱乐设备，手机用户已经越来越多地在使用MP3、MP4播放、音乐下载、E-mail及彩信收发、收听FM调频广播、电影播放和游戏等功能。而收看移动数字电视、电影互动下载、

浏览互联网、进行可视通话和收听短波广播也成为手机用户的使用选项。而这一应用发展趋势也必将促进Wi-Fi/WiMAX技术、HSDPA/4G技术、H.264、H.265、AVS2压缩/解压缩技术、微硬盘技术和燃料电池技术的发展，以及在下一代手机中的融合。

接收移动数字电视节目预计将是下一代智能/3G/4G/5G手机终端最重要的应用卖点，下一代手机也将分别从电信和广电两个方向为用户提供更完善和更有吸引力的使用体验。从电信方向来说，由于现有的三种3G手机标准的典型数据下传速率只有300KB/s左右，因此3G手机要传输数字电视必采用高压缩比的信源编码技术，如H.264标准。4G技术的典型数据下传速率可达到100Mb/s左右，用4G技术已推出高质量的商业化移动数字电视通信服务。

从广电方向来说，一个应用是集成Wi-Fi技术（特别是最新的数据传输速率可达到100Mb/s以上的802.110技术）的手机不仅允许用户在机场、码头、火车、汽车、咖啡馆、公园或其他有Wi-Fi热点的公共场所浏览互联网、收发带音视频附件的电子邮件或下载数字电影，而且还将允许用户无缝地转换到有线网络上进行低成本的全球可视通信或视频会议；另一个应用是提供足够带宽，使得手机用户可通过Wi-Fi手机在互联网上实时监控家庭或办公室。而4G、5G时代，即便没有有线网络的支持，蜂窝通信网络也有足够的带宽随时随地让你能够通过手机和互联网监控你想监视的任何地方。

大多数上述音视频应用均要求手机具备足够大的存储容量，而闪存和DDRDRAM显然已无法满足这么高容量的存储需求。目前，唯一的解决方案是采用1英寸微硬盘。由于10GB的硬盘容量仅能装载5h左右的DVD视频节目，而用户一般都希望在手机中储存两部以上的电影和其他音视频内容，因此适合于下一代手机应用的1英寸微硬盘的容量至少要在15GB以上，而这将要求1英寸微硬盘必须采用最新的垂直记录技术。

不过，电视手机大规模商用道路上的最大障碍仍然将是电池的有效工作寿命，因为目前手机普遍采用的锂电池能量仍不能大幅度地提高，因此当前业界都将希望寄托在新型燃料电池技术上。

三、移动数字电视系统

按功能来分类，数字电视系统由三大部分组成：信源部分、信道部分和信宿部分。该系统在应用中可以分为发射和接收两个子系统。在技术上，数字电视系统又可以分为信源和信道两部分。

信源编码部分包括信源（音频／视频）编码器和复用器。信源编码对视频／音频信号进行压缩编码，在一定压缩率的前提下得到最高的解码图像质量；移动数字电视信源部分算法主要依照 H.264、H.265、AVS2，这些标准可以大大提高压缩比，而且能够保证很高的分辨率，在 1.8Mb/s 的速率下能使移动数字电视的画质达到 DVD 或 HDTV 水平。

信道传输部分包括信道编码与调制、发射机、传输媒质、接收机和信道解调与解码等。根据媒质的不同在信道传输部分中将会采取不同的信道编码和调制方式，移动数字电视信道传输主要有两种方式：地面广播、卫星广播。

在越来越激烈的国际移动数字电视技术竞争面前，我国技术人员毫不示弱，独立开发自己的电视标准（DTTBS）。该标准成功实现了地面数字电视广播，正全面实施产业化并已取得重大突破，2006 年底完成了移动数字电视对整个珠三角重要城市的覆盖，并在北京奥运会前构建完成了全国地面数字电视网络，在全国大部分地区实现了移动数字电视信号的接收。同时，成为世界上继美、欧、日之后的第四个数字电视传输标准。移动多媒体广播（MMB）标准的发布，将大大地推动手机电视的发展。

深圳力合数字电视有限公司主要从事移动数字电视广播系统的建立、移动数字电视集成工程服务、移动数字电视营运、移动数字电视产品及增值服务产品的研发和生产，以数字电视的产业化推广为主要目标。

深圳力合数字电视有限公司先后成功开展了深圳 SFN 试验、长沙数字电视与国外 DVB-T 的对比试验、雅典奥运火炬北京传递中的公安现场监控试验、天津试播系统、南昌试验、郑州试播系统等，开发了移动数字电视机顶盒、头佩式移动数字电视接收系统、手持式移动数字电视接收系统、USB 移动数字电视接收系统、车载式移动数字电视接收系统、移动数字电视接收配套系统、高清晰度数字电视接收系统等。

四、移动数字电视系统设计要考虑的问题

移动数字电视带来的商机吸引了众多多媒体播放设备厂商的关注。设计主要还面临以下挑战：

①频谱分配。目前全球用于移动电视的频谱并不统一，因此系统设计人员要面对不同的频谱，提供不同的解决方案。

②待机时间。用户希望一台移动电视的接收设备工作时间应该在3h以上，因而系统设计人员需要仔细选择和调节调谐器、解调器并进行多媒体设计，以优化系统功耗。

③移动性。便携式产品对设计人员提出的要求，就是使产品实现小型化并提高可靠性。

这就要求系统设计人员在设计时应尽可能选择集成方案，并且进行可靠性设计。

④编解码技术。在目前的PMP和手机中，大多数却支持MEPG-4，市场上大量出现的具备成本效应的硬件和软件MEPG-4解决方案使系统厂商对MPEG-4更为熟悉。但是如果希望集成移动电视功能，设计师必须重新熟悉H.264、H.265、AVS2等编解码技术。

⑤ LCD、LED屏幕。消费者希望选择大屏幕来满足观赏体验，但是如何在大屏幕和功耗两方面进行折中是一个现实问题。此外，还需要解决日光下LCD、LED屏幕无法看清的问题，世界杯期间移动电视就遭遇了这样的尴尬。

⑥测试问题。由于能够获得全面的参考设计，集成移动电视功能从技术上对设计人员并无太大的挑战，但是目前移动电视服务覆盖范围有限，这无疑为整机测试带来了困难。

第二节 车载移动数字电视

一、车载移动数字电视概述

车载移动数字电视（简称“车载电视”）是移动数字电视的一种，通常安装在公交车、地铁和出租车等公共交通工具上，采用数字电视技术，通过无线

发射、地面接收的方式进行电视节目转播。

车载电视系统可分为发送端和接收端2个子系统，从技术角度则可分为信源和信道两部分。车载电视系统主要由信源编码/解码、多路复用/解多路复用、信道编码/解码和调制/解调等部分组成。

信源编码主要包括视频编码、音频编码和数据编码。多路复用是将信源编码器送来的视频、音频和辅助数据的数据比特流，处理成单路的串行比特流，送给信道编码系统。信道编码是为了保证信号传输的可靠性，通过纠错编码、均衡等技术提高信号的抗干扰能力。随后信号经调制设备调制后发送出去，接收端是发送端的逆过程。

车载电视的优点是信息覆盖面大、具有强迫收视的特点、信息传播效果显著，有效到达率高、采用无线数字电视传输方式。

车载电视的缺点是单一频道强制性传播的特点，缺乏互动性、内容亟待完善、信号质量仍然有待提高。

二、车载移动电视接收机

车载移动电视接收机采用STi5518芯片，符合MPEG-2&DVB-TCOFDM（编码正交频分复用）标准；可无线接收VHF或UHF频段内以3.7～23.8Mb/s速率在空中传输的地面广播数字电视信号，具备160km/h高速移动接收能力；7MHz和8MHz带宽（8MHz信道内传输的有效净比特码率在4.98～31.67Mb/s范围内）可选；有断电记忆功能和EPG（节目指南）显示功能；采用增强式OSD中文屏幕显示菜单；有自动搜索功能，可方便地面数字电视信号（DVB-T）的接收；且应用最新型软、硬件结合技术，保证长期稳定可靠的运行。

车载移动电视接收机技术指标具体如下：

车载移动电视接收信号的装置：高频头：输入频率：48～855MHzUH-F&VHF；遵循标准：ISO/IEC13818-3；带宽：7或8MHz可选；声道模式：左，右，立体声；输入电平：29～80dBμV；采样频率：32，44.1，48KHz；信号输入连接头：英制F头；音量调节：20级音量调节；输入阻抗：75Ω；数字调制方式：COFDM（编码正交频分复用）；代码率：1/2，2/3，3/4，5/6，7/8；副载波模式：2k（副载波数2048），8k（副载波数8192）；保护间隙：1/4，1/8，1/16，

1/32；数字解调方式：OFDM，QPSK，16QAM，64QAM；程序闪存：8GB；内存（系统和图形处理部分）：100MB 以上；节目存储数：2000；最大输入码流：60Mb/s（串行）/7.5Mb/s（并行）；视频输出阻抗：75Ω；视频输出电平：1.0Vpp；视频带宽：5.5MHz；视频格式：4 ∶ 3，16 ∶ 9；信源压缩遵循标准：H.264，H.265，AVS2；分辨率：720×576，最大 1920×1080；音频方式：单声道，立体声；音频输出频率范围：20Hz ～ 20KHz；音频输出阻抗：低阻；音频输出电平：0dBm；输入码率：最大 15Mb/s；功放：4×12W4Ω 或 2×24W4Ω（BTL）；电源输入电压：DC8 ～ 24V；电源功耗：10Wmax。

三、发展历史

车载电视首先在新加坡得以应用。新加坡共建设了 8 个数字电视发射站，并于 2001 年 2 月开始在 1500 辆公交车上安装车载电视，为日均 150 万人次的乘客提供移动数字电视服务。

2002 年，上海完成了 4000 台公交车载显示屏的安装工作，成为内地首个采用公交车载电视的城市。2004 年，我国车载电视的移动终端只有 1.8 万台，而 2007 年达到 45 万台，2008 年达到 60 万台。

四、我国车载移动电视行业产业链：下游需求旺盛市场发展空间较大

车载电视是移动数字电视的一种，通常安装在公交车、地铁和出租车等公共交通工具上，采用数字电视技术，通过无线发射、地面接收的方式进行电视节目转播。

在产业链方面，车载移动电视行业上游主要是机顶盒、液晶显示屏、天线等零部件制造以及核心技术提供；下游市场主要包括公交车、地铁、出租车等。

（一）上游领域

我国车载移动电视行业上游主要是网络机顶盒、液晶显示屏、天线等零部件制造以及核心技术提供。以网络机顶盒为例，其主控芯片是机顶盒的核心部件，行业毛利润超过 39%。根据数据显示，在 2018 年的网络机顶盒主控芯片市场机构中，华为海思占据 60.7% 的市场份额。

（二）中游市场

车载移动电视行业传播渠道具有多样性和伴随性，传播环境是封闭性和强制性的，而受众是开放性与指向性的。

（三）下游市场

车载电视首先在新加坡得以应用，新加坡共建设了8个数字电视发射站，并于2001年2月开始在1500辆公交车上安装车载电视，为日均150万人次的乘客提供移动数字电视服务。随后在2002年，上海完成了4000台公交车载显示屏的安装工作，成为内陆首个采用公交车载电视的城市。

而随着“公交优先”战略的实施，我国城市客车的拥有量大幅度增加，城市公共汽电车拥有量从2015年的56.18万辆逐年增长到2019年的69.33万辆，其中BRT车辆9502辆。假设每辆城市公共汽电池安装一台车载移动电视，预计行业需求量接近70万台，这还未包含地铁、飞机、客车、汽车等领域的市场需求。

第三节　列车移动数字电视系统

一、列车电视系统设计要求

①利用列车原有专用闭路电视线路传送视频。

②具备数字多媒体提示、报站功能。

③功能强大的后台管理系统，播出内容可定制。

二、列车移动数字电视系统的组成

列车电视系统由七部分组成：数字视频服务器、视频发布系统软件、视频直播服务器、播控工作站、机顶盒、调制器、混合器。

①列车广播室设置视频服务器、直播服务器（可选）、视频制作工作站等系统后台核心设备。

②普通液晶电视显示终端利用列车闭路电视网传输视频信号，其优点是操作简便，性能稳定，在多台终端播放同一套节目系统造价低。

三、列车移动数字电视系统软件

列车电视是一种新兴的媒体，列车电视后台系统软件可通过车厢内的平板电视进行报站、介绍沿途各站风景名胜、土特产品，发布列车上各项服务项目（如餐车菜品介绍、盒饭种类、有无剩余卧铺票等），播放影视娱乐节目，并可对外承接视频广告业务。而这项业务开展是完全基于曼德科技 Train TV 列车电视软件平台之上，其特点如下：

①功能强大的集中式后台管理系统。

②多媒体报站、插播、信息发布、影视播放全部自动完成。

③完善支持视频直播应用（电视节目直播、视频会议等）。

④各节车厢播放节目可定制，如餐车、软卧、硬卧、硬座车厢节目各不相同，但多媒体报站、插播、信息发布等重要内容可完全一致。

⑤基于网络数据库进行管理。

⑥具备完善监控功能。

⑦适用面广。

四、车厢内部视频终端

车厢内部视频终端根据车厢的不同而有所区别。

硬座车厢的大屏幕等离子电视或 LED 显示器，分别挂在车厢两端的出入口上方。

卧铺车厢以 17 英寸液晶显示器为主，每节硬卧车厢设置 6 个，软卧车厢的每个包厢中设置一个。

五、列车移动数字电视系统的特殊性

①车厢间无法实现布线。

②列车电视系统在高速运动中工作。

③具备文字提示功能。

④客户端设备体积小、无须操作、稳定性好。列车卧铺车厢空间有限，旅客流动量大，列车电视系统显示设备要求体积小，无须用户手工操作，且能够长时间稳定工作。

六、列车移动数字电视系统无线视音频传输装置

列车电视系统无线视音频传输由两部分组成：无线视音频发射机和无线视音频接收机。无线视音频发射机、无线视音频接收机的工作频率为1.2GHZ，可设置4个频道，电压为12V。该设备体积小巧，便于携带，功率余量大，更能适合各种复杂的实际环境。在使用2dB的小全向天线时，在空旷地能保证传输1000m以上，其特制天线置于车厢外部，可有效解决车厢在行进中的视音频传输问题。

第四节　手机电视

一、手机电视的基本状况

（一）概述

“手机电视”被认为是最热门的话题。所谓“手机电视业务”就是利用具有操作系统和视频功能的智能手机观看电视的业务。显然，由于手机用户普及率高且手机具有携带方便等特性，手机电视业务显示出了比普通电视更广泛的影响力。

4G、5G与3G技术相比具有更高速率、更高频谱效率、更强的业务支撑能力，使以前的GSM网数据业务应用的带宽瓶颈获得全面突破。

4G技术商用，给移动通信带来进一步的发展机遇，4G网络能够承载多媒体类的业务，主要是流媒体业务，也就是给移动用户提供在线不间断的声音、影像或动画等多媒体播放，无须用户事先下载到本地。流媒体业务支持多种媒体格式，可以播放音频、视频以及混合媒体格式。这也为发展手机电视业务提供了网络平台。

移动运营商所能提供的上网速率将决定移动手机电视业务的发展前景，移动上网速率稳定为500KB/s或以上时，手机电视业务才能得以顺利开展。

通过4G流媒体技术提供手机电视业务，必须满足以下要求：

①对网络带宽的适配功能。由于手机用户随时处于移动状态中，网络带宽

也处于动态变化中，所以用统一带宽速率压缩的内容无法满足不同用户的实时播放需求。流媒体技术应能根据用户的实际使用状况，提供带宽适配的功能。当用户在播放流媒体内容时，流媒体业务平台能够探测用户当前的实际带宽，然后把接近实际带宽速率的压缩内容发送给用户，保障用户能够在不同的带宽情况下看到连续的播放内容。

②负载均衡功能。当流媒体系统有多个流媒体服务器时，系统应具备为用户的流媒体服务请求选择最合适的流媒体服务器的能力。

③流媒体服务的中断和续传。无线传输由于其网络的特殊性以及带宽瓶颈等因素的影响，容易出现阻塞和中断，影响用户观看，因此断点续传功能也很重要。

④容错功能。音视频信号在传输的过程中会受诸多因素干扰而产生损耗，并且多媒体信息经过压缩后对错误特别敏感，手机电视系统通过采用带宽冗余和丢包重发机制来保证容错。

（二）手机电视业务的发展趋势

随着4G、5G移动通信网络带宽的加大、业务资费水平的下降、具有视频功能手机的日益普及，手机电视业务将得到快速发展，并形成相当大的市场规模。IMS Research的一项报告显示，2010年全世界有1.2亿用户收看手机实况电视节目，而亚洲已成为手机电视服务最为普及的地区，其次是美国、欧洲以及中东和非洲。

从运营商采用的技术体制来看，将来通过数字电视广播方式在手机上观看电视节目的用户可能会占多数，而利用移动网络观看电视节目的用户主要是观看短时间节目，如重大新闻、球赛及娱乐精彩片段等。

（三）手机电视系统的设计要求

①基于3G、4G和5G标准开发的完全开放的系统，可以满足接收目前大多数移动数字节目的要求。

②可以在3G、4G、5G等系统上提供电视节目直播等流媒体业务。

③系统设计依据分布式系统结构，使主干线路传输不存在“瓶颈”。

④实现对移动用户的分层管理。

⑤软件系统技术先进、管理界面友好，具有较强的稳定性及容错性。

⑥系统具有良好的可扩展性和安全性。

（四）手机电视的用户群

以手机为主要载体的手机电视服务的用户群定位于商务高端用户和追求时尚一族，这些用户有两大特征：

①受教育程度较高。手机电视的使用要求用户对互联网知识有相当的了解，同时要对手机的高端应用功能比较熟悉，且在工作生活中对信息资讯有强烈的获取愿望。

②经济条件较好。目前支持手机电视功能的手机均属高端手机，且每月通信费要保持较高的额度，使用者应具备较好的支付能力。

（五）手机电视的实现方式

目前，手机电视的实现主要有两种：移动网络实现方式和数字电视广播网络实现方式。

1. 移动网络实现方式

移动网络上的手机电视业务，主要是利用流媒体技术，在用户移动终端上通过多媒体软件进行播放。现在的 4G 和 5G 运营商已经基于这种方式推出了相关业务，不过这种方式传送视频数据占用网络资源较大，资费较贵，对运营商和用户来说，成本负担都比较重。

2. 数字电视广播网络实现方式

这一方式需要在手机终端上安装数字电视接收模块，通过数字电视广播网络直接接收数字电视信号。

手机电视业务的两种实现方式各有利弊。移动网络方式的优点在于可利用现有的移动通信网络，不用更改手机的硬件平台，同时由于通信和互动能力强大，适合个性化的应用；缺点是图像质量受网络带宽影响，用户之间争夺有限的网络资源，一旦用户数量饱和则视频质量严重下降。而数字电视广播网络方式的优势在于视频流的传输速度和质量与无线网络的带宽无关，对突发及应急事件的承受能力强，适合公共广播的应用。但数字电视广播网络方式需要多方参与，

如政府或行业部门制定相应的标准、手机厂商研制相应的终端、广播电视运营商提供相应的节目等。

手机电视业务的未来发展应该是两种方式共存，移动网络方式更适合用户的个性化需求，而数字电视广播网络更适合共性的服务。

（六）手机电视技术

要在手机上看电视，技术上需要三个环节：信号源、传播途径和接收终端。

信号源方面，电视频道的选择是否受到欢迎是前提，只要移动运营商或业务代理商与广播电视服务商在利益分配上合理，双方满意，应该不成问题。传播途径方面不外乎两种：无线微波技术和网络传输技术。接收终端——手机，是“手机电视”业务的最后一个环节。

另外，手机电池的使用时间仍是其收看电视节目的软肋。目前的几款手机收看时间也就在 1h 左右，要想长时间观看的话，恐怕要带上移动电源。

影响“手机电视”业务普及的另一项重要因素就是资费问题。其费用构成应该是服务费加接入费。目前，国内的“手机电视”大多按照流量估算，如果不采用包月的话，其价格不敢想象。

综上所述，“手机电视”在现有的技术和网络条件下，虽然可实现普及应用，但资费是困扰每一个用户的实际问题。

（七）手机电视正式上演 4G 业务时代从此开端

从我国流媒体业务的发展来看，2004 年应该是流媒体业务的概念宣传期和实验期，2005 年则是手机电视运营初期。目前，手机电视运营已正式进入全面市场化的运营，随着相关体制的逐步完善和技术的发展进步，手机电视产业链中出现的各种问题将被产业链各环节寻求解决和不断完善，手机电视业务开始大规模增长阶段必将到来。

说到手机电视，就不能不提起 4G（4th Generation），它指第四代移动通信技术。相对第一代模拟制式手机（1G）和第二代 GSM、TDMA 等数字手机（2G）和 3G 手机来说，第四代手机一般来讲，是指将无线通信与国际互联网等多媒体通信结合的新一代移动通信工具，它能够处理图像、音乐、视频流等多种媒体形式，提供包括网页浏览、电话会议、电子商务等多种信息服务。为了提供这

种服务，无线网络必须能够支持不同的数据传输速度，也就是说在室内、室外和行车的环境中能够分别支持至少 2Mb/s 的传输速度。

手机电视从它一诞生就备受商家的追捧和学者的瞩目，尽管质疑之声不绝于耳，但运营商的热情却日益高涨。

进入 4G 的宽带时代，中国移动作为手机电视运营产业链的核心，必将会有各种内容服务提供商与之合作，协同产业链的其他合作伙伴共同推动手机电视业务的发展。届时，手机电视业务不仅有丰富的内容，更有灵活的运营，它将从各个方面满足消费者的需求，成为 4G 数据业务的宠儿，成为人们不可或缺的随身化信息工具，成为继电视、报纸、广播、互联网等之后的更加新兴的媒体，其带来的商业价值是非常值得期待的。手机电视业务可按如下步骤发展：

第一阶段：在业务开展初期，用户量很少，主要采用通过现有的第三代移动通信网络以点对点的单播方式满足用户的基本收视需求，逐步推广手机电视业务应用范围，培养用户随时随地看电视的收视习惯。

第二阶段：随着用户数量的不断增加以及用户对收视质量要求的逐步提高，同时也伴随着移动运营商升级改造的第四代移动通信网络的商用。我们可以考虑采用利用先进的第四代移动通信网络所支持的多播技术，面向较大的客户群开展点对多点的多播服务，以此减轻移动通信网络大量重复的通信数据量的负荷，同时也可以降低用户对通信费用的支出，为用户提供质优价廉的服务。

第三阶段：当用户量达到一定的规模时，节目内容进一步丰富，以双向对称通信设计的移动通信网络将不再能满足手机电视业务大量数据单向发送的需求。此时，我们必须建设适合于广播信号发送的低成本数字广播网络来满足大量用户对海量节目内容的收视需求。

如果用户的增长速度足够快，也可以考虑跳过第二阶段，直接建设数字广播网络，以适应广大人民群众对手机电视服务的需求。随时随地看电视曾是人们的梦想，如今随着手机电视业务的出现，这个梦想正在变成现实。

二、手机电视标准的竞争

手机电视业务是目前炙手可热的话题。手机电视业务有两种实现方式：一种是基于移动运营商的蜂窝无线网络，实现流媒体多点传送；另一种是利用数

字音讯广播频谱上的数字多媒体广播（DMB），实现多点传送。其中，DMB 技术又分为地面波 DMB 和卫星 DMB，与 3G、4G、5G 移动流媒体技术共同构成了手机电视的三大技术。

采用广播电视网络＋移动网络的方式，是指下传信号通过高带宽的数字广播电视网络进行，而上传信号则利用现有的移动网络，这样既实现了高清电视节目的传送，同时也可利用现有的移动网络实现用户信息的收集，从而方便地进行资费统计。为此，欧洲已制定 DVB-H 手机电视的标准，它基于 DVB-T 标准，但特别针对手机的低功耗和高速移动性能做了修改。飞利浦电子、意法半导体等厂商已生产相关的芯片，而诺基亚、NEC 和飞利浦等手机厂商已推出相关的手机终端产品。

目前，业内关注比较多的 DMB 标准是欧洲标准 DVB-H 和韩国标准 T-DMB，中国具有自主知识产权的移动多媒体广播（MMB）标准也在逐渐引起重视。

从 2004 年开始，韩国推出基于 T-DMB 的移动数字电视广播，大有赶超欧洲之势。韩国人正忙着修改几乎已有十年历史的基于 Eureka-147 的 DAB 技术，以便将其应用于视频广播。T-DMB 将 ITU-TH.264 编码技术用于视频，将比特分片算术编码技术用于音频，然后将它们连同额外数据一起进行多路复用。

由于 DMB 和 DVB-H 的基础构造模块比较相似，因此采用不同移动电视标准的两种手机最终在质量或功耗上不会有很大的区别。不过，三星电子公司移动解决方案实验室表示，DAB 拥有几项优势，包括现成的 DAB 网络基础设施、需要更少的投资，因而具有更低单位成本的覆盖区域，而且许多公司已经开发出 DMB 芯片。

数字多媒体广播（Digital Multimedia Broadcasting，DMB）是在数字音频广播（Digital Audio Broadcasting，DAB）基础上发展起来的。DAB 是继调频和调幅广播之后的第三代广播，是将数字化了的音频信号，在数字状态下进行各种编码、调制、传递等处理。

DMB 充分地利用了 DAB 的技术优势（能在高速移动的环境下可靠地接收信号），在功能上将传输单一的音频信息扩展为数据、文字、图形与视频等多种载体。DMB 将数字化了的音频、视频信号及各种数据业务信号，在数字状态下进行压缩、

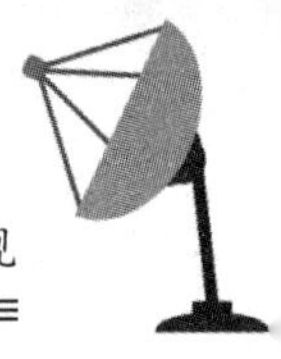

编码、调制、传输等处理，可实现高质量传输、很高的功率效率、很高的频谱效率，同时兼具多媒体特性，提供容量大、效率高、可靠性强的数据信息传送。从DAB到DMB，意味着从数字音频广播到数字多媒体广播的跨越，使任何数字信息都可以用一个数字化的平台系统来传递，这套系统可以为用户提供包括音频、视频在内的综合视听信息服务和娱乐享受。

DMB技术按照传输途径可分为四类：有线传输、地面微波传输、卫星传输和卫星地面广播混合传输。这四种数字电视的信源编码方式相同，但由于它们的传输途径不同，它们的信道编码也采用了不同的调制方式。有线传输技术适合固定场所的接收，如家庭不具备移动媒体特征，不能应用于手机电视业务。支持手机电视业务的传输技术主要是地面波DMB和卫星DMB，最有可能用于移动手机电视中的信源压缩编码标准是H.264、H.265标准和中国的AVS2标准。

第五节　移动视频点播系统

本节介绍移动视频点播（Video On Demand，VOD）系统。移动VOD系统是一个综合的移动宽带信息服务平台，除VOD视频点播系统外，还包括多频道TV节目转播、视频直播、视频节目下载等各项服务。

一、移动VOD视频点播系统设计要求

①可以在3G、4G、5G等系统上提供视频点播、视频直播、电视节目转播、视频节目下载等业务。

②系统设计依据分布式体系结构，使主干线路传输不存在“瓶颈”。

③实现对移动用户的分层管理。

④实现按时长、内容、储值卡、移动话费捆绑等不同方式的计费管理。

⑤软件系统技术先进、管理界面友好，具有较强的稳定性及容错性。

⑥系统具有良好的可扩展性和安全性。

二、移动VOD负载均衡技术

对电信运营商提供的城域级移动VOD系统来说，负载均衡功能（Load Bal-

ance）是必不可少的。这是因为移动 VOD 系统是一个特殊的网络应用系统，它不同于一般的 Web 应用，其最大的特点就是需要进行高速处理并发送视频流数据，与一般的 Web 应用相比，VOD 系统数据处理量是巨大的。

移动 VOD 系统专门针对 VOD 应用特点进行优化，可以简单、有效、廉价地自动均衡 VOD 视频服务器的负载，只采用廉价的 PCSERVER（指小型的 PC 服务器），就能组成功能强大的集群服务器系统，使整个系统工作起来就如同一台超级视频服务器。其性能特点如下：

①高性能集群容错。

②高系统扩展性。

③高易用性。

④高性能价格比。

⑤灵活性。

⑥高速度。

三、移动 VOD 系统的基本业务

移动 VOD 系统的基本业务可以分为点播、直播、下载三种典型业务模式。移动 VOD 系统能很好地实现这三种业务。

移动 VOD 系统相对于互联网上的流媒体有一些区别，兼容的格式更多，功能更强大，要求在 50KB/s 码率的基础上能达到一定的视频效果。

四、移动流媒体系统编码的基本要求

①视频编解码应支持 H.264、H.265 和 AVS2。

②在 QCIF（176×144），65KB/s 模式下视频帧频不低于 12 帧 /s。

③音频编解码应支持 G.723.1、AMR、AAC、MIDI 和 13KQCELP 编码。

④可选支持 EVRC、MP3、MP4 和 SMV 格式。

⑤要保证视频和音频的同步。

⑥支持 3G2、MP#、3GP、RM 和 WMV 格式。

⑦支持目前中国联通网、中国电信网和中国移动网要求的所有流媒体格式。

五、Mobile VOD 系统的主要业务应用

（一）移动 Music、MP3、MP4

移动运营商联合唱片公司每星期发布 Pop Music 排行榜，用户在试听歌曲片段后，可通过小额支付将歌曲下载到手机上，相当于运营商开唱片店。这项业务要求手机必须具备 MP3、MP4 功能。

（二）移动 TV

用户通过手机收看电视节目，只需简便操作便可获取娱乐感受，相当于运营商开电视台。为了保证收视效果—速率必须保证在 50KB/s 以上。考虑到空中带宽的有限性和巨大的用户数量，建议运营商多采用广播方式而少采用 VOD 方式。电视节目可精选为新闻、卡通、幽默短片、MTV、经典片段、电影预告片、TV 节目预告、精彩片段等，满足大部分用户的需求，同时保证方案的低成本。

（三）Infotainment on Demand

这类业务包括新闻、体育、时尚消费资讯、偶像资讯等。

（四）Live 直播

这类业务包括体育赛事、演唱会、会议及大型事件的直播，也可用于交通、家庭等需要监控的场所。

（五）视频广告

这类业务包括可通过多种媒体（视频、图像、文字）组成商品广告、电影广告、旅游广告等。

（六）视频短片

这类业务包括搞笑短片、旅游景点介绍、广告宣传、企业形象宣传等。

（七）各种融合业务形态

融合流媒体和 MMS 将一些视频片断通过 MMS 在用户之间转发；融合流媒体和位置业务，将路况、道路指引等信息通过流媒体的形式展示给用户。

第六节 接收终端技术规格

本节介绍接收终端技术规格参数。

一、DVB-T 信号接收技术规格

DVB-T 信号接收终端是指能够在 PC 机上实现 DVB-T 信号接收、解码、解扰并正常播出电视服务的终端产品。此类产品按照接口类型可分为 USB 接口 PC 接收终端、PCI 接口 PC 接收终端，以及 PCICAMPC 接收终端。DVB-T 接收技术规格参数见表 5-1。

表 5-1　DVBT 接收技术规格参数

高频头	①输入：75Ohm ②接收频率：48.25 ～ 855.25 MHz
COFDM&FEC	① 2k or 8k FFT Size ② FEC：1/2，2/3，3/4，4/5，5/6 and 7/8 ③带宽：6，7 or 8MHz
PCI 接口	① PCI bus：PCI 2.2compliant ② Host bus burst rate：132MB/S ③ Host bus width：32bit
USB 接口	① Universal Serial Bus 2.0 Standard ② A Type USB Male Connector
PCMCIA 接口	PCMCIA Card Bus
CA 支持	艾迪德或数码视讯
A/V 基本格式	视频格式：H.264、H.265、AVS2 音频格式：MPEG- Ⅱ Audio layer I&U

二、系统要求

DVB-T 接收系统的系统要求见表 5-2。

表 5-2　系统要求

支持室外数字广播电视天线或室内数字电视天线
Microsoft®Windows2000，WinXP
CD-ROM 或 DVD 光驱
系统须安装 Microsoft Direct×8.1 以上
800MHz CPU 或者以上
至少 128M 随机存取内存

三、基本功能要求

①支持 DVB-T 透明流信号的播出。

②通过独立方案或者机卡分离方案实现现行加扰信号的接收（CA 有条件接收）和播出。

③支持即时录像功能，能够将即时节目录制到硬盘中。

④支持预约录像功能，能够使将来播出的节目录制到硬盘中。

⑤支持电子节目指南 EPG 功能。

⑥支持截图照相的功能。

⑦支持频道预览功能。

⑧软件方便升级。

⑨频道自动搜索功能。

⑩支持遥控器。

⑪ 使用安装方便。

四、可以扩展的功能

①支持无线数字电视信号的接收。

②实时录像功能，支持对外制接口实现外制摄像机、录像机信号的存储。

③支持 SDTV、HDTV，支持 Teletext 文字广播系统。

④支持 H264、H.265、AVS2 等流媒体格式节目的播出，支持数据广播应用的需要。

五、形状以及相关模具规格

（一）PCI 接口 PC 接收终端

该终端采用 PCI 接口，标准的 PCI 卡。一般需要安装在 PC 机内，CA 接收可以采用独立方案或者机卡分离方案（如国威方案），支持标准天线。

（二）PC1CAMPC 接收终端

该终端一般用于笔记本，支持 PCICAM 接口，有条件接收（CA）可以采用独立方案或者机卡分离方案，支持标准天线。

（三）USB 接收终端

通用的 USB 接收终端，支持 PC，笔记本等一系列带 USB 接口的系统，产品使用范围比较广。从外部造型来看可以分为三类：标准 USB 接收终端，迷你 USB 接收终端与 USB 电视盒。标准 USB 接收终端采用与机顶盒几乎相同的高频头，接收性能与机顶盒相似，大小适中。CA 多采用独立的方案，也有采用机卡分离的厂商。智能卡做过小型化处理，有卡内插型与卡外插型两种。

①卡外插型标准 USB 接收终端。

②卡内插型标准 USB 接收终端。

③迷你 USB 接收终端。

④ USB 电视盒。USB 电视盒体积类似于小型机顶盒，可以经过机顶盒改造而成。该产品采用与机顶盒几乎相同的高频率头，可以通过 USB 延长线连接 PC，用于固定接收的市场比较大，接收性能与机顶盒相似，体积相对较大。CA 采用独立方案的居多，也有采用机卡分离方案。

（四）移动电视便携式一体机的技术要求

移动电视便携式一体机在技术上的整机要求如下：

①良好的信号接收能力、没有视音频不同步的现象。

②频道切换时间小于 1s。

③电池应保证系统的最短供电时间不小于 3h。

④在尽量轻薄的体积中保证良好的散热性能。

⑤整机能够长时间地稳定运行。

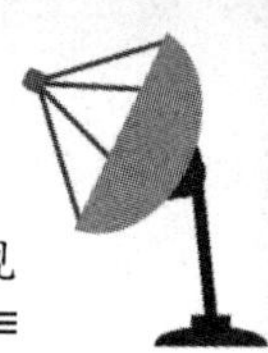

⑥产品中的 CA 集成工作经过 CA 厂家集成认证。

⑦厂家承诺整机的生产工艺和质量符合国家相关标准。

第六章　卫星广播电视

第一节　卫星广播电视概述

卫星通信作为一种成熟有效的信号传输方式，不仅被应用于话音、数据的传输，也同时被应用于电视信号的传输。利用卫星转发电视信号，这是电视广播技术上的一次飞跃，它比利用地面微波中继通信系统或是同轴电缆系统，传输质量要好得多。

中国卫星电视的应用有以下几个方面的特点：

①卫星电视利用其覆盖面积大、投资少、见效快和节目传送质量高的优势首先向西部的省、自治区覆盖。

②技术数字化。卫星电视信号传送的开始阶段均为模拟信号，随着计算机信息技术的飞速发展。国际上的数字压缩技术的日益成熟，我国在 20 世纪 90 年代末期正式使用 DVB-S 标准，以数字压缩技术进行电视节目传送。数字电子技术的基本特征是以离散方式处理信息，对视频数据进行压缩（其中最成功的便是所谓 MPEG-2 压缩算法），使视频的数据量可以降低 10 倍，从而大大节约了卫星转发器的带宽，使数字电视的应用普及成为可能。

③从 C 波段向 Ku 波段发展。从 1985 年到 1995 年，均使用通信卫星的 C 波段转发器传送电视节目。随着 Ku 波段卫星及接受技术的日趋成熟，从 1996 年陆续使用 Ku 波段卫星转发器，使卫星接收天线的口径显著缩小，利于普及。

④卫星电视节目向直播发展。1994 年以来，国际上卫星直播电视市场不断扩大，一些发达国家启用了直播卫星（DBS）。中国早在 1998 年底便开始进行卫星电视直播（DTH）实验，利用“鑫诺 1 号”的一个 Ku 波段转发器转发中央 8 套节目，1999 年遇元旦正式开始试验播出。

卫星电视在中国发展极为迅速，至 1999 年底，我国已有中央电视台 8 套节

目，31个省、自治区、直辖市的电视节目均通过卫星向全国传送。中央电视台的9套节目通过卫星传至世界5大洲。我国电视节目共使用了11颗通信卫星（“亚太1A”“亚太2R”“亚洲2号”“亚洲3号”“鑫诺1号”“泛美3号”“泛美4号”“银河3R”“热鸟3号”“亚洲4号”和“泛美8号”）的27个转发器（其中Ku波段8个，C波段19个）。全国已建成的广播电视专用卫星地球站有31座，地面卫星收转台约有25万座。

近年来，随着中星6B、鑫诺3号卫星的发射成功并投入使用中央电视台15套节目，31个省、自治区、直辖市的广播电视节目以及一部分商业付费电视节目均通过卫星向全国传送，中央电视台4套、9套以及江苏卫视节目通过泛美10号等卫星向世界各地传送。我国正在开展的一带一路影视桥工程的建设，将使世界各地受众可以收看到更多丰富多彩的中国广播电视节目。

第二节　卫星电视信号的传输

电视信号可以利用卫星进行转发，再经接收地所在地的电视广播系统或集体接收用的卫星电视接收站收转；也可以利用电视直播卫星直接向地面用户播送。通过卫星线路传送电视信号时，要组成卫星电视广播系统。

卫星电视广播系统由电视中心、上行地球站、卫星转发器及其天线、车载移动地球站与转播站、卫星电视接收站以及遥控跟踪站的组成。

电视中心的作用就是节目制作，然后将电视节目传送到上行地球站。

上行地球站是卫星电视广播地面系统的中枢，它的主要作用是把电视中心送来的电视信号经处理后发向卫星，同时监收发信信号。上行地球站通常使用大口径且具有自动跟踪系统的天线、高功率放大器和高质量的电视编码设备，以保证电视信号的传输质量。车载移动地球站的作用与上行地球站相同，车载移动地球站是可移动的地球站，使卫星电视传输更具有灵活性。

广播卫星相当于设在地球赤道上空的转播台，卫星上的转发器负责将电视信号转发回地球。广播卫星可以是专用的电视广播卫星，例如鑫诺卫星等，也可以是通信卫星。

卫星接收站主要用来接收卫星转发器转发的电视信号，目前电视接收站按

其用途划分主要分为以下三种：

①个体接收。个体接收用户可以通过简单、小型的天线接收系统和家用卫星电视接收机来接收电视信号。

②集体接收。它是用较小口径的天线与中灵敏度的卫星接收机收转电视信号，从而获得较好的视、音频信号，再通过地面有线网络分配给用户。

③地面转播站。它是用大口径的天线和高灵敏度的接收机接收电视信号，以获得高质量的视、音频信号，再利用无线网络发射给用户。

遥控跟踪站的主要作用就是控制卫星的姿态和运行轨道，并负责卫星上各种设备的正常运行。卫星电视传输系统根据信号的不同处理传输方法而各有不同，主要分为模拟卫星电视传输系统和数字卫星电视传输系统。

目前，卫星电视传输利用的卫星波段从C波段逐渐向Ku波段扩展，C波段电视传输具有信号稳定、受雨衰影响较小等优点，但同尺寸的C波段天线增益高比Ku波段天线增益要小得多，且Ku波段受工业干扰和地面微波通信的干扰较小，由于频率高、波长短，卫星上发射天线和地面接收天线所需的尺寸都小。现在世界上许多国家包括中国在内已开始将许多卫星电视业务转到了Ku波段上。用Ku波段传输信号，个体接收天线可做到1m以下（目前使用较多的个体接收天线为45cm），信号功率也较大，便于一般家庭直接接收卫星转播节目。

一、数字卫星电视信号传输系统

随着数字通信技术的广泛应用，数字技术同样被应用到卫星电视传输领域，卫星电视传输数字化可以说是当今卫星广播技术的一个极大的进步。视、音频信号通过数字化处理（采样、量化等处理），并经过码率压缩后进行传送。数字卫星电视传输系统的使用有以下优点：

①卫星资源利用率高。众所周知，卫星资源是非常昂贵的，数字卫星电视比模拟卫星电视要节约更多的占用带宽和所用的转发器功率，从而延长卫星寿命。例如，模拟电视信号占用卫星带宽一般要20 MHz左右，而数字卫星电视占用的卫星转发器带宽（单路单载波信号）在10 MHz以内。

②节目传输质量好。由于数字电视比模拟电视具有更好的可复原性，使节目经过压缩编码传送后仍能良好地还原，保证了经过长途卫星传送后的图像和

声音质量。

③在上行站需要更小的发射功率。一路模拟电视信号传送一般需要几百瓦的发射功率，而数字电视信号只需要几十瓦的发射功率就可以达到同样的效果。

④能提供更多的功能。数字卫星电视能够提供单路多载波和多路多声道的信号，并且将图文电视、综合数据等信息集合成一定格式的数据包，与视频信号一起传送。

⑤便于在电视节目上加扰加密，有利于开展付费电视业务。在地面广播数字电视的制式上，现在国际上主要有三种，他们是美国的ATSC制式、欧洲的DVB-T制式和日本的ISDB-T制式。而在数字卫星电视广播方面主要是DVB-S方式和美国的Digicipher方式。

数字视频广播（Digital Video Broadcasting，DVB）是欧洲多个组织共同参加建立的一个标准，包括DVB-S、DVB-T、DVB-C三个主要标准，分别用于卫星、地面和电缆电视广播。DVB标准现在已经不仅是在欧洲而且在世界的很多地方得到了广泛应用，并且得到了ITU的支持。我国目前在数字卫星电视传输系统中应用较多的也是这种标准。

（一）卫星数字电视系统的组成

1. 卫星电视发信系统

在这个系统中，专业卫星地球站将从节目源通过光缆传送过来的光信号通过电视光端机转换成视（V）、音（A）频信号，一般在电视节目中音频信号有A、B两路，每一路有左、右两个声道，共组成4路信号，也可以根据用户需要选择一路音频传送。从电视光端机出来的信号再通过电视编码机将电视信号进行压缩编码，随后将此信号进行中频调制，将其调制到70MHz或140MHz上，再送到上变频器将其变换成高频信号，高频信号的频段取决于所使用的卫星转发器频段，最后信号通过天线送上卫星。

卫星电视传送系统的技术关键在电视编码和调制部分。电视编码机首先对来自节目源的模拟视、音频信号和控制数据进行PCM编码，然后对它们分别进行打包处理，并通过节目复用器将3路信号复用成一套电视节目的数据流。为了符合卫星信道的要求，要利用扰码对其进行复用适配和能量扩散。扰码处理

不仅在输入比特流式运行，而且当无输入比特流或比特流不符合 TS 格式流时也运行，以避免发射机调制器发射未经调制的单载波信号，成为卫星干扰源。外码编码实现的就是里德 - 索罗蒙 RS（204,188，T=8）编码，即在每 188B 后加入 16B 的 -RS 码，它能够纠正 TS 包内 8 个误码字节，声称一个误码保护数据包。经过外编码后的信号就进入卷积交织器，卷积交织器的作用是为了提供抗突发干扰的能力。它对误码保护数据进行以字节为单位的交织，交织深度 I=12，从而生成一个交织贞。随后信号进入内码编码部分，内码编码是指纠错用的监督比特混在信息比特内，一般的内码编码采用 (n,k,N) 为（2，1，7）形式的卷积码，指一个信息比特生成 2 个编码比特，约束长度为 7bit，也可以根据码速率和信道情况使用不同比率的收缩卷积码来选择相应的误码纠错能力。在 DVB-S 系统中，内码编码和外码编码相结合构成了级联编码。它增强了信号的纠错能力，有利于抵御卫星电视传送信息中干扰的影响。最后信号在基带成形电路中形成基带信号，送入调制器。现在较多的电视信号调制采用四相移相键控（QPSK）调制，它具有较高的频谱利用率和较强的抗干扰性，在设备技术上也较为成熟，便于实现。

卫星电视发信系统中所用的上变频器与话音信号所用的上变频器相似，由所要传送的卫星频段决定变频器频段。而高功放现在大多用的是 TWTA（行波管）高功放，高功放的功率从 400 ～ 750W 不等，一般一个 SCPC 电视信号的 EIRP 为 60 左右。高功放的带宽在 500MHz 以上，便于随意选用不同频率的信号传送。因为现在数字载波信号占用的频带较窄，不需要较高的功率，所以用 TWTA 高功放是较实用的。在移动卫星电视发信系统中，高功放多采用固态放大器（SSPA）。固态放大器的回退量较小，发射功率利用率高，而且固态高功放可以放在室外，便于现场传送。

2. 卫星电视收信系统

卫星电视收信系统由卫星接收天线、高频头、功分器和数字卫星电视接收机等组成，如果系统的接收电平较低，还要加上线路放大器。接收天线的作用是把所需要的电视信号的电磁波接收下来，并转变成高频电流信号。高频头包括低噪声放大和下变频，它的作用是将信号滤去噪声并从 C 波段或 Ku 波段的高

频信号转换成L波段信号，再通过功分器分路后输入到卫星电视接收机。

进入接收机的信号先到达调谐器，经过调谐、变频和放大，将L波段0.9～1.4MHz的信号变为70MHz的中频信号，送到QPSK解调器解调出I/Q两路模拟信号，再经过A/D变换成数据流。维特比解码将按照与发信部分卷积编码一致的比率1/2、2/3、3/4、5/6或7/8解码。维特比解码可对误码率为10～10的数据流进行纠错，使其误码率达到10，再经过去交织电路和R-S解码电路对突发性片状误码进行纠错，使其误码率降低到10，再经过去扰码后恢复成MPEG-2数据流（TS）OTS码流是一种夺路节目数据包（视、音频和数据信息）按MPEG2协议复接而成的数据流，去复用的作用是将数据流分解成多套节目的数据流分别送到MPEG-2视、音频和数据分离与解码电路，经过D/A转换后将模拟视、音频信号输出至接收机。

接收机（Integrated Receiver Decoder，IRD）的选用原则上应与发信端的设备相匹配，否则可能因为编码方式或者编码过程中对信号处理的细小差别而无法接收到信号。接收机的接收信号的好坏取决于接收机接收信号的电平值和接收能噪比E/N（E为单位比特数据信号能量，N为单位频谱的噪声功率），这两个重要参数决定了接收机的接收误码率。在接收机的输入电平正常的情况下，接收能噪比与接收机的误码率的增减应该是线性的，一般接收机的误码率应好于10，否则就可能会出现马赛克或者黑屏等情况，对于某些接收机还可能会出现死机，需要重新启动或搜索信号。

3.Digicipher Ⅱ

目前，除了欧洲的DVB-S标准外，数字卫星电视传输系统还有美国的Digicipher标准，两个系统在结构组成上基本一致，只是在编码和调制的参数选择上有所不同。

在Digicipher Ⅱ系统中，标准变换器首先将各种不同格式、不同标准的电视信号处理为DI标准的数字信号，然后送入电视服务处理器1对数字信号进行压缩编码等处理，对于视频信号采用贞内和贞间编码，对于音频信号采用杜比AC-3方式。经编码处理后的多路节目信号在复用成为一个MCPC（多路单载波）数据流，再经过前向纠错编码，包括R-S编码和卷积编码，最后经QPSK调制后

输出到射频。

（二）卫星电视的条件接收

众所周知，卫星电视传送具有广播性，条件接收是卫星电视发展的必由之路。条件接收是利用加密技术限制未付费者的收看，使已付费的用户可以收看到更多高质量的节目，从而也促进我国卫星电视的发展。条件接收一般采用加扰的方式实现对信号的加密，使非法用户无法收看到节目，而使合法用户的利益得到保障。

对于专用卫星电视传送，通常采用在发信电视信号中加密钥，而在接收端使用与发信端相同的密钥解出信号，这种密钥体制的密钥必须严加保密，以防被盗取。这种方法的使用局限于收信和发信设备必须是同一厂家的设备，这种方法的应用现在有美国的DES（Data Encryption Standard）算法和欧洲的BISS-E（Basic Interoperable Scrambling System with Encrypted keys）算法。

对于面对广大用户的公共卫星电视传输网，为了实现条件接收，节目提供者可以在发信端加入控制信息以掌握节目收看者的范围。这种控制机制由CA（Condition Access）系统实现。每个用户都有智能卡，其中包含有解密所必须的信息，如果信息不对，则IRD将显示黑屏且没有声音。

条件接收系统由扰码装置、用户管理系统（SMS）以及用户认证系统（SAS）等部分组成。CA在PES或TS包复用前加扰码，SMS负责建立一个存储终端用户信息的数据库，SAS将代码字加密送给用户使其能对PES或TS包进行解扰。控制字（ControlWord，CW）也称为密钥，通常由编码端加密后经传输网络传送到IRD的智能卡来解密生产密钥。授权控制信息（Entitlement Control Message，ECM）是指与控制字有关的加密信息。授权管理信息（Entitlement Management Message，EMM）是指用户所看节目的内容和时间。

CA系统是一个反剽窃系统，其加密信息是不允许被公开的。IRD要想正常接收加密节目必须具备三个条件：一是保密的可编址的智能卡；二是传送来的加密的授权管理信息；三是传送来的加密的授权控制信息。只有这三者俱全，才能满足条件接收，正常接收到信息。当智能卡插入时，IRD将读取“条件接

收系统识别”码，并用此来找到带有 EMM 信息的正确的基本码流。智能卡本身有一个密钥，如果传送流包含可解密的信息，智能卡使用这一密钥将解出的控制字以加密的形式送到 IRD，这样智能卡和 IRD 协同工作并且一一对应。

目前世界上许多卫星电视广播系统都采用这种加密方式，各种系统的扰码算法各有不同，并且为了反盗版的需要，扰码算法会经常变化以保证付费用户的利益。

二、卫星电视的应用

卫星电视广播凭借其质量优良、易于远距离传送等优势，并且数字化使其附加许多新的功能，发展越来越快，发展形式也多样化。卫星直播电视、直播卫星 DBS- 光纤传输 -CATV 相结合是目前卫星电视传送的主要应用。

卫星电视发展到现在，利用卫星进行视频传输已经扩展到远程教育、远程医疗等。这些视频传送大都采用卫星宽带系统来实现的，因为教育、医疗的视频信号不需要广播级的传送质量，只要能够实时传送所需要的视频信息。在卫星宽带系统中，视频信号被压缩成 MPEG-4 的信号再进行打包作为多媒体进行传送。

三、家用卫星电视接收系统

卫星直播电视的发展使“通信卫星”这一长期以来被认为是神秘且高科技的技术直接走入了家庭，使一些偏远的家庭能通过卫星接收到清晰的图像。

家用卫星接收系统的主要组成就是天线、高频头和家用接收机。卫星接收系统设备的选择主要是根据所要接收节目的波段和制式而进行的，如果是 Ku 波段的转发器，那就要选择 Ku 波段的天线和高频头，Digicipher 标准和 DVB-S 标准就决定了接收机的选型。而且许多卫星节目要通过授权才能收看到的，所以在安装家用卫星接收系统时最好选用经过授权的接收系统才能保证收看质量。

卫星接收系统的安装分以下几步：

①天线的安装。接收天线要安装在平坦的地面上（口径较小的天线可直接安装在室外墙面上），天线的安装要考虑卫星的方位和俯仰，在安装之前就要根据所在地的经度和纬度和所对应天线的位置算好天线的方位角和俯仰角，便

于在天线安装好之后能尽快地对准卫星。天线的安装还要考虑到安装的牢固度和避雷。

②馈线的连接。在天线安装完成以后就可以将天线、高频头、接收机连好并将接收机加电，并在接收机的菜单中选择给高频头供电。高频头应与接收机配套，避免发生接口电平、阻抗、电缆连接方式不同和高频头供电电源等问题。

③天线的对星可以用专用的频谱仪、寻星仪，或者对信号较强的卫星直接用接收机边收信号边对星。天线基本对准后还要通过调整高频头来调整极化隔离度，以提高信号强度。

④卫星对准后，就要调整接收机参数以收到所要接收的电视节目。接收机的选择一定要注意必须选购具有门限扩展解调器的接收机，使系统具有一定的余量，以获得高质量的图像，如果购买进口接收机，必须注意频段、制式、中频频率接口电平等性能一定要符合要求。

第三节　卫星广播系统的组成和原理

一、系统概述

利用人造地球卫星进行声音广播和电视广播所用的各种设备的组合，称为卫星电视广播系统，又称为卫星广播系统。这里的“广播”，既包含了声音广播，又包括了电视广播，是广义广播的概念。卫星广播系统由以下四部分设施组成：

（1）广播卫星：它是设在距地面约 36000km 空中的收发设备，它的任务是接收地面上行发射台（主发射台）发送的广播电视信号，并向地面服务区转发。

（2）地面上行发射台：也称为上行站，它的主要任务是把节目制作中心传来的节目信号发射给卫星，并监测卫星传送节目的情况。

（3）地面遥测遥控跟踪站：它的主要任务是测量和控制卫星的姿态和轨道运动，测量卫星的各种工程参数和环境参数，对卫星实施各种功能、状态控制。

（4）地面接收系统：它的主要任务是接收自卫星下行的节目信号，用作地面转播的节目源或用集体接收设备和个体接收设备来直接接收卫星广播电视节目。

跟踪站和地面接收系统联合工作示意图广播卫星运动于静止轨道上，所以从地面上看，卫星好像固定在天空中某一位置上。地面接收设备接收这样的卫星广播信号，就像接收地面上的电视广播信号一样方便。

电视信号的传输过程是从电视中心台送出的电视图像信号和伴音信号，经过地面传输线路分别送到主发射台（通常称为上行站）的图像信号基带处理单元和伴音信号基带处理单元，然后进一步将两路信号合成，再经过调制、变频和放大，最后通过双工器由主发射台天线向卫星发送上行射频信号。设置双工器的目的，是把不同频率的上行信号和下行信号分开，以保证收发共用一副天线。

从主发射台发射的射频信号，经过长达 36000 多千米的传输路径（需穿过大气层）后到达星上的接收天线。射频信号在这段上行线路传输中会受到相当大的衰减，并混进了各种噪声。假设卫星广播系统上行信号采用 6GHz，下行信号采用 4GHz，广播卫星上带有转发器和收发天线。上行信号经卫星上接收天线和转发器中接收机接收后，变频成 4GHz 的信号，然后转发器中的发射机放大这个信号的功率，最后由发射天线将其转发到服务区，供服务区的地面接收设备接收。

由卫星转发下来的射频信号，要经过 36000km 的传输路径才到达地面服务区。在这段下行线路中，信号同样受到相当大的衰减，并混进各种噪声。服务区内地面接收设备中的天线接收到微弱的卫星转发信号后，对信号进行放大、变频和调制变换，然后通过各种途径和方式送到用户处。以上概述了卫星广播时电视信号的传输过程，实现这种信号的正常传输，要求精确地保持卫星的姿态和轨道位置。

当卫星的姿态变化时，会导致卫星天线对地指向的变化，从而影响卫星接收地面发射来的上行信号，也影响地面接收设备接收卫星转发的下行信号。同理，当卫星偏离预定的轨道位置时，也会影响卫星接收上行信号和地面接收设备接收下行信号。卫星在上天后投入使用时，虽然已通过地面无线电测控系统将卫星的姿态和轨道位置调整到所要求的状态，但由于地球的扁率、磁场和重力梯度、太阳的光压和引力、月球的引力等因素影响，随着时间的推移，卫星的姿态和轨道会发生缓慢的变化，逐渐偏离原定的姿态和轨道位置，为了使他

们的变化不超过允许的范围，需要在卫星运用期间定期地对其姿态和轨道位置进行修正，此任务由地面遥测、遥控跟踪站与卫星上的遥测遥控跟踪设备及控制设备配合进行。

为了保持卫星的正常运转，还需要经常了解卫星内各设备的工作情况。这些设备的工作情况是由遥测系统通过测量这些设备的工作电压、电流、信号波形、温度和气压等各种物理参数来判断的。同样为了保持卫星的正常运转，还需要控制卫星内某些设备的动作。这些动作除了上面提到的为修正卫星的姿态和轨道须令卫星上控制系统的小发动机点火外，还有故障部件和备份部件的切换，某些设备性能的调整及某些测量部件状态的变换等。这些动作都是通过遥控设备给出控制指令执行的。由此可看出对卫星进行遥测遥控和跟踪的重要性。

二、卫星转发器

广播卫星转发器（又称为中继器）是广播卫星的主体，转发器的形式与性能在很大程度上决定了整个广播卫星的质量，其次从设备体积、重量、功耗及电子元件的数目来看，它在整个卫星中所占的比重也很大。

广播卫星转发器的作用是接收地面发射台发来的信号，将其变频、放大，再转发给地面，使服务区内的地面接收设备能接收到满意的电视信号。为了避免转发器发射信号干扰自身的接收信道，总是将接收频率和发射频率错开，保证收、发信号有足够的隔离度。常用的转发器中有中频变换式转发器和射频变换式转发器（又称为微波变换式转发器）。前者把接收到的信号变换成中频，然后进行中频放大，最后再变成发射频率转发出去，中频变换式转发器是初期通信卫星曾采用过的；后者是把接收到的信号直接放大，然后变换到发射频率，经高功率放大后转发到服务区。

射频变换式的优点是不易产生寄生振荡，很少发生本振频率不稳定问题，电路结构简单，元器件数目少，可靠性高。所以现代通信卫星转发器都采用射频变换式转发器。

广播卫星上的天线系统由广播用天线、为地面站提供跟踪信标的信标天线、接收地面指令的遥控天线和向地面报告卫星工作情况的遥测天线组成。为了减轻卫星的重量，缩小卫星的体积，信标、遥控和遥测的收发两用机一般都是共

用一个天线；同样卫星转发器的天线——广播天线，也大多是收发共用一个天线。广播卫星一般都在静止轨道上，轨道高度约为36000km，在这个高度上的卫星，只要卫星上广播天线的波束宽度大于17°，就能照射到卫星对地面的整个覆盖区。这样的天线称为全球波束天线，这种天线已广泛应用于国际通信卫星和军用卫星上。

由于广播卫星以集体或个体接收为目的，把某一区域或国家作为其服务区，因而使用全球波束天线既浪费了能量，又对其他国家造成干扰。所以广播卫星一般采用波束只有几度的窄波束天线（又称为点波束天线）或波束覆盖区与服务区一致的成形波束（又称为赋形波束）天线。成形波束可以由多个一次辐射器组合加一台反射镜来实现，也可以由一个一次辐射器和适当的曲面做成的反射镜来得到。

对于窄波束和成形波束天线，如果卫星姿态不稳定，电波就可能外溢，辐射到规定区域以外。所以关于空间通信的世界无线电行政会议规定："静止卫星的位置应保持在规定的位置纬度±1°以内，但至少要具备使轨道位置保持±0.5°以内的能力。"还规定："静止卫星指向地球的天线波束定向精度，以规定的指向方向为基准，其波束方向偏离规定的方向最大不得大于定向天线波束半功率点宽度的10%。"

三、卫星地面上行站系统

上行站功能是向卫星发射要转发的电视信号，视频信号（图像）先经低通滤波器滤去6MHz以上的分量，再混入受伴音调频的6.5MHz副载波，经预加重及视放后对70MHz进行调频，接着是上变频至6GHz频段上行频率，送入功放，再经过馈源部分的双工器从天线发射出去。卫星下行信号经双工器分出所接收到的4GHz信号（包括卫星转发的下行信号及卫星发出的信标信号），下行信号经低噪声放大、变频及解调后还原成视频和音频信号，供上行站监测电视传输质量用，信标信号送至跟踪接收机，经放大处理后送至天线驱动机构，即可使天线自动跟踪卫星。

对于与卫星广播共用频段的某些电信业务来说，共同的限制主要是每4kHz频带内干扰信号的功率或称为干扰功率谱密度。卫星广播采用调频制，当没有

调制信号或传送某一固定电平（如黑电平）时，信号功率集中在载频或频谱的某几点上，使地上业务在频谱的这几段内受到较大干扰，为克服无调制或单电平调制造成的功率谱密度过大，可以采用能量扩散措施。能量扩散的办法是人为地在电视视频信号通路中叠送一个低频的三角波，这样不论是否有调制信号，信号载波都受到此三角波的调制，使能量扩散开来，显著地降低了功率谱密度，因而降低了干扰。在接收端可以采用视频箝位的办法来消除这个附加的三角波。

四、卫星广播电视地面接收系统

卫星广播电视接收系统（又称为卫星广播电视地面接收站）主要由接收天馈部分（由接收天线与馈源两部分组成）、高频头 LNB（又称为室外单元，主要包括低噪声放大器、超高频下变频器和第一中频传输电缆等）和卫星接收机（又称为室内单元）三大部分组成。

卫星广播电视地面接收站按技术性能分为专业型和普及型两类。

专业型可满足收转或集体接收卫星广播电视节目要求，普及型可满足直接接收卫星广播电视节目要求。

卫星接收机又分为卫星模拟广播电视接收机和卫星数字广播电视接收机（又称为综合解码接收机 IRD）。卫星模拟广播电视接收机是用来接收由室外单元高频头输出第一中频的卫星模拟电视信号；卫星数字广播电视接收机是用来接收由室外高频头输出第一中频的卫星数字电视信号。天线、高频头、卫星模拟广播电视接收机与数字广播电视接收机的工作原理，将以专门的章节在后面会做出详细介绍。

某些卫星广播电视接收系统中，在卫星接收机的前面接有功率分配器（简称“功分器”）。功分器的主要功能是将高频头送到卫星接收机来的第一中频信号分成若干路，以供若干台卫星接收机使用，从而可以同时监视若干个频道的节目。功分器可以分为有源功分器和无源功分器两种。使用功分器时，若某一输出口不接卫星接收机，则必须接匹配负载（负载电阻），不应空载。

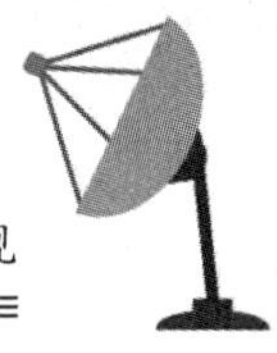

第四节　卫星广播电视接收天线及馈源系统

接收机的天馈系统除了保证具有足够高的增益和尽可能低的天线噪声，将接收到的微弱电波有效地馈给低噪声前置放大器外，还应方便地实现正确的天线指向和极化方式。天线系统的价格对接收的总成本影响很大（有时约占1/3），所以天线系统的价格也是个重要问题。

一、天线的类型

（一）正馈（前馈）抛物面卫星天线

正馈抛物面卫星接收天线类似于太阳灶，由抛物面的反射面和馈源组成。它的增益和天线口径成正比，主要用于接收C波段的信号。由于它便于调试，所以广泛地应用于卫星广播接收系统中。卫星下行辐射平行波入射到抛物面，经抛物面反射后，聚焦于抛物面焦点上。位于焦点的馈源，把收集到的电磁波辐射能量转换成高频电磁波能量，经高频头探针耦合送给LNA。因馈源位置在反射面的前面而称之为前馈天线。

正馈抛物面卫星天线的优缺点是：

①馈源是背向的，反射面对准卫星时，馈源方向指向地面，会使噪声温度提高。

②馈源的位置在反射面以上，要用较长的馈线，这也会使噪声温度升高。

③馈源位于反射面的正前方，它对反射面产生一定程度的遮挡，使天线的口径效率会有所降低。

④优点就是反射面的直径一般为1.2～3M，所以便于安装，而且接收卫星信号时也较好调试。

（二）卡塞格伦（后馈式抛物面）天线

卡塞格伦天线克服了正馈抛物面天线的缺陷，由一个抛物面主反射面、双曲面副反射面和馈源构成，是一个双反射面天线，它多用作大口径的卫星接收

天线或发射天线。抛物面的焦点与双曲面的虚焦点相重合，二馈源则位于双曲面的实焦点之处，双曲面汇聚抛物面反射波的能量，再辐射到抛物面后馈源上。由于卡塞格伦天线的馈源是安装在副反射面的后面，因此人们通常称它为后馈式天线，以区别于前馈天线。

卡塞格伦天线与普通抛物面天线相比较，它的优缺点是：

①设计灵活，两个反射面共有 4 个独立的几何参数可以调整。

②利用焦距较短的抛物面达到了较长焦距抛物面的性能，因此减少了天线的纵向尺寸，这一点对于大口径天线很有意义。

③减少了馈源的漏溢和旁瓣的辐射。

④作为卫星地面接收天线时，因为馈源是指向天空的，所以犹豫馈源漏溢而产生的噪声温度比较低。

卡塞格伦天线与抛物面天线相比有如下优点：

①结构紧凑，馈电方便，便于维修。

②由于利用双反射面，以短焦距抛物面实现了长焦距抛物面天线电特性较好的优点。

③因有主、副两个反射面，利于调理使主反射面口面场分布最优，便于提高效率。

④由于馈源对着天空，从而减少了地面反射噪声和地面干扰电波的进入，降低了外来噪声。

缺点是副反射面对主反射面会产生一定的遮挡，使天线的口径效率有所降低。由于口径都在 4.5M 以上，所以制造成本较高，而且接收卫星信号时调试有点复杂。

（三）格里高利天线

格里高利天线由反射面、副反射面和馈源组成，也是一种双反射面天线，也属于后反馈天线。它通常在上行地球站中作为卫星信号发射天线使用，其主反射面仍然是抛物面，而副反射面为凹椭球面。格里高利天线可以安装两个馈源，这样接收和发射就能够同时共用一副天线，通常接收馈源安装在焦点 1 处，而发射馈源则安装在焦点 2 处。格里高利天线的优缺点和卡塞格伦天线差不多，

它最主要的优点就是有两个实焦点，因此可以安装两个馈源，一个用于发射信号，一个用于接收信号。

（四）偏馈天线

偏馈天线又称为OFFSET天线，主要用于接收KU波段卫星信号，其是截取前馈天线或后馈天线一部分而构成的，这样馈源或副反射面对主反射面就不会产生遮挡，从而提高了天线口径的效率。从原理图中可以看出，偏馈天线的工作原理与前馈天线或后馈天线是完全一样的。一般来说，相同尺寸的偏馈和正馈天线接收同一颗卫星时，因反射的角度不同，偏馈天线的盘面仰角会比正馈天线的盘面略垂直约20°～30°。

偏馈天线的优缺点是：

①卫星信号不会像正馈天线一样被馈源和支架所阻挡而有所衰减，所以天线增益略比正馈高。

②在经常下雪的区域因天线较垂直，所以盘面比较不会积雪。

③在阻抗匹配时，能获得较佳的“驻波系数”。

④由于口径小、重量轻，所以便于安装、调试。

缺点是在赤道附近的国家，如使用正馈一体成型的天线来接收自己上空的卫星信号，天线盘面必须钻孔，才不致天线盘面积水。

（五）球形反射面天线

顾名思义，所谓球星反射面就是球面的一部分，在卫星接收系统中使用球形反射面天线的目的就是使用一副天线来同时接收多颗卫星的信号，因此比较适合发烧友使用。从以上的介绍，我们知道抛物面是一个理想的集束装置，若在抛物面天线上安装两个以上的馈源，也可以接收一定范围之内的多颗卫星，这种方式已经有许多人采用过。但是用抛物面天线接收多颗卫星是工作在散焦状态之下的，因此天线的口径效率比较低，天线的增益会有所下降。而球形反射面具有完全对称的几何结构，因此它是一种比较理想的接收不同方向卫星信号的接收天线。球形反射面天线的缺点和前馈天线的差不多，其最大的优点是只要在各个焦点处安装馈源就可以在一定范围内同时接收多颗卫星的广播信号。

（六）环焦天线

对卫星通信天线的总要求是在宽频带内有较低的旁瓣、较高的口面效率及较高的G/T值，当天线的口面较小时，使用环焦天线能较好地同时满足这些要求。因此，环焦天线特别适用于VSAT地球站。

环焦天线由主反射面、副反射面和馈源喇叭三部分组成。主反射面为部分旋转抛物面，副反射面由椭圆弧CB绕主反射面轴线OC旋转一周构成，馈源喇叭位于旋转椭球面的一个焦点M上。由馈源辐射的电波经副反射面反射后汇聚于椭球面的另一焦点M'，M'是抛物面OD的焦点，因此，经主反射面反射后的电波平行射出。由于天线是绕机械轴的旋转体，因此焦点M'构成一个垂直于天线轴的圆环，故称此天线为环焦天线。环焦天线的设计可消除副反射面对电波的阻挡，也可基本消除副反射面对馈源喇叭的回射，馈源喇叭和副反射面可设计得很近，这样有利于在宽频带内降低天线的旁瓣和驻波比，提高天线效率。缺点是主反射面地利用率低。

二、天线系统的特征

（一）方向图

天线的方向图是指天线的辐射特性（场强振幅、相位、极化）与空间角度关系的图形。因此，天线方向图有场强方向图、相位方向图和极化方向图。在不做特定说明时，方向图一般指场强方向图。显然，方向图应是三维（立体）的，但测试时只能分为水平和垂直面，故有水平方向图和垂直方向图。

如图6-1所示为一个水平面上的方向图，它反映了天线集中辐射电磁能量的情况，方向图越尖锐，表示能量辐射越集中，通常方向图有许多叶瓣，最大辐射方向的叶瓣称为主瓣，其他叶瓣均称为旁瓣或副瓣，最靠近主瓣的旁瓣称为第一旁瓣，与主瓣反方向的旁瓣称为后瓣。

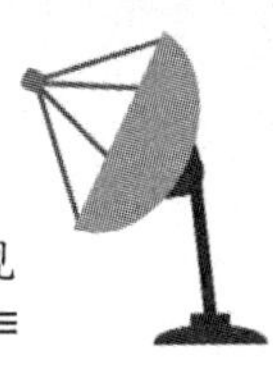

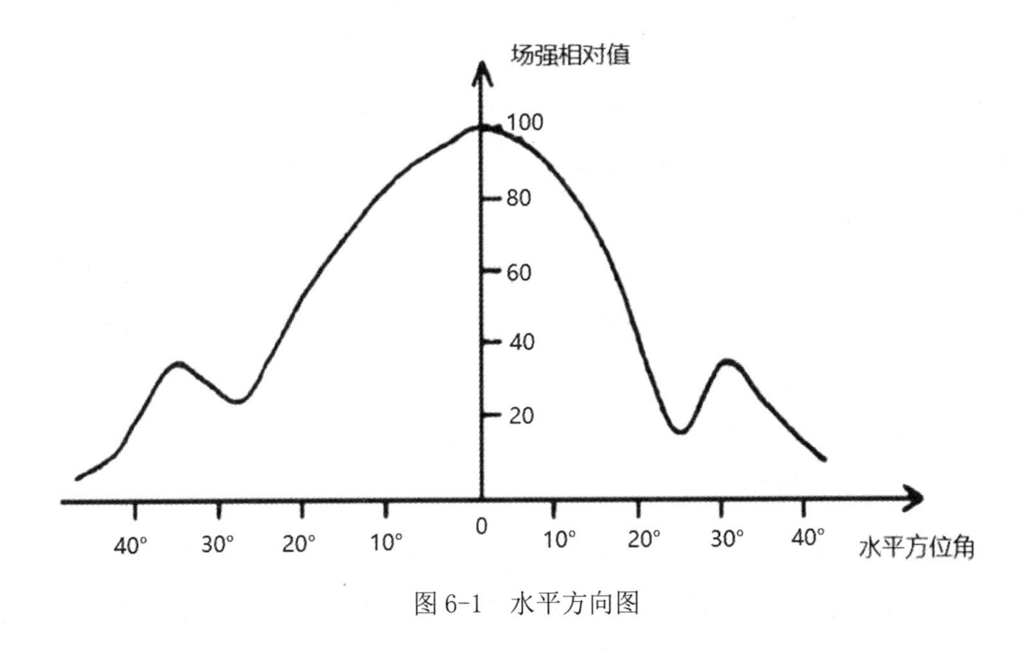

图 6-1　水平方向图

方向图的主瓣宽度是功率下降为最大辐射方向功率值的一半（或场强下降为最大值的 0.707 倍，即 3dB）的两点之间的夹角宽度，用 φ 0.5 表示。φ 0.5 愈小，说明它的能量辐射愈集中，即方向性愈强。另外，零功率宽度是主瓣两侧第一个零点之间的夹角，用 φ 0 表示。旁瓣会对其他通信产生干扰，因此必须将它抑制到尽可能低的水平，通常要求最大旁瓣比主瓣增益低 15 ～ 20dB。

天线波束宽度必须小于同步轨道上两相邻卫星的最小间隔（以经度差表示）的二倍。例如，目前 C 频段卫星的最小间隔为 2°，因此 C 频段卫星电视接收站的天线波束宽度应小于 4°，否则在接收某一颗卫星的信号时，会受到相邻卫星信号的严重干扰。另一方面波束宽度也不能太小，它至少应大于卫星的轨道控制精度，否则就要采用复杂的自动跟踪卫星装置。另外，天线波束宽度稍宽一些对减小天线的指向误差也有利。

图 6-1 为 L 波段 714MHz 单螺旋天线的实测水平方向图，3dB 宽度为 28°，故主瓣较宽，方向性较差。在一般情况下，直径为 D 的抛物面天线的波束宽度 φ 0.5（亦称为主瓣功率半角值）可用下式估算。

$$\phi 0.5=70\lambda/D(\text{度}) \qquad \text{式（6-1）}$$

式中λ为工作波长，例如对于4GHz的6m抛物面天线，其波束宽度约为0.9°。

为表示天线在给定方向集中辐射功率的能力，定义方向性系数D_0为在空间给定某点产生相同场强条件下，点源天线（无方向性）辐射的总功率P_0与方向性天线辐射总功率P的比值，即

$$D_0=P_0/P \quad \text{式（6-2）}$$

方向性系数D_0也可表示为方向性天线的等效开口面积A与无方向性天线的等效开口面积λ2/4π的比值，即

$$D_0=A/(\lambda 2/4\pi)=4\pi A/\lambda^2 \quad \text{式（6-3）}$$

（二）天线效率

当天线将馈线传输来的电磁功率转换为自由空间电磁波的辐射功率时（反之亦然），必然存在一些损耗。我们把天线辐射功率Px与天线输入功率P之比称为天线效率η。

$$\eta = Px/P \quad \text{式（6-4）}$$

显然，效率越高，表示天线损耗越小。

（三）增益

高增益和低噪声是对天线系统的主要要求。接收天线增益定义为该天线在给定方向上每单位立体角内接收到的功率与无方向性天线在该点的单位立体角内收到的功率之比。通常把最大接收方向上的值称为该天线的增益。

在微波频段，增益表示方向性天线的等效开口面积A与假想的各向同性天线的等效开口面积λ2/4π之比。即

$$G=A/(\lambda 2/4\pi)=4\pi A/\lambda^2 \quad \text{式（6-5）}$$

式中，λ为天线所接收的电波波长。

若天线实际开口面积为A_0，效率为η，则$A=A_0\eta$，因此

$$G=(4\pi/\lambda 2)A_0\eta \quad \text{式（6-6）}$$

如果天线实际开口面积是直径为D的圆形（抛物面天线），则$A_0=\pi D_2/4$则

$$G'=(\pi D/\lambda)^2\eta \quad \text{式（6-7）}$$

对照式（6-3）及式（6-7）可得，天线方向性系数D_0基本点是天线的辐射

功率，而天线增益 G 的基点是天线的入射功率，其中包含了天线的能量转换效率 η。若 $\eta=1$，则方向性系数就等于增益。

（四）天线阻抗

天线阻抗是指从天线输入端口向天线看去的输入阻抗。它是天线输入端的电压与电流之比。在微波频段很少用天线阻抗的概念，而直接用反射系数或驻波比来表示天线与馈线的匹配状况。电压驻波比（VSWR）ρ 与电压反射系数 Γ 之间的关系为

$$\rho=\left|\frac{E_{max}}{E_{min}}\right|=\frac{1+|\Gamma|}{1-|\Gamma|}(倍) \qquad 式（6-8）$$

测试驻波比常用测定回波损耗 Lr 法，它们间的关系为

$$Lr=20\lg\frac{\rho+1}{\rho-1}(dB) \qquad 式（6-9）$$

根据天线工作效率的不同，有几种阻抗测试法。在高频（HF）、甚高频（VHF）频段，一般用比较法，Q（品质因素）表法和电桥法，在特高频（UHF）和微波频段，则用测量线法、阻抗图法、扫频法、电桥法和时域反射法。测得天线的输入阻抗后，就可据此设计合适的匹配装置，以提高传输效率，降低损耗和噪声。

（五）天线噪声温度

天线噪声的增加，要抵消为降低卫星电视接收机室外单元中低噪声前置放大器噪声所做的努力。因此，天线的质量不仅用增益 GR 表示，而且与天线噪声温度 TR 有关，故用天线优质 $A=GR/TR$ 表示，并要求天线的优质尽量大。

天线噪声源可分为内部源和外部源。内部源是由反射面和馈源本身的损耗引起的噪声，这是设计、制造、安装天线时必须尽量消除的。外部源是指天线所处的环境中存在的噪声源，它又可分为空间源和地面源。空间源主要是大气吸收和银河系产生的噪声，地面源来自地面的热辐射、粗糙干燥地面较平坦的或潮湿地面有较大的噪声。这是我们在选择接收站地址和天线地址时必须仔细考虑的。

地面噪声源可通过碰地的天线主瓣和第一旁瓣进入天线。因此，采用金属

栅网结构的抛物面天线比实体结构天线（板状天线）有更大的噪声。由于小口径天线的旁瓣较大，其噪声温度也越高，所以设计低噪声天线的关键在于减少来自地面入射的旁瓣能量，其中特别是减小尾瓣。

（六）天线的风荷

卫星电视接收天线应具有承受一定风荷的能力，能在大风时正常工作。风荷是指刮风时天线受到的力，它与风速、天线型式、天线口径和风向等有关。网状天线受到的风力较小。

三、天线的馈源系统

馈源是天线的心脏，它用作高增益聚焦天线的初级辐射器，其主要要求有以下几方面：

①有合适的方向图。馈源初级方向图不能太窄，否则抛物面不能被全部照射。但也不能太宽，以免泄漏功率过大。另外，初级方向图应该接近于旋转对称，最好没有旁瓣和尾瓣。

②有理想的波前。圆抛物面天线要求馈源的波前为球面，即有唯一的相位中心，才能保证该相位中心与焦点重合时，抛物面口径场的相位均匀分布。否则，会引起天线方向图畸变，增益下降，旁瓣升高。

③无交叉变化。无交叉变化即无干扰主极化的交叉分量，要求馈源辐射场的交叉极化分量尽可能的小。

④阻抗变化平稳。要求在工作频段内，馈源的输入阻抗不应变化过大，保证它和馈线匹配。

⑤尺寸尽量小。对反射器的遮挡较小。完整的馈源系统由馈源喇叭、90°移相器、圆矩变换器组成。馈源按使用的方式，可分为前馈馈源和后馈馈源；按卫星频段，可分为D频段馈源和Ku频段馈源。目前国内外已开发出C和Ku频段的共用馈源。前馈馈源一般应用于普通的抛物面天线，后馈馈源一般应用于卡塞格伦天线。馈源的结构示意图如图6-2所示，其中极化分离器用于极化复用。

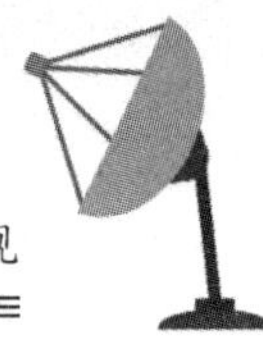

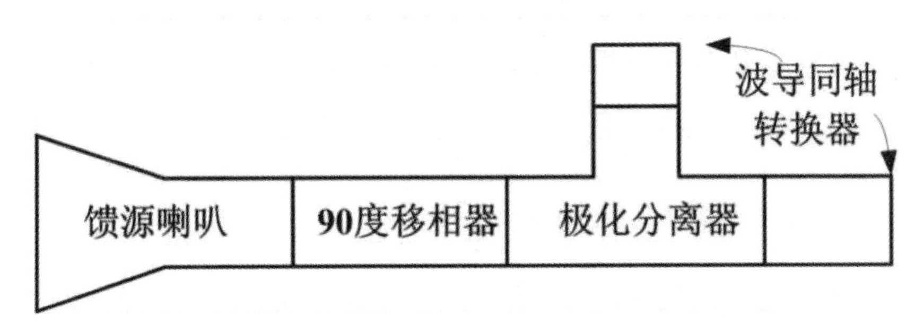

图 6-2　馈源结构框图

1. 极化的基本概念

所谓极化通常是指与电波传播方向垂直的平面内，瞬时电场矢量的方向。

我们设 XOY 平面是与电波传播方向垂直的平面，在该平面内的电场矢量总可以用 *Ex*和 *Ey* 两个分量来表示，如图 6-3 所示。

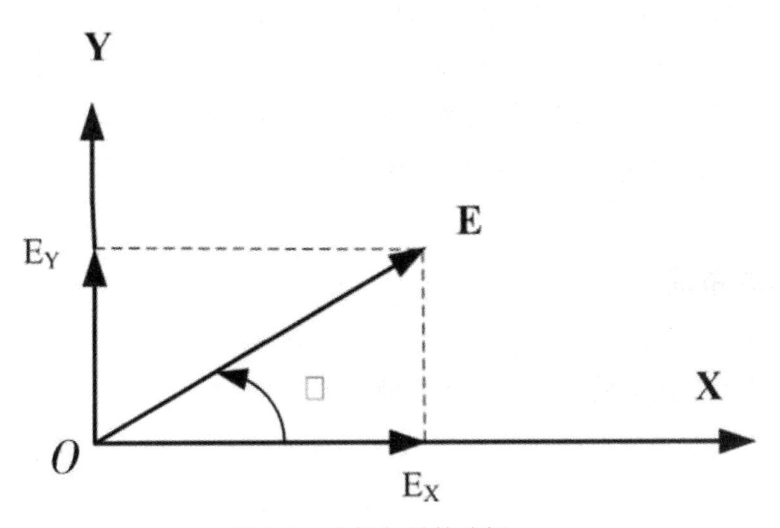

图 6-3　电场矢量的分解

由图 6-3 可见，$E = ExIx + EyIy$ 式中为在 Ex、Ey 上的分量 *Ix*、*Iy* 为 *X*、*Y* 两个方向的单位矢量。由图 6-3 可见：

$$Ex = a\cos\omega t$$
$$Ey = b\cos(\omega t - <)$$
（式 6-10）

a，b 为两个分量的振幅，< 为 *Ex* 和 *Ey* 的相位差。下面我们分别来讨论几

种情况：

（1）Ex和Ey同相或者反相，此种情况下可取＜=0，故

$$E=\sqrt{E_X^2+E_y^2}=\sqrt{a^2+b^2}\cos\omega t$$

$$tga=\frac{E_y}{E_X}=\frac{b}{a}$$ 式（6-11）

这表明当两分量同相或反相时，合成场的幅度是变化的，而方向保持不变。这种情况称为线极化波。

（2）$a=b,<=90^{\circ}$，此时

$$E-\sqrt{E_X^2+E_y^2}-a\text{常量}$$

$$tga=tg\omega t$$ 式（6-12）

这表明合成场幅度不随时间变化，而方向随时间变化。这样，合成场矢量端点随时间变化的轨迹是一个圆，这种情况称为圆极化波。

圆极化波工程上常用左右旋来描述它的旋向，如果我们沿着波的传播方向看去，电场矢量顺时针方向旋转称为右旋圆极化波，电场矢量反时针方向称为左旋圆极化波；右旋或左旋圆极化天线只能发射或接收右旋或左旋圆极化波，对二者不能混淆。

2. 馈源系统

（1）前馈馈源

前馈馈源中使用最多的则是波纹槽馈源。

波纹槽馈源由带有扼流槽的主波导、介质移相器和一个阶梯圆矩波导变换器组成；主波导是直径为0.6～1.1 λ的一段圆波导，在口部配有四圈扼流槽，产生一个平而宽（在波束轴线两边60°范围内幅度和相位变化都不大）的辐射方向图。

再有一种前馈馈源称为同轴波导馈源。它仅有一个扼流槽，但槽的直径比较大，通过调节主波导的直径2B和扼流槽的直径2a及环的高度E，可使波导中的基模与槽中的较低模式有合适的幅度比，从而在波导口面处产生接近圆对称的整形波束。

在前馈馈源中，均加有介质移相器。这个移相器的作用是使进入的圆极化波变为线极化波。我们知道，圆极化波为幅度相等、相位相差90°的两个分量的合成。这样，我们如果让两个分量中的一个超前或滞后90°，圆极化波就会变为线性极化波。

采用介质的圆极化变换器是在相对于面向电场的矩形波导管呈45°的方向上安装介质，利用介质传播电波的速度差，选择合适的介质长度，使相位恰好延迟90°，就可以得到所需要的线极化波。

（2）后馈馈源

后馈馈源喇叭常用的是介质加载型的喇叭，它是在普通圆锥喇叭里面加上一段聚四氟乙烯衬套构成的，由它激励起一个高次模（TE11）。如果在开口处适当选择TM11与基模TE11模的相对振幅，并能同相相加，则E面的主瓣宽度就会展宽，并达到与H面主瓣宽度相等，而且旁瓣彼此抵消，从而提高传输效率。

在后馈馈源中移相器主要采用的是销钉移相器。它是由一段圆波导和在波导壁上相对地插入若干对相移螺钉构成的。每一对插入圆波导的相移螺钉都可引入一定的电纳，并且还可改变电波在圆波导中的线速度，适当地选取螺钉的插入深度，可以使圆波导内的电压驻波比和相移都达到预定的要求。

四、极化器（又称为极化变换器）对各种极化波的接收

（一）极化波

电波在空间传播时，其电场矢量的瞬时取向称为极化，或者说，极化是指瞬时电场分量随时间变化的方式。如果电波传播时电场矢量在空间描出的轨迹为一条直线，它始终在一个平面内传播，则称为线极化波。若电场矢量在空间描出的轨迹为一个圆，即电场矢量是围绕传播方向的轴线不断地旋转，这种电波称为圆极化波。

如果观察者沿电波的传播方向看去（看着它的尾部），看到电场矢量是在向右旋转（由左向右顺时针地转），则称为右旋圆极化波，它符合右手螺旋定则；反之，若电场矢量是在向左旋转（由右向左逆时针旋转），则称为左旋圆极化波，它符合左手螺旋定则。

在线极化波中，以地平线为准，当极化方向与地平面平行时，称为水平极化波；当极化方向与地面垂直时，称为垂直极化波。

电波的极化特性取决于发射天馈系统的极化特性。发射右旋极化波的天馈系统称为右旋极化天线，同理有左旋极化天线，线极化天线等。接收天线必须具有与发射天线相同极化且旋向相同的特性，以实现极化匹配，才能接收全部的能量。若部分匹配，则只能接收部分能量。由于一个线极化波可以分解为两个旋转方向相反的圆极化波，一个圆极化波也可分解为两个相互正交的线极化波，所以接收线极化波的天线可以接收圆极化天线，接收圆极化波的天线也可以接收线极化波，但是会有 3dB 的能量损失。无论线极化天线还是圆极化天线都不能接收它们自己的正交分量。例如，接收右旋圆极化波的天线不能接收左旋圆极化波。现代的卫星电视接收天线，大多都装有控制天馈系统极化方向的装置——极化器。来选择与卫星电视信号一致的极化型式，并抑制其他型式的极化波，以获得极化匹配，实现最佳接收。同时现代卫星电视传输中，尚利用垂直极化与水平极化，左旋圆极化和右旋圆极化的相互隔离来传送不同的电视节目，以扩大卫星的传输容量。圆极化波和线极化波各有优缺点，圆极化波在穿过雨雾层和电离层时引入的损耗小，也不存在线极化波时极化面的旋转问题，而线极化波的最大优点是实现简单。

（二）极化器对各种极化波的接收

如图 6-4 所示为后馈源配置图，如图 6-5 所示为从馈源末端看向喇叭的视图，图中 0° ～ 180° 平面为移相器销钉平面，矩形框边为圆矩变换器末端的矩形波导口。

在图 6-5（a）中，右旋圆极化波进入喇叭后向后传播，到达移相器后分解为 0° ～ 180° 平面的一个分量 E_1 和 90° ～ 270° 平面的另一个分量 E_2。根据旋向的定义及前面的推论可知，E_1 超前 $E_2$90° 相位，由于 E_1 分量与销钉的方向一致，它将被移相，而 E_2 与销钉垂直不会被移相。所以到达移相器末端时，E_1 和 E_2 变成同相位，二者的合成矢量变成 E_0。它正好与矩形波导中的基模（TE_{10}）相一致，至此右旋圆极化波就被馈源变成矩形波导中的线极化波了。

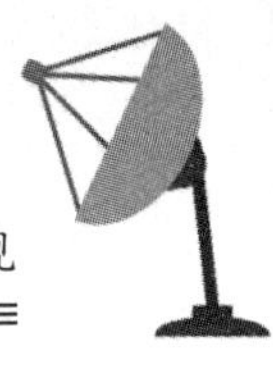

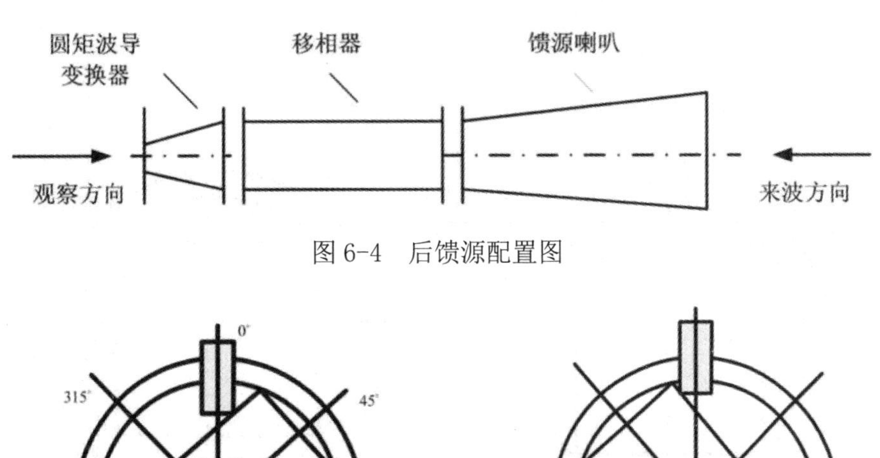

图 6-4　后馈源配置图

（a）　　（b）

图 6-5　从馈源末端看向喇叭视图

在图 6-5（b）中，如果来波是左旋的，则 E_2 分量超前 $E_1$90° 相位，经移相后 E_2 超前 $E_1$180° ，即 E_2 与 $-E_1$ 合成，得到合成矢量 E_0'，它与 E_0 正交。所以应当将矩形波导口相对于右旋来波状态旋转 90° ，形成图 6-5（b）中的状态。

如果来波是线极化波，圆极化馈源要做些变动才能使用，即销钉移相器所在平面与矩形波导口的相对关系应如图 6-6（a）和（b）所示配置。这是因为在图 6-6（a）中，线极化的来波不会被销钉移相；在图 6-6（b）中，来波虽然被移相 90° ，但并不影响接收到的微波功率。这里要注意的是，当卫星转发的圆极化波被反射后，极化要转换，即左旋变成右旋、右旋变成左旋。在前馈型的抛物面天线中电波经过一次反射，原来的右旋圆极化波变成左旋圆极化波，这样接收右旋极化波时，极化变换器要配置成左旋时的状态。在后馈型的双反射器天线中，由于经过主副反射器的两次反射，右旋来波转换两次仍然是右旋的，所以馈源中的移相器与矩形波导口的配置采用右旋的状态。可见，无论接收圆极化信号还是接收线极化信号，只需将圆矩变换波导同移相器之间的法兰盘对接情况加以改变，就可实现无极化损失的接收。

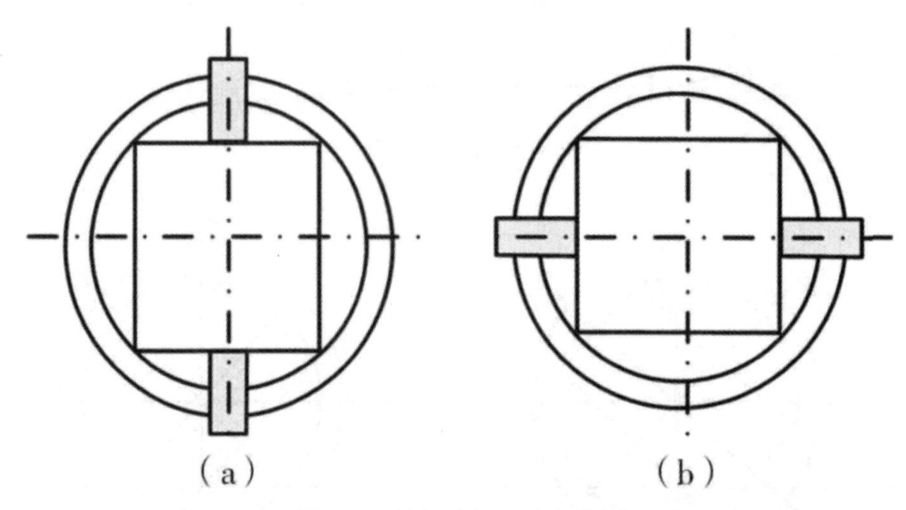

图 6-6　销钉移相器的安装图

（三）圆矩匹配器

圆矩匹配器也称为圆矩变换器，它是将圆波导与矩形波导匹配联接的一段过渡波导。由于圆波导与矩形波导的阻抗不同，所以为了实现阻抗匹配，需要加两节 $\lambda/4$ 阻抗变换器。

在圆矩变换器后面，就可以接入室外单元的低噪声放大器。

五、天线要求

（一）一般要求

1. 工作条件

如不另做说明，天线应在下列条件下工作：

抗风能力：8 级风：正常工作；10 级风：降精度工作；12 级风：不破坏（天线朝天锁定）

环境温度：-25° ～ 55℃；

相对湿度：5% ～ 95%；

气压：86 ～ 106kPa。

2. 极化方式

射频极化可方便地改变为左旋圆极化（LHCP）、右旋圆极化（RHCP）、线极化（LP 包括垂直与水平极化）。

3. 馈源输出连接

连接法兰：FD-40

（二）天线的选择

选择天线时应注意的几个问题：

①鉴于我国目前生产卫星接收天线的能力，应严格按“（标称）铝板天线卫星电视接收技术条件”中关于天线的要求进行选择。选购天线应考虑厂家的产品是否通过技术鉴定，并以认定会的测试数据为依据，或以专门的天线测试机构（中华天线学会）的测试记录为准。

②天线结构是否合理。如天线支撑是否牢固、仰角和方位角调整杆螺距粗细，以及调节是否方便。

③板状天线与网状天线的选择，这与用户选择的站址有关。若在大、中城市或工业区集中的地方，因空气污染严重，则应选择板式为好。当站址在山区风力大的地方时，可选合金铝网结构的天线。虽然天线增益比板式较低，甚至受雨雪影响大些，但其抗风力强。

④前馈天线与后馈天线的选择。由于 HEMT 器件和低噪声场放的出现，使它们可以直接连在馈源后面，克服了前馈馈线比后馈馈线损耗大的明显缺点，使前馈天线的噪声温度大大降低。

目前所制造的前馈天线仅比后馈天线增益低 0.2dB 左右，这对卫星电视接收站电视信号的接收质量影响是很小的。但后馈天线可以同时作为卫星通信地球站的天线，而前馈天线则不能。因此，对于今后有可能建卫星通信地球站的地区来说，为避免重复投资，应选用后馈天线，其余地区则应选用造价较低的前馈天线。

⑤天线跟踪、驱动方式的选择。天线的跟踪方式在大口径天线多用双轴跟踪，小口径天线单轴双轴跟踪方式都采用。天线驱动方式有手动、电力和自动三种方式。前两种均是人工定位，功能简单、造价低。第三种方式在双轴跟踪天线

一般采用单板微型计算机控制，具有自动选择（精度可超过0.3°）、跟踪某一个或预置几个卫星（精度可超过0.1°）等完善的功能，从而使天线能够迅速地找到任何一颗需要的卫星，并以信号跟踪方式保证天线处于最佳接收状态。在单轴自动跟踪天线一般采用电桥平衡方式自动记忆卫星位置，也可以预置同步轨道上的多个卫星，并迅速找到任何一颗卫星，但不能以信号跟踪卫星。

⑥采用小天线单收站（TVRO）的可能性减小天线口径最有效的办法是：第一，加大星上EIRP；第二，降低高频头的噪声温度；第三，提高天线的效率；第四，降低接收机门限电平。减小大线口径可带来以下优点：运输、安装方便，例如在山区可不用汽车运输；不用吊车安装，也可以架设在楼顶；成本低、加工简单，天线的成本大约与口径的平方成正比；波瓣宽、易对准卫星，对不准损失也小；所用铝材和钢材少；调整简单，维护容易风阻小。

⑦偏馈天线的应用与选择。Ku频段接收小天线有正馈与偏馈两种方式，正馈Ku天线是圆抛物面中心聚焦馈电式，偏馈Ku天线则是椭圆型或菱形偏焦馈电式。其中，正馈的Ku天线焦距相对短一些，多为前些年所生产，由于在相同尺寸情况下，偏馈天线比正馈天线的增益要略高（天线效率高），因此现阶段的Ku频段小天线几乎都是采用偏馈式的。

第五节 卫星电视接收系统的组成及质量要求

一、卫星电视接收系统的基本组成

卫星电视接收系统通常由抛物面接收天线、高频头和卫星接收机三大部分组成。接收天线和高频头安装在室外，卫星接收机放置在室内为电视接收机提供接收信号，高频头与卫星接收机通过电缆线相连接。

卫星电视接收系统的基本组成如图6-7所示。

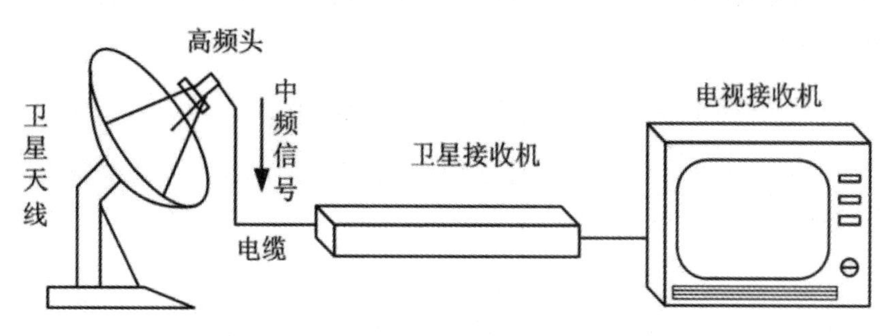

图 6-7　卫星电视接收系统基本组成

卫星电视接收系统的基本工作原理如下：

由抛物面接收天线收集从卫星下行的电磁波信号，并聚焦于馈源上。高频头将馈源送来的卫星微波信号进行低噪声高频放大，经下变频为第一中频信号（950 ～ 1750MHz）。然后由同轴电缆送至室内的卫星电视接收机。接收机选出所需要接收的某一电视调频载波进行第二次变频得到第二中频信号，该信号经过放大、限幅、解调出全电视复合基带信号。最后经视频处理和伴音解调电路输出图像和伴音信号供收看。

二、卫星电视接收系统的主要指标

用主观评价方式确定电视图像的优劣，对应不同图像质量得出的不同等级称为图像等级。图像质量等级分类采用五级评分法，各级所代表的质量状况见表 6-1。

表 6-1　图像质量等级分类

等级图像		5	4	3	2	1
欧广联	S/N（不加权）（dB）	45.5	36.6	29.9	25.4	23.1
国际无线电咨询委员会	S/N（加权）（dB）	44.7	34.7	30.0	27	21
主观评价		不能觉察干扰和噪声	可觉察噪声，但不妨碍收看	影响收看	显著影响收看	显著影响收看，令人讨厌

对于个体卫星接收系统要求不低于 3.5 级，对集体卫星接收系统的图像质量应不低于 4 级。

通常将卫星接收设备输出的视频信号与杂波的功率比称为视频信噪比 S/N，用分贝（dB）表示。电视图像信号主观评价质量等级 Q 与不加权信噪比 S/N 之间的关系可用式（6-13）表示：

$$S/N = 23 - Q + 1.1Q^2 \quad \text{式（6-13）}$$

例如，达到 4 级图像标准，则相应的视频信噪比 S/N 应为

$$S/N=23-4+1.1\times 4^2=36.6(dB) \quad \text{式（6-14）}$$

实际上，人眼对杂波的察觉具有一定的频率特性。人眼对局频杂波造成的细小麻点不太敏感，而对低频杂波引起的大麻点较为敏感。不考虑人眼的视觉特性误差的视频信噪比称为不加权信噪比，考虑人眼的视觉特性后的视频信噪比称为加权信噪比。按国家标准规定，个体卫星接收设备输出端的不加权信噪比 S/N 应不低于 33dB，集体卫星接收设备输出端的不加权信噪比 S/N 应不低于 36.6dB。

第七章 有线电视

第一节 有线电视系统的基本组成

一、有线电视系统的概述

有线电视是利用高频电缆、光缆、微波等传输介质，并在一定的用户中进行分配和交换声音、图像以及数据信号的电视系统。最早的有线电视系统，是1948年在美国宾州曼哈诺依的一个公用天线电视接收系统（MATV），它采用一副主天线接收无线电视信号，并用同轴电缆将信号分送到用户家中，以解决城郊山区电视信号阴影区的居民收看电视的问题。

我国有线电视开始于20世纪70年代，经过的三十多年的发展，从无到有，从小到大，已经发展成为我国广播电视领域的一支新兴产业。我国有线电视技术发展很快，从同轴电缆传输到光缆、MMDS、HFC等多种传输技术的混合应用，从只传输模拟信号到模拟、数字信号的混合传输，从单向广播网到双向交互网络，我国有线电视技术的发展日益接近国际先进水平。

目前，我国有线电视系统全部实现数字技术的光缆干线传输，实现了全省、全市范围内的联网。同时，全国骨干网采用先进的数字传输技术，为开展数字、数据传输业务提供了优质的服务平台。我国有线电视进入了实现数字化、交互式高速多媒体信息网的实验阶段。

二、有线电视系统的组成

有线电视系统由三部分组成：前端系统、干线传输系统和用户分配网络。系统的前端部分主要任务是将要播放的信号转换为高频电视信号，并将多路电视信号混合后送往干线传输系统。干线传输系统将电视信号不失真地输送到用户分配网络的输入接口。用户分配网络负责将电视信号分配到各个电视机终端。

有线电视系统的构成如下：

（一）前端系统

前端系统对各种天线接收的信号、摄录设备等输出的信号调制为高频电视信号，并通过混合设备同时将多路信号合并为一路电视信号，以便输送到干线传输系统。

前端设备常用的设备是天线放大器，调制器、解调器、混合器、滤波器等设备。天线放大器主要连接于天线与前端设备，用于天线信号的放大作用。调制器可以将各路输入信号调制到指定的电视频道信号。混合器可以将输入多路信号合并为一路电视信号，不同信号占用不同的电视频道。

利用前端系统的功能，电视台可以通过卫星天线接收开路信号，使用录像机和直播摄像机播放闭路信号。开路部分信号包括 VHF、UHF（特高频）、FM（调频）、微波中继和卫星转发的各种频段信号，经频道调制和放大处理后，与闭路信号一起送入混合器，从而实现了多电视节目和自办节目的播出。

（二）干线传输系统

对于大型的有线电视系统而言，有线电视信号经过前端系统输出后，需要通过干线传输系统远距离传输到用户终端设备。有线电视信号在传输过程中损耗较大，因此需要采用高质量的传输介质并安装放大设备对信号进行放大，以保证输送到用户终端设备的电视信号的电平达到要求，确保节目播放的质量。

干线传输系统主要位于前端系统和电缆分配系统之间，将前端系统输入的电视信号传送到各个干线分配点所连接的用户分配网络系统。干线传输系统采用的主要设备是干线放大器。根据有线电视用户总数的不同，需要干线传输系统提供的信号强度有所差异，配备合适的干线放大器就可以补偿干线上的传输损耗，把输入的有线电视信号调整到合适的输出电平。

干线传输系统一般分别采用室外同轴电缆、光缆、多路微波 MMDS、HFCC 同轴电缆和光缆混合）四种方式进行信号的传输。对于组建中小型的有线电视传输网络可采用同轴电缆传输技术。对于组建大型或超大型的有线电视网络采用光缆或 HFC 传输技术，可以提供经济、可靠的信号传输平台。多路微波 MMDS 技术更适合于组建地形开阔、用户分散的有线电视网络。

（三）用户分配网络

用户分配网络位于干线传输系统和用户终端设备之间，它将干线传输系统输送的信号进行放大和分配，使各用户终端得到规定的电平，然后将信号均匀地分配给各用户终端。用户分配网络确保各用户终端之间具有良好的相互隔离作用互不干扰。

用户分配网络系统采用的设备主要有分配器和分支器。分配器属于无源器件，它的作用是将一路电视信号分成几路信号输出。分配器的规格有二分配器、三分配器、四分配器等。分配器可以相互组成多路分配器，但分配出的线路不能开路，不用时应接入 75。的负载电阻。分配器的主要技术指标是分配损失、分配隔离度及驻波比。

分支器的作用是将电缆输入的电视信号进行分支，每一个分支电路接一台电视机分支器。分支器具有一个主路输入端，一个主路输出端和若干个分支输出端构成。分支器的主要技术指标有插入损耗、分支损耗、分支隔离度、驻波比及反向隔离度。

分支器的规格有一分、二分、三分、四分支器，分支器的分支端直接接到终端用户的电视插座中。电视机端的输入电平按规范要求应控制在 60 ～ 80dBmV，在用户终端相邻频道之间的信号电平差不应大于 3dB，但邻频传输时，相邻频道的信号电平差不应大于 2dB，我们将根据此标准配置不同规格的分支器。

用户分配网络中最常使用的电缆是物理发泡同轴电缆，其阻抗为 75Ω。根据物理发泡同轴电缆的内部结构，该电缆较适合于室外布线，常用于连接分配器。对于室内用户终端设备连接的电缆主要采用 75Ω 的视频电缆。

三、有线电视系统传输技术

（一）电缆传输技术

1. 电缆传输系统的构成

电缆传输系统采用同轴电缆作为有线电视网络的干线或超干线的传输介质。电缆传输系统主要由同轴电缆和干线放大器间隔配置、级连构成，附属设备有

过电型分支器、分配器，主要用于干线分支。线路供电器和电源插入器用于干线放大器的电缆芯线供电。

2. 电缆的传输特性及其补偿

同轴电缆的传输特性有以下几个方面：

①特性阻抗：75Ω。

②衰减特性：高频衰减大于低频衰减。细芯径电缆衰减大于粗芯径电缆衰减。衰减与电缆长度成正比。

③温度特性：随着温度的升高，电缆的衰减量增大。一般电缆的温度系数约为0.2%/度。

④屏蔽特性：优质的电缆外导体有良好的屏蔽作用，传输信号不受外界干扰，也不会向外辐射、干扰其他信号。同轴电缆的屏蔽特性用屏蔽衰减表示，单位为dB。

⑤机械特性：包括抗弯曲性能、防潮抗腐蚀性能和结构稳定性。

由于同轴电缆的衰减与电缆的长度成正比，干线要远距离传输，必须对电缆的传输特性进行补偿。干线放大器用来补偿电缆对信号电平的衰减，均衡电缆的频率特性和温度特性。干线放大器使用特性相同的放大器，各放大器的输入和输出电平值相同，采用“单位增益法”设计。

3. 电缆传输技术应用

信号电平在电缆中的损耗较大，往往每隔几百米就需要安装一台放大器，受外界环境影响较大，容易引入噪声和非线性失真，而且系统中使用的器件多，可靠性较差，维护使用不便。因此，纯电缆传输技术目前仅用在较小的系统或大型系统中靠近用户分配系统的部分。

（二）多路微波系统 MMDS 传输技术

在有线电视系统组网工程中，对于一些例如河流、铁路、桥梁等障碍地形，传输线缆架设十分困难，必须采用微波传输技术来解决。多路微波分配系统MMDS是常用的一项微波传输技术。

1.MMDS 传输系统构成

多路微波分配系统MMDS采用微波技术以一点发射或多点接收的方式将电

视、声音广播及数据信号传输到各有线电视站、共用天线电视系统前端或直接到各用户的微波系统。

该系统的信号频率范围为 2500 ～ 2700MHz，采用空间传输方式，发射与接收应在视距范围内进行。MMDS 传输系统由发射系统和接收系统两部分组成。发射系统的设备包括发射机、合成器、馈缆和发射天线，接收系统的设备包括接收天线、下变频器和供电器。

2.MMDS 传输技术的应用

MMDS 传输系统属于无线传输，带有无线传输的通用缺点，如信号怕遮挡、反射出重影、易受干扰。这种方式不适用于人口稠密、高层建筑林立的大中城市，只适合于地形开阔、建筑物密集度不高的电视传输场合。

（三）光纤传输技术

1. 光纤传输系统的特性

光纤传输技术具有传输距离远、信号失真小、传输容量大、免受雷击等特点，目前，该技术已广泛应用于有线电系统的干线传输。有线电视系统中用于干线传输的同轴电缆传输 750MHz 信号时，损耗也有 40dB/km 左右，而采用波长 1310nm 的光信号，其损耗约为 40dB/100km，显然光缆的损耗比同轴电缆降低 100 倍。使用同轴电缆作为干线传输介质，则需要每隔几百米必须设置一台放大器，而采用光缆作为干线传输介质则可以实现跨越几十公里的直传，彻底解决了干线放大器级联造成传输信号技术指标下降的问题。

2. 光纤传输系统的构成

最基本的光纤传输系统由光发射机、光纤、光接收机、光中继器组成。光发射机的功能是将有线电视电信号转换为光载波信号，光信号可以在光纤内传输，如果超过光纤传输长度限制，则可以使用光中继器进行光信号放大。光信号传输到目的地后，可以通过光接收机将光信号转换为有线电视电信号，并通过同轴电缆传输到各楼宇用户端。

为了实现多路电视信号在光纤上传输，采用了复用方式进行信号传输。常用的复用方式有空间复用方式（SDM）、频分多路复用方式（FDM）、时分多路复用方式（TDM）、波分多路复用方式（WMD）。

空间复用方式是指光缆内每根光纤传输一路电视信号的方式。频分多路复用方式是指将多路信号调制到不同的频率带宽内，使一根光纤可以同时传输多路信号。时分多路复用方式是指各路信号采用分时占用传输介质的方式，使一根光纤可以同时传输多路信号。波分多路复用方式是指对光信号频带进分割，不同的频段传输不同的信号，从而使一根光纤可以传输多路信号。

3. 光纤传输技术的应用

光纤有线电视网不仅仅局限于有线电视业务，它可以为开展宽带综合业务传输提供一个开放的平台，是宽带综合业务网的一个重要组成部分。用光缆构成广域的包括电视业务在内的多媒体网络具有广阔的发展前景。

（四）HFC（光纤同轴混合网）传输技术

1.HFC 传输系统的构成

HFC 有线电视网由光纤作干线、同轴电缆作用户分配网传输介质，构成光纤同轴混合的网络。它充分发挥了光纤和同轴电缆所具有的优良特性，较好地完成了有线电视信号的高质量传输与分配。HFC 是一个以前端为中心、光纤延伸到小区并以光节点为终点的光纤星形布局，同时，以一个树形同轴电缆网络从光节点延伸覆盖用户。因而，HFC 有线电视网络拓扑是一个星一树形结构。

在 HFC 宽带接入网中，模拟电视和数字电视、综合数据业务信号在前端或分前端进行综合，合用一台下行光发射机，将下行信号用一根光纤传输至相应的光节点。在光节点，将下行信号变换成射频信号。每个光节点通过同轴电缆，以星一树形拓扑结构覆盖用户。从用户来的上行信号在光节点变换为上行光信号，通过上行光发射机和上行回传光纤传回前端或分前端。上下行信号在光传输中采用的是空分复用，在电缆传输中采用的是频分复用。

2.HFC 网络的频分复用技术

HFC 网络采用频分复用技术，将 5 ～ 1000MHz 的频段分割为上行和下行通道。5 ～ 65MHz 为上行通道，87 ～ 1000MHz 为下行通道。上行通道为非广播业务，主要传输包括状态监控信号、视频点播信号以及数据通信业务等。下行通道将 87 ～ 550MHz 为普通广播电视业务，该频段全部用于模拟电视广播时，除调频广播业务外，可安排约 54 个频道的模拟电视节目。550 ～ 750MHz 为下行数字

通信信道，用于传输数字广播电视、VOD 数字视频以及数字电话下行信号和数据，上行数据一般利用 5 ～ 65MHz 频段，为了提高抗干扰能力，采用 QPSK（或 16QAM）调制。

3.HFC 传输技术的应用

HFC 宽带接入网具有巨大的接入带宽的优势，可提供各种模拟和数字传输业务。HFC 宽带接入网络的主要业务可分为两大类，即广播电视业务和交互业务。广播电视业务包括目前的模拟电视节目的传输和正在逐步发展的数字广播、数字电视等其他广播业务。交互业务包括 INTERNET 接入、视频点播 VOD、可视电话、会议电视、远程教育、远程医疗等。

第二节　有线电视数字宽带网络的应用

信息化社会的一个最大的特点就是迅猛增长的社会对信息服务的巨大需求，这就为有线电视产业的发展提供了非常有利的条件。在广播电视平台上开展综合信息服务，就是要充分利用有线电视网络的网络优势和互联网的资源优势，不断开发新的增值业务，不仅要进一步办好传统的电视节目频道，还应努力开发综合信息服务，个性化信息服务。目前，基于 CATV 网的宽带数字业务应用主要有信息服务、电子政务、电子商务、电子教务和智能家居等几大类，涉及广大人民群众的工作、生活、学习的各个领域。本章就这几类应用的前景做一些简要的介绍。

一、信息服务

信息服务是 CATV 在新技术条件下对传统业务的很自然的升级和拓展，也是广大观众最关心的部分。信息服务的内容很多，主要包括电视服务、视频点播和信息交互三类。

（一）电视服务

1. 电子节目指南

电子节目指南传统电视广播的一个基础概念。模拟电视频道的带宽为

8MHz，每条频道用于传输一套 PAL 制式的电视节目，在数字方式下，至少可传输四套 SDTV 或一套 HDTV 节目，而且带宽还有剩余。节目的数量会大大增加，很多新业务将涌现在用户面前。通过频道切换来选择节目的传统方式显然已不适用。

模拟方式下的电子节目指南 EPG，将以全新的面貌出现，成为用户选择电视节目或其他业务的用户界面，EPG 包含的内容远远超出电视节目的范围，因此又称为高级节目指南或交互式节目指南。

节目指南的一种典型格式是“时间一频道”形式的表格，其中填写了业务描述信息。除各种业务的文字说明外，还可以包括图标和重点节目的精彩片断。复杂的节目单可以模拟期刊的形式，用户可以像看书一样进行翻阅，选择收看内容。

2. 数字电视

在一定的时期内，模拟电视和数字电视将处于一种共存的状态，即部分模拟电视节目仍将保留，但多数电视节目将以数字方式广播，并且分为标准清晰度节目（SDTV）和高清晰度电视节目（HDTV）两种形式。SDTV 和 HDTV 也将长期共存。

3. 增强电视

在常规电视节目的基础上，可以提供相关信息使节目得到增强，增强信息的形式可能是覆盖在画面上的文本、静态图像、对话（语言不同）、图形（带有二维或三维数据），甚至可以是音频和视频。用户可以选择是否呈现这些数据，也可以决定增强信息在屏幕上的布局；可能的布局方式包括窗口（画中画和画外画）、迭加和全屏合成等。当然，这些信息的呈现风格必须适合用户电视屏幕的高宽比和多通道音频。

4. 多媒体图文信息节目

图文电视是具有中国特色的信息传输手段，是利用电视频道传输数据信息业务。它可利用电视信号的场逆程中的若干行来进行向普通电视用户提供各种新闻、财经、生活、教育、服务等多方面的信息。

（二）视频点播

视频点播 VOD 是一种新兴的传媒方式，也是 CATV 增值业务中最具吸引力的

业务之一，VOD 是集合了视频压缩、多媒体传输、计算机与网络通信等技术多领域交叉融合的技术产物，用户可以通过它随时在自由地点播放远程节目库中自己最喜欢的影视节目。

准视频点播（NVOD）是一种特殊的广播应用，它是一种不要很大投入、不需回传通道就可以很容易实现的，又能满足绝大多数用户自由点播节目要求的增值业务。NVOD 的实现依赖于数字压缩技术大大增加了广播信道能够提供的节目数量。例如，能够提供 100 套模拟电视节目的有线电视网采用数字技术后，可以同时提供超过 400 套的数字电视节目，如果其中的 24 套节目实际上是在播放同一部新片，只是各套的节目起始时间依次相差 5min（设影片长度为 120min），则无论用户何时打开电视，都能在 5min 之内开始收看这部影片。“暂停”的功能也可实现，最短暂停时间即为相邻节目开始时间的间隔。集中 240 套节目的频道播放 10 部大片，剩下的 160 套作为基本频道，即可满足绝大多数用户的点播要求。因调查表明，80% 的观众最喜欢的影片往往集中在节目库中不足 20% 的影片上。

（三）信息交互

所谓交互，简单地说就是观众能够按照自己的需要选择、定制、点播和参与业务，而不是只能挑选频道，被动地接受电视台的固定安排。信息交互的具体内容很多，现就主要的业务简要介绍如下：

1. 交互新闻

对电视新闻，经过实时地人工节选、编排，根据不同的要求，通过图文、图文加音频、视频等多种形式并行播出，同时附加新闻选择菜单，使用户能在新闻播出后的一段较长的时间内自主地选看新闻。

2. 交互式娱乐

娱乐是广播电视的基本功能之一，增强娱乐节目的交互性、参与性会使这类节目更加贴近观众，而更受观众欢迎。简单的交互式娱乐包括观众可以在家中投票选自己喜欢的明星，参与电视节目中观众参与的活动，即时地给节目或演员评分，而观众评选的结果以及幸运观众的名单，当晚即可揭晓。互动球赛，在收看球赛的过程中，可以选看有关球赛、球队、球员等相关信息，可以收看

以往的慢镜头重放或精彩进球，有锁定球员的功能。个性化广告，用户可以通过选择，在节目的广告时间收看符合自己兴趣的、不同的广告。竞猜是一种更纯粹的娱乐节目。加入交互机制后，用户作为统计意义上或地理意义上群众的一员参与竞争，显然会比只有几个“嘉宾”参与的节目更具吸引力。体育比赛结果的竞猜，“十佳”的评选等节目，都将以全新的形式进行。此外，还有交互式的商业广告活动、交互式多用户游戏等。

3. 股票频道

目前，我国的证券市场有了长足的发展，全国的股民人数呈快速增长，人们对快速、及时地实时股票行情、有价值的经济新闻、专家对股市走向的精辟分析等财经信息的需求非常大。各地有线台针对这种需求，提供相应的服务，使人们可以坐在家中享受大户室的待遇。

二、电子政务

（一）政府上网

近年来，我国各地都在大力推进政府上网工程，如何利用现有设备，以最低的成本实现大量信息的高速传输是政府上网工程的关键。各地现有的有线电视 HFC 网络，大多采用类似政府部门组织结构的星型结构方式。而且，这些光缆网都预留了足够的光纤芯以备扩展之用。利用这些闲置的资源构建覆盖整个地区的高速信息网络，开通政府办公网、科技信息网以及 IP 办公电话网等应用系统，还可以通过防火墙接入 Internet，建立政府网站、企业信息发布平台，使地方政府能以较小的投资实现政府上网的目标。为提高政府效率，加速社会信息化建设，促进国民经济的高速发展，具有巨大的意义。

（二）视频会议

会议电视是利用现代化图像处理技术和通信技术，在相距遥远的几个地点之间召开会议的一种通信手段，它产生于 20 世纪 60 年代，随着 70 年代数字式传输的出现和 80 年代编码及信息压缩技术的发展，到 90 年代视频会议系统才日渐成熟。但是，目前的系统大多基于电信专线网络，通信费用昂贵，成为制约视频会议发展的阻力。在基于有线网络的宽带网上发展视频会议的应用，将

有着广阔的前景。

三、电子商务

网络时代给传统的公司运作模式带来了巨大的挑战和机遇。无论公司大小，甚至个人的商务，都可以通过网络像大公司一样进行业务推广和操作，能够方便地进入全球化的市场。所谓电子商务就是指采用数字电子化的方式进行商业数据交换，开展商业业务活动。信息高速公路把 Internet 送到了千家万户，送到了世界上的每一个角落，为电子商务的发展提供了广阔的天地。Internet 电子商务大致分为三个层次，而向消费者的电子购物、企业间联网进行的商贸活动、公司与政府组织间的各种事务，如税收等。当然也包括在网上办理个人与政府部门之间的事务。显然，电子商务的发展大大加速了社会信息化程度的提高，可以降低公司信息传递的成本，扩大客户覆盖面，加快交易过程，提高工作效率。

（一）数据广播

DVB 定义了四种数据广播方式：数据管道（data pipe）、数据流（data stream）、多协议封装（Multiple Protocol Encapsulation）和数据／对象轮流传送（Data/Object Carousel）。

1. 多媒体数据广播

基于 CATV 网的高速多媒体数据广播，是适合中国有线电视网现状的网上多功能开发项目。用户在家中就可以通过有线电视网享受以下信息服务：接收多媒体远程教育；快速接收实时股票行情、股评、财经新闻；阅览当天的各大电子报纸；浏览热门互联网网站；收看数字视频节目。有线台向广大有线电视用户开展“高速多媒体数据广播”服务后，使得有线电视网成为通往千家万户的高速多媒体数据通道，用户不必支付上网费、电话费就能获取以上信息，必将受到用户的普遍欢迎。

2.IP 数据广播

有线电视网是接入 Internet 的重要信息基础设施之一，被视为宽带接入的最佳方案。所谓 IP 数据广播，就是在有线电视网中传输遵守 IP 协议的数据信号，与计算机局域网中传输的数据信号相同。以 IP 数据广播的形式传递 Internet

信息，使用户得到各种 Internet 应用。由于 IP 协议的开放性，IP 数据广播除传输计算机数据信息外，还可以用来传输符合 IP 协议的数字视频和数字音频信号，进行多媒体通信，从而具有更加广泛的应用。

3. 宽带通信

① IP 电话。IP 电话是利用 Internet 实时地、交互式地传递电话的业务，可在 CATV 网内实现用户间的 IP 电话通信，在政府允许时，可实现与外部电话网关相连，实现更广泛的 IP 电话业务。

②可视电话。随着带宽的增长，清晰且无跳跃感的可视电话将成为现实。在收看一个钟爱的电视节目时，可以在电视屏幕上以“画中画”的形式显示出远方好友的影像，并相互讨论正在播放的节目。

（二）电视商务

作为一种商务模式，电视商务比互联网上的电子商务的优势在于其所拥有的广大用户群以及借助带宽优势，可以实现更优雅的购物环境。例如，商品目录将以三维虚拟环境的方式出现，用户的三维替身进入商场选购物品。在购买过程中，多个用户替身可以相互交流购物经验，品评商品。用户在看到感兴趣的商品广告时，还可以要求厂商提供更详细的商品信息等。

四、电子教务与远程医疗

在有线电视网中开展电子教务（远程教育和交互式多媒体远程教学）与远程医疗，可以为提高人民群众的教育水平和卫生、健康水平服务。在我国，目前各地区教育与卫生事业发展很不平衡的情况下，这些服务更加具有重要的社会意义。

（一）远程教育

在当今以知识经济为主导的时代，教育的发展与一个国家、一个民族的兴衰息息相关。信息时代、网络时代的冲击，更是引发了一场从教育思想、教育方法、教学手段的革命。现代化教学不再是一个教师面对几十个学生、一块黑板和一本书的传统方式，电视教学、互动式多媒体教学、计算机远程教学等先进教学手段正在打破学校封闭的围墙，创建一种以学生为主体的自主学习的新

模式。学生可以共享优秀教师资源，教师又可以对学生进行面对面的辅导。在超媒体软件的支持下，学生可以针对自己的情况，有目的地进行学习，并随时可以调整自己的学习进度，使学习更灵活、更主动。远程（网络）教育使教育规模可以几乎无限制地扩大，人人都能在网络上找到适合自己需要的学习课程，例如远程教育、继续教育、特殊教育、职业教育、再就业培训、中小学辅导，均可以在基于有线网的宽带网上实现。远程教育对于我国教育事业的发展，将产生不可估量的影响。

（二）交互式多媒体教学

目前，交互式多媒体教学系统已被国家教委列入对各类学校电化教育教学进行考核的必不可少的内容之一。一方面，有线电视网络技术的发展为实现交互式多媒体教学提供了技术保障。通过接入卫星教育节目电视信号及利用各种新型节目源如VCD、SVCD、DVD、录像带、多媒体课件等，向有线电视网络系统内播送各类教学节目，为教学提供丰富的授课手段，有助于活跃课堂教学气氛，提高学生的学习兴趣，开阔学生思维，激发学生的创造力，提高学生素质，从而提高教学质量。另一方面，利用计算机辅助教学，由教师自行制作多媒体课件，将提高教师队伍的教学水平。教师可以利用交互式多媒体教学系统，实现在数学现场对各类教学节目源和播出设备的遥控调度。同时，交互式多媒体教学系统还可以为学校的各种教务和校务活动提供良好的平台。

有线电视网络技术与现代教学方式的融合，为有线电视台网络多功能开发提供了新的思路，将大大拓宽网络运营的经营领域，促进CATV产业的发展。

（三）远程医疗

远程医疗是将现代通信和计算机技术与医学专业知识相结合，以提供远距离的医疗服务和医学教育。远程医疗系统可以使大中城市的中心医院及时对基层医院或边远山区的疑难、危重病人进行会诊、指导手术、培训医务人员。通过该系统，中心医院可通过基层医院的数据库检索病人的各种病历和医疗档案，不同医院的专家可以通过电子白板共同进行深入分析和讨论，做出正确的诊断结论。这种服务将更充分合理地共享医疗资源，使患者能以较低的花费，得到高质量的医疗服务。

第三节　三网融合背景下的有线电视技术应用分析

三网融合主要指互联网、广播电视网及电信网在技术、网络、终端及业务等领域的相互融合。近年来，三网融合在各地区稳步推进。有线电视在发展过程中需充分认识到三网融合的优势，明确发展目标，积极转变发展模式，加强技术研究，创新发展理念，利用成熟完善的三网融合平台带动有线电视技术的成熟发展，更好地服务于用户。

一、三网融合的相关分析

（一）三网融合的基本概念

三网融合主要指电信网、广播电视网、互联网的融合。其中，电信网以光纤通信技术为基础，可实现多通道、大容量、点对点通信；移动互联网技术属于电信网的典型代表，在人们日常生活中应用广泛；广播电视网属于传统信息传播网络，近年来，以数字技术为基础的有线数字电视应用范围持续扩大。互联网以计算机作为服务终端，通过与用户建立的信息服务协议可实现有效的信息连接，短时间内可完成大量信息的数据处理。广播电视网络兼容性较强，可为有线电视三网融合提供必要的技术支持。三网融合并非简单的三网物理融合，而是高层业务的相互融合，其主要目的是构建高效且健全的通信网络系统，实现不同网络的相互兼容与渗透。广电企业可参与电信增值业务的经营，电信企业可生产制作广播电视节目，也可传输互联网视听节目信号。三网融合可将单一的信息服务模式转变为多媒体综合业务模式，可显著减少基础建设领域的投入总量，并可提升网络性能，简化网络管理，降低维护成本，打破广电运营商与电信运营商的垄断地位，构建良性竞争局面。

（二）三网融合背景下有线电视行业发展现状

我国有线电视网络系统起步时间较早，各大有线电视网络公司在市场中占据垄断地位，有线电视网络入户率可达 90% 以上。伴随科技的发展进步，互联

网技术日益成熟完善，三网融合进程持续加快，有线电视网络的优势地位不复存在，有线电视用户总体数量显著降低。面对三网融合的全新发展形势，有线电视行业需积极转变发展模式，紧跟时代步伐，改善网络质量，丰富业务内容，提高服务标准，调整网络资费，以提升自身的综合竞争力。

二、三网融合背景下有线电视面临的困境

（一）电视业务无法满足用户多样化需求

有线电视主要的业务是提供不同频道的电视节目，但用户被动接收信息的服务模式无法满足其多元化的需求。现阶段，媒体资源日益丰富多样，人们获取信息的途径显著增加，更多的人希望获取自身感兴趣的个性化信息内容，这对传统的有线电视业务提出了挑战。同时，当前智能手机得到广泛普及，人们倾向于利用智能手机观看各类视频，传统电视收视人群不断流失。另外，三网融合背景下，人们获取信息的速度提高，传统电视信息的传播过程需进行采编处理，导致信息传播速率降低，无法满足人们获取即时信息的需求。

（二）有线电视竞争压力增加

三网融合背景下，移动互联网得到广泛普及，市场份额显著增加，人们的收视习惯发生显著改变，家庭电视开机率降低，有线电视面临巨大的竞争压力。为此，有线电视企业需深入研究分析三网融合的相关内容，切实加强技术研究，积极推进数字化转型升级发展，使自身业务与电信网、互联网业务深度融合，结合受众需求不断更新业务类型，提高信息传播效率，转变发展理念，以促进有线电视业务在新时期的全面发展进步。

三、三网融合背景下有线电视技术的应用

（一）基础数字技术

数字技术采用统一的编码形式，传输并交换图像、数据及电话信号。有线电视的全部业务在网络系统中均转换为 0 或 1 比特流，进而确保视频、音频、数据等不同性质的内容可在不同网络中交换、传输及处理，并可通过听觉及视觉的方式呈现在人们面前，也可在数字终端存储。现阶段，数字技术在计算机

互联网与电信网中均得到广泛应用，在广播电视网络中的应用范围逐步扩大。传统的有线电视技术多采用模拟信号传输模式，三网融合背景下，则采用数字技术改码，将模拟信号转变为数字信号。目前，数字电视尚处于初步发展阶段，需借助机顶盒完成信号接收及转换。但我国机顶盒使用率偏低，为此相关机构需持续加大数字技术的推广力度，以促进有线电视技术在三网融合背景下的持续健康发展。

（二）IP 技术与软件技术

有线电视内容数字化后，需通过 IP 技术构建有线电视内容与传输介质的桥梁，以确保不同的通信网络介质可承载数字化内容。IPv6 技术为 IP 技术的典型代表，该技术可构建多样化应用需求与不同物理介质间的桥梁，并可建立统一且简单的映射需求，进而实现不同的通信协议、不同的软硬件环境及不同的业务数据的集成统一，有效调度及管理不同网络资源，进而促进以不同 IP 为基础的业务资源在各类网络系统中的互通。现阶段，光通信技术逐步发展成熟，这也为各类业务的综合传输营造了有利条件，统一的 TCP/IP 协议使不同 IP 为基础的业务在多个网络系统中互通。三网融合背景下，有线电视领域需积极利用上述技术，扩大自身内容的传播范围与影响力，进而促进有线电视平台的全面发展。软件技术被认为是信息传播网络的中枢神经，三网融合背景下，不同网络终端均需通过软件转换为用户所需的业务与功能，为此相关机构需加强软件研究，促进有线电视技术在三网融合背景下的稳定健康发展。

（三）宽带技术

三网融合的主要目的是通过单一网络提供统一业务。为实现统一业务的有效传输，需配备支持音频、视频等多种业务传输的网络平台。该网络平台需具备充足的带宽，以实现大数据量及高质量的信息传输。光纤通信技术可为三网融合信息传输提供充足的带宽，并可保障传输质量且成本较低，可将其作为三网传输的核心物理载体。现阶段，我国有线电视技术日趋成熟完善，有线电视节目的清晰度显著提高，电视容量日益扩大，这也对网络带宽提出更高的要求。为此，相关机构需加强对网络带宽接入技术的研究分析，积极推进网络宽带升级，逐步提升网络宽带服务性能，以促进有线电视服务质量的持续提升。

（四）互联网与通信网的融合分享

我国通信网络建设的常规模式为分级模式，此种模式可导致语音业务与数据业务间产生矛盾。三网融合背景下，为满足用户多元化的需求，有线电视技术人员需积极整合通信网络及相关资源，转变点对点的服务模式，充分利用宽带互联网的优势，创新信息处理方式，以避免资源共享对网络宽带效率的不利影响。

（五）网络改造

三网融合背景下，市场需求日趋多元化，我国已初步形成多元化的网络格局。广播电视网、互联网、通信网均具有其特有的市场需求。为实现三者同网传输，相关机构需对原有网络系统进行改造，在保留主营业务的同时拓展新业务。在广播电视网络改造期间，需利用数字技术取代模拟技术，利用双向宽带取代原有网络结构，并提升网络传输的基本功能，以提升网络传输的整体容量，改善传输功能，提升传输质量。同时，开展网络改造期间，相关机构需研制相应的技术标准，利用开放、先进、统一的技术标准指导网络改造。目前，网络技术标准类型多样，大部分技术标准处于升级状态中，比如 ADSL 技术标准适用于铜绞线作为物理底层的电话网，Cable Modem 技术标准适用于物理底层为 HFC 结构的有线电视网络，IEEE 技术标准适用于物理底层为五类线的互联网。三网融合背景下开展网络改造期间，可将 ADSL 升级称为 VDSL，以提高传输速率，也可将 Cable Modem 技术标准中的 DOCSIS 升级为 v3.0，以满足三网融合的相关要求，促进、优化电视技术的发展完善。

（六）保障网络安全

三网融合背景下，互联网技术得到广泛普及应用，人们的工作及生活方式均发生显著变化。与此同时，网络安全问题成为人们关注的热点。现阶段，我国关于网络安全的法律制度尚不健全，网络安全的管理难度较大。窃取用户信息、网络诈骗等不良事件时有发生。为此，相关机构需加强网络安全管理，并在有线电视技术中加入身份认证、信息加密以及网络防火墙等技术手段，以预防相关不良事件，最大程度地确保网络安全。

四、三网融合背景下有线电视技术的发展趋势分析

（一）为用户提供高质量个性化服务

三网融合背景下，受新媒体冲击，有线电视用户数量呈现下降趋势。为此，有线电视机构需转变发展理念，积极为用户提供高质量地个性化服务。有线电视行业需明确市场需求及市场发展趋势，广泛收集研究各类数据资源，并对数据进行研究与分析，明确用户需求，转变服务理念，更新业务内容，积极维护现有客户并注重新客户的开发，以提升自身竞争力。同时，有线电视行业需创新服务模式，科学有效地利用卫星信号，为用户提供个性化的业务内容，并通过技术更新提高传输图像的清晰度，适当地调整服务费用，不断改善用户体验，以促进自身综合竞争力的持续提高。

（二）积极推广移动技术

三网融合背景下，电信网络技术、互联网技术与有线电视技术深度融合。为此，有线电视行业需积极推广移动技术，增加数字移动服务项目。具体推广过程中，相关机构需加强技术研发，增加USB接口、Wi-Fi接入装置等，使电脑、手机、打印机、相机等设备均可接入有线电视中，以实现音频、视频资料的有效共享。同时，相关机构需积极研发有线电视可移动技术，使有线电视朝向户外可移动电视传媒的方向发展。比如利用无线发射技术传输地面节目，可方便用户在行车等场景中接收各类信息，进而增加车载电视的服务内容。可移动电视在传播电视节目的过程中可插播各类广告，通过市场化的营销运作模式拓展营销渠道，进而提升有线电视行业的经济效益。

（三）整合互联网技术

通过有线电视与互联网技术的有效整合，可实现有线电视与电脑等终端的互通。人们利用电脑与数字电视均可收看网络视频、收发电子邮件、玩游戏，有线电视对用户的吸引力可得到不同程度的提升。三网融合背景下，相关机构需增加资金投入，加大网络管理力度，加强设备管理。同时，需积极推进宽带信息网络建设，推行城乡一体化服务模式，不断提升创新力度，促进有线电视发展空间的持续拓展。另外，三网融合背景下，有线电视行业需拓展业务范围，

通过整合互联网技术为用户提供便捷的生活服务，满足用户日常生活中的各种需求，不断提高用户对相关服务的满意度，提升用户黏性，以促进有线电视行业在新时期的持续稳定发展。

（四）优化交互系统

三网融合的核心理念是不同网络系统服务项目及组织机构的有效整合，其主要目的是丰富服务形式，改善服务内容，以提升用户对网络服务的满意度。三网融合背景下，有线电视行业面临的竞争压力显著增加，为提高自身服务质量，需积极优化交互系统，制定明确的跨行业发展方案，详细了解用户需求，为其提供个性化服务内容，使用户可自主决定收看时间及收看内容。同时，有线电视需为用户提供更加丰富的视频点播、交流互动等交互服务，逐步完善提升交互功能，以便于用户及时获取自身所需的内容，提高其对有线电视服务的满意度。另外，有线电视行业需积极利用大数据等技术收集、分析用户信息，以提高服务内容与用户的匹配度。

三网融合背景下，有线电视技术的发展面临机遇与挑战。为此，相关机构需不断深入研究、分析三网融合的特点，加强对数字技术、IP 技术、宽带技术的研究，在确保网络安全的基础上不断拓展服务内容，提高服务的个性化，优化图像传输质量，以促进自身综合竞争力提升。

第四节　5G 背景下我国有线电视的影响及对策探究

在 5G 时代来临之际，新一代的移动通信技术的出现与广泛应用，势必会对传统的有线电视传输产生一定的影响。

一、5G 技术特征及其优势作用表现

5G 技术主要是指第五代移动通信技术，是在“4G 技术”这一基础之上，实现的新技术延伸，其性能远远超出 4G 技术。相关数据结果显示，5G 技术不仅可以实现“将端到端的时延缩短到毫秒级”这一目标，并且还可以为用户提供至少 0.1 ～ 1Gbps 的速率、每平方千米 100 万的连接数密度。这一模式下，借助多种先进技术的优势，促使 5G 时代背景下有线电视网络的新发展，逐渐成为

现实。

综合分析来看，5G 技术优势特征具体可以总结为以下几点：第一，高速率特征。在“速率”这一指标方面，5G 技术的速率相比于 4G 技术实现了成倍的提升。应用 5G 技术，可以将有线电视传输速率提高到 0.1 ～ 1Gbps，从而有效优化了用户的体验。而用户在享受更加优质的有线电视应用服务的过程中，可以在持续拓展有线电视网络服务空间的基础上，推动相关服务与技术的创新突破。第二，高连接数密度特征。通常情况下，在评价网络系统下载性能时，主要以网络连接数作为基础性指标。从“有线电视传输”这一角度分析，5G 技术本身具有较高的连接数密度特征，也可以将其理解为同一网络可以实现对电视终端以及其他人工智能家居设备的同时连接。这一特征，有利于打破了传统用户连接数的限制。第三，低时延特征。对于有线电视用户而言，用户的体验定位往往与有线电视本身的信号传输速率以及传输时延有着直接的关系。如果传输时延过高，则会对有线电视用户的体验产生较大的负面影响，进而会降低有线电视的使用率。这种情况下，借助 5G 技术本身具备的毫秒级的时延，可以在为用户提供更加精准、实时节目内容的同时，强化用户观感。

二、5G 技术应用对有线电视传输的影响

（一）5G 时代对有线电视产业发展的负面影响

有线电视产业拥有一批忠实的用户群体，但是在 5G 时代的冲击下，这部分用户群体势必会随之发生流失。在 5G 技术应用范围持续扩大的情况下，媒体内容的传播形式逐渐向着短视频发生转变，移动端的长视频也会随之取代固定的电视节目类型。在 5G 时代，用户可以借助手机等移动终端，便捷地获取高质量地视频内容，进而对传统的有线电视播送形式产生影响。比如 2018 年，有将近 30% 的网民使用电视上网。在移动通信技术能够支持即时传输高清视频内容的情况下，用户更倾向于使用大屏进行观看，以满足视觉需求。由此，电视可能会发展成为互联网的一个终端。

在新媒体普及的时代背景下，有线电视作为传播价值最大的媒体，其本身所拥有的观众规模是不容忽视的，同时也是集结注意力的主要媒体形式，具有

最高的广告品牌价值。相关学者认为，5G 时代为传统有线电视产业的发展带来了契机。比如北京广播电视台副台长李岭涛认为，面对 5G 的到来，电视媒体如果可以将目光转向 5G，或许这将成为电视媒体摆脱困境的一个契机。但是另一方面，5G 将使电视业雪上加霜，因为更多的网民将媒体消费时间用在诸如“抖音”等视频类手机客户端上。

（二）5G 时代对有线电视传输产生的积极影响

5G 技术本身属于一项正在开发和完善的技术，其出现与广泛应用主要是依靠对先进网络技术的开发来实现，从而满足用户的需求。综合分析，5G 时代对有线电视传输产生的积极影响，具体体现在以下几个方面：

第一，有线电视交互式传输目标的实现。在 5G 时代，有线电视的传输模式将会逐渐由传统的单一传输路径，灵活转变为双向传输路径。这也可以将其理解为用户在利用电视收看节目外，还可以通过“电视”这一媒介，实现与其他主体之间的信息互动。5G 技术具备超高的传输速率以及高连接数密度特征，为有线电视交互式传输目标的实现提供了有力支持。

第二，促进有线电视传输速率的提升。在“信息存储”这一方面，与其他媒体形式相比，有线电视往往处于弱势地位，同时这也是影响用户体验的关键因素之一。而 5G 技术的应用，凭借其本身的超高传输速率，可以在保证有线电视传输速率的基础上，有效降低电视传输信号时延以及误差等问题的发生概率，有利于更好地满足用户对于有线电视传输速率的需求。

第三，促使有线电视传输质量的进一步优化。有线电视的传输质量，对于用户的体验效果有着直接的影响。针对这一问题，为了最大程度上保证有线电视的传输效果，应该在利用现有技术消除传统信号传输过程中所可能遭遇干扰影响的基础上，提高对传输速率以及传输路径等各方面因素的重视。5G 技术具备高传输速率以及高连接密度，可以使有线电视传输路径更加顺畅，提升有线电视信号传输的可靠性与稳定性。

三、5G 技术可能对有线电视产生的影响与机遇

5G 技术在 2020 年底左右在全国大范围地区使用。与 4G 和 3G 相比，其在

传输效率、安全性等方面有着明显的提高，代表着移动通信最前沿的发展趋势，颠覆了媒体组织内容生产的方式，为媒体行业提供了一个全新的发展契机。在新媒体技术优势和潜能已经得以充分发掘、用户增长趋势逐步放缓的情况下，有线电视同样可以利用5G技术发展的成果，迎来新的发展机遇。

（一）优化内容传输路径，提高直播业务现场体验

与其他媒介比较来看，有线电视最大的弊端就在于其信息的时效性方面。运用5G技术，能够有效结合其高传播速率，将传统有线电视的单向传输转变为互动式的双向输送，提高用户的互动性与信息的时效性。5G超高的传播速率和低至1ms的时延可以保证有线电视信号传输高速稳定，减少用户收视过程中的时延、误差。在5G技术条件下，移动直播、双向互动将成为常态化，有线电视可以通过现场画面、声音的同步回传，实时制作、播出未经压缩的最新素材，大幅提高现场直播效率，为观众提供身临其境的现场体验。

（二）推动广播电视信息搜集和传递的多渠道、智能化发展

5G网络千亿量级的高连接密度使得万物互联近在眼前，除了无人机外，每一个物体都可以成为信息的收集端和输出端，都可以被媒体化、平台化。广播电视媒体通过物联网传感器收集素材、传输数据，在大数据技术支撑下实现制作、分发，不仅极大拓宽了素材来源途径，提高了信息传输效率，还可以提高节目内容质量和用户观赏效果。

（三）加速新兴技术融合，提升定制化服务体验

5G技术的发展必将进一步推动互联网、有线电视网、电信网的深度融合，这是有线电视发展的重大机遇。基于此，有线电视行业需要积极利用三网融合的成果对有线电视功能进行完善和提升，将5G背景下的各项前沿技术融合到有线电视中，融合创新发展。5G技术拥有的超大带宽为大数据、云计算、物联网、人工智能、区块链等新兴技术的融合应用提供了广阔的发展空间。广播电视可以增设不同的视频频道，提高信息的时效性与互动性，通过物联网搜集素材，利用云传输进行直播场景采集、编辑、导播、分发，第一时间为用户提供更多的收视内容；运用人工智能开发新技术，发挥区块链在保护用户隐私和媒体版

权方面的作用；同时，有线电视行业还可以通过可穿戴设备并采集用户的个性化需求数据，通过各种电子服务渠道推出的智能搜索、语音交互等功能，为用户提供定制化服务。

（四）改变传统电视的收看方式，打破有线电视的“客厅困境”

移动互联时代，随着生活节奏的加快，时间、信息碎片化趋势加剧，有线电视观看方式单一、便捷性差的缺点愈发成为制约其发展的重要因素。在5G技术促进三网深度融合的同时，有线电视可以通过物联网技术、人工智能、云计算把不同终端的入口融合在一起，打破电脑、电视、智能手机、车载设备乃至智能家居等各种终端的壁垒，实现电视与各种智能终端的互联互通，改变传统的电视收看方式，消解电视只能坐在客厅观看的困境，让电视“移动”起来，为用户提供自由、便捷的移动观看体验，让用户的观看行为更放松、更随意、更个性化，随时随地，想看就看，拓展用户体验，留住用户。

三、5G时代背景下有线电视行业发展对策

打铁还需自身硬。5G在媒体传播领域的加速布局，意味着有线电视必须苦练内功，提高自身市场竞争力。有线电视要着眼于行业发展大局和世界技术发展潮流，结合客户需求和市场条件，充分发挥自身用户基数大、网络环境安全、媒体公信力高、全样本数据支撑等优势，从硬件设施和市场营销两方面制定发展策略，满足用户多元化需求，增强用户黏性，留住并发展用户，推动有线电视产业健康、持续发展。

（一）通过技术与基础设施升级改造，改善有线电视网络运行环境

5G时代，有线电视应首先了解5G的技术特点，充分利用广电5G牌照、700MHz频段等资源优势，协调好技术和市场需求的关系，主动加强技术和基础设备的升级改造，促进有线电视网络运行环境和技术服务的提升与改善。新技术的应用离不开基础建设的支撑，有线电视的5G应用所需要升级的基础设施主要包括省际干线互联互通，数据中心建设，网络双向化改造，机顶盒、遥控器智能交互功能开发等，给予用户多样化、个性化的观看选择，增强市场竞争力，

拓展自我发展空间。

（二）通过增值业务拓展利润增长点

随着5G技术的应用，媒体内容传输的效率和质量将大幅提高。有线电视必须顺应5G技术发展趋势，结合自身条件，抓住“增值业务”这个市场热点和新的利润增长点，加快增值业务整合和优化，提高增值业务的营收占比。要围绕视频点播尤其是4K/8K超高清和政企客户定制业务，提升视频质量，改善用户体验；优化视频播放、数据下载、多屏互动以及VA/AR等业务智能交互功能，满足用户“按需收看”要求，提供更高的质量以及更私密、更智能和更专业的观看服务。有线电视企业除了基于原有的视频服务，对VOD、P-VOD以及N-VOD、回看录制等一系列增值业务进行优化提升外，要针对用户移动观看、个性定制等服务需求开发功能完备、操作便捷的终端APP，通过优秀的内容资源、便捷的业务体验、人性化的操作界面加强与用户的沟通与互动，从而有效提升用户黏度，扩大增值业务销售输入。

（三）切实保证电视内容的优质性

上文针对“5G技术应用对有线电视传输的影响”这一问题，展开了深层次的分析。由此可以看出，在5G技术高速发展的影响下，有线电视传输性能得以获得巨大的优化。不仅可以更好地满足用户对于有线电视传输的够用、好用、易用、便宜、安全可靠和个性化等各方面需求，而且可以促进有线电视传输技术的创新发展。但是从实际角度出发来看，结合5G技术开发与应用实况，与有线电视传输需求之间还存在一定的差距。因此，在有线电视传输的优化工作中，还需要结合5G技术本身，从相关领域着手实施进一步的探寻与完善。

5G时代，传统广播电视媒体的发展在很大程度上受到新媒体的冲击，有线电视市场也随之受到影响。但是从另一方面来看，上述现象的出现并不能直接代表有线电视领域发展的落后。随着5G时代的发展，在5G技术持续推广与广泛应用的情况下，其发展重点应该集中在对内容的拓展与创新方面，从根本上保证有线电视对于用户的吸引力。此外，5G技术的应用虽然可以有效应对有线电视传输模式以及传输速率等专业问题，但是对于有线电视的

在充分把握用户对于内容的需求的基础上，借助有线电视在高质量内容制

作方面的优势，从而促进有线电视网络发展效果的提升。

（四）提高对资源优化整合的重视

从某种程度上讲，5G 时代也是新旧媒体之间的相互融合与发展。近年来，国家针对“三网融合”发展战略做出详细的解释与说明，在这一战略的影响下，网络之间的优势资源整合发展逐渐获得更多的可能性，资源优化与整合本身的必要性，对于促进有线电视传输性能的优化起到关键性作用。对此，有线电视产业发展过程中，应该加深对 5G 技术应用的认知，通过积极开展自身与 5G 技术媒体应用资源之间的合作，从而达到吸纳更多优势资源的目的，有利于对 5G 时代背景下有线电视产业发展道路起到夯实作用。

网络资源整合的重点，主要在于摈弃传统媒体行业之间的错误认知与理念，将有利于新时代有线电视网络发展的资源，均纳入 5G 时代背景下有线电视的发展体系中，从而更好地推动有线电视传输的高质量发展。比如，综合分析 5G 时代对于有线电视传输产生的作用影响，将有线电视产生本身具备的传播力资源和文化创意产业实施有机融合，这样可以在宣传文化的基础上保证有线电视传输的竞争力。

（五）整合行业资源，强化成本管理，开展全业务个性化营销

信息化社会，网络产品的升级换代速度不断加快，消费行为个性化、多元化的需求日益强烈。有线电视高投入、重资产的行业特点决定了其价格在市场竞争中不占优势。在这种情况下，为挽留客户、抗衡对手而大打价格战无疑是不理智的。而要增强有线电视的市场竞争力，一是要加快有线电视全国一网整合进度，打破省际壁垒，统一全国市场，汇聚行业资源，利用规模效应，握指成拳，形成合力，共同参与市场竞争；二是通过技术开发、版权共享、互联互通、产业链优化等措施，消除内耗，严格成本管理，避免重复开发建设，降低传输、版权和运营成本，增强市场竞争能力；三是抓住用户消费痛点并着力改进，通过更舒适的 UI 界面，更流畅、智能的操作体验，更新、更快、更独家的节目内容增强用户黏性；四是扬长避短，发挥内容独有、信号稳定、画面清晰的优势，通过打包销售、个人业务定制、集团客户开发等方式，对不同年龄和地域、不同消费需求的用户群体开

展全业务自由组合的个性化营销，留住基础客户，发展付费业务，增加销售收入。

（六）将用户体验作为产业发展核心

在移动通信技术持续快速发展的背景下，5G 技术的研发和应用，对于促进有线电视传输性能的优化起到不可忽视的积极作用。同时，5G 技术的应用为有线电视用户的良好体验提供了有力的支持，有利于促进用户群体对有线电视网络关注度的进一步提高。结合以上，为了更好地推动有线电视产业的持续稳定，应该切实将用户体验作为核心，以精准把握客户的实际需求为基础性任务。在此基础上，灵活整合以及应用 5G 技术。只有这样，才可以保证有线电视在 5G 时代获得发展，在推动传统电视媒体的升级转型等方面也发挥着积极的作用。

比如，通过对有线电视传输相关数据信息展开的综合分析，配合详细的市场调研，从而为相关发展战略措施的制定提供数据支持。这一过程中，为了保证战略发展本身的科学性，要求明确不管采用哪一种方式，其目标不应该单纯地局限在“用户体验感受的收集”这一方面，更多地需要全面掌握用户信息，从而实现对有线电视传输工作的优化，即在对用户体验信息进行搜集、整理的同时，更多地要关注的是如何将这些信息转化为公司发展的动力性内容，使用户体验信息的价值得到充分发挥。

综上所述，5G 时代背景下，相关技术的出现与应用，对于有线电视行业的发展产生了重大的影响。这种情况下，应该从切实保证电视内容的优质性、提高对资源优化整合的重视以及将用户体验作为产业发展核心等方面着手进行应对。只有切实把握 5G 时代带来的机遇，正视 5G 时代带来的挑战，才能更好地提升有线电视行业的竞争力，实现持续稳定发展。

第五节　有线电视网络光缆故障解决与维护优化研究

有线电视网络在现代生活中起到了丰富融媒体形式、促进融媒体多元化发展的作用。保障有线电视网络的运行稳定性，有助于进一步推动我国电视文化产业的健康发展。对此，介绍有线电视网络信号传输的一般路径，指出当前有线电视网络信号传输中主要的安全播出事故类型，分析几种常见的光缆故障并

提出对应的解决措施，提出未来在有线电视网络的维护中应做好基础性与常规性维护，注重中长期规划管理的同时加速有线电视网络的双向化改造。

有线电视系统是一类重要的信息媒体。随着互联网技术的发展及与有线电视系统融合层次的深化，现代有线电视网络系统在“有线电视”这一类基本业务的基础上还衍生出了 IP 电话、视频会议、远程医疗、电视商务、电视游戏以及电子自动化抄表等多种门类的增值业务，进一步深化了其在现代社会中的应用。现代有线电视网络的信号传输是通过光缆实现的，有线光缆网络的质量与稳定性直接关系到有线电视系统的可靠性与发展。当前，有线电视网络在运行过程中还存在着节目中断、音视频丢失、图像静帧以及视音频不同步等问题。如何高效、高质量地解决这些问题，成为现阶段重要的研究课题。

一、光缆网络信号传输概述

有线电视网络的基本功能是传输电视信号。当视频资源在常规电视台或付费平台播出后会进行资源释放，有线电视网络即可以将这些资源上传至有线电视网络系统中，实现视频资源的集成交换与用户需求的覆盖。结合不同区域的网络特征与用户群体的需求情况，以分配式覆盖或干线覆盖的方式将信号传输至用户端。有线电视网络的安全播出事故指的是在外因或内因的干扰下有线电视网络系统的正常播出与传输功能受到影响。安全播出事故会严重影响终端用户的体验。从以往的实践中发现，节目中断、音视频丢失、图像静帧、图像黑场以及视音频不同步等大多数的安全播出事故都与光缆网络故障有关。因此，提高光缆网络的可靠性尤为重要。

二、有线电视光缆网络的常见故障与解决

（一）光缆熔接故障与解决

光缆熔接故障在有线电视网络工程中较为常见，主要是由于光缆熔接操作不规范造成的。有线电视光缆网络发生信号中断时，维护管理人员通常首先考虑检测光缆熔接故障。为了排除有线电视光缆网络的熔接故障，应尽快找到故障位置，使用专业检测设备结合工作人员的经验对光缆熔接故障点进行定位。近年来，专业设备的出现与应用，较好地解决了光缆熔接故障定位困难的问题，

极大地提高了光缆熔接故障的排查效率。需要注意的是，定位故障位置后的二次熔接相较于一次熔接更应注意操作规范，若无法一次修复到位，则会进一步延长网络的故障时间。

（二）光缆供电故障与解决

稳定的电力供应是有线电视光缆网络正常工作的基本前提和重要条件。缺少可靠的电力供应，会造成有线电视网络无法完成正常的信号接收与传输，而现实中电源系统故障也是造成有线电视网络异常的重要因素之一。有线电视网络工程在施工过程中由于受到外部环境与空间等因素的限制，部分线路接收器、电源装置以及电源稳定设备不得不布置在户外环境中，强光照以及剧烈的温度变化会加剧这些设施的老化，而地震、山体滑坡以及冰雹等极端天气也会对这些电源及配套辅助装置的稳定运行造成严重威胁。为了提高有线电视光缆网络电力供应的稳定性，应在设计与施工阶段做好各类电力装置的保护，采取结构强化、位置选择优化以及增加巡检频率等措施，保护各类电源装置免受水汽、野生动物以及天灾等因素的影响。

（三）光缆破损或断裂故障与解决

随着有线电视网络工程规模的不断扩大，许多地区的有线电视网络光缆长度也不断增加，有线电视光缆的跨城甚至跨省敷设逐渐成为常态，这也就决定了有线电视光缆将大范围、长时间地处于室外自然环境中。处于外部环境中的有线电视光缆可能会因地震、泥石流、地质变化以及建设工程开挖施工等出现破损甚至断裂，进而造成有线电视网络的长时间中断故障。为了更加有效地解决这一问题，第一，应在规划与施工过程中注意强化对光缆的保护，对光缆周边的结构进行强化以保障光缆周围地质环境的基本稳定；第二，应做好有线电视网络光缆工程的档案建设与线路标记，降低因工程施工而造成光缆意外损坏的概率；第三，应强化对有线电视网络光缆的质量管理，严禁使用不合格的光缆，在工程投入使用后还应增加巡查频率，发现出现破损的光缆及时进行维护或更换，避免发生光缆断裂事故。

三、有线电视网络光缆的维护优化

（一）建立健全有线电视网络光缆维护制度

随着现代有线电视网络规模的不断扩大，光缆及相关附属设施对管理和维护的系统性与专业性要求越来越高。因此，需要建立并不断完善、健全有线电视光缆网络的维护制度，制定科学的光缆维护任务，明确相关部门与工作人员的责任，组织实施有线电视网络光缆的维护监督。一方面，要做好有线电视网络光缆的基础检查与维护，针对不同的设施应明确其巡检周期与点检项目，提高有线电视光缆网络维护方案与运行要求的匹配性，及时消除各类潜在威胁与早期异常，防止异常扩大化；另一方面，负责有线电视光缆网络的维护部门与工作人员应在日常工作中做好异常故障事项的记录与统计分析，利用信息化工具建立数据库，筛查各类有线电视网络的常见光缆故障、成因及解决措施，为有线电视光缆网络系统的持续完善与故障排除提供依据。

（二）制定中长期维护管理规划并落实监督

有线电视光缆网络的相关维护工作人员应及时、全面地将日常工作进度和异常事项反馈给部门管理人员，帮助部门制定基于中长期节点的有线电视光缆网络维护规划，以推动有线电视光缆网络的高质量发展。近年来，信息化技术发展迅速，各种新兴技术不断涌现，有线电视光缆网络的发展也应充分适应现阶段及未来的有线网络发展趋势。

一方面，根据系统的功能需求与运行稳定性需求，做好有线电视光缆网络的日常基础性维护，定期进行重要功能性设施的检测，防止微小异常扩大，造成更加严重的事故；另一方面，有线电视网络管理部门应牵头建立有线电视光缆网络的维护监督部门，对维护部门的维护管理工作进行全面的、全周期的监督，保证维护部门在维护效率、维护质量以及维护经济性等方面合规。此外，监督部门还应与维护部门加强协作，共同致力于有线电视光缆网络的维护优化与高质量管理。

（三）继续实施 HFC 网络的双向化改造与结构优化

有线电视 HFC 网络相较于传统的有线电视网络在频宽、传输速率以及扩展

性等方面具有较为显著的优势，因此，加速、深化HFC网络的双向改造与结构优化，对于推动有线电视光缆网络的发展大有裨益。需要说明的是，HFC网络的接入方式主要有PON方式和DOCSIS方式等，不同的接入方式对有线电视光缆网络的功能、维护可操作性以及维护成本等具有较大的影响。对比来说，PON接入的方式与低密度的分散性区域用户的接入具有较好的匹配性，而DOCSIS方式则在传输高效性方面表现得更好。因此，双向有线网络技术的架构选择应结合实际情况，充分考虑网络规划、标准制定、业务融合以及多终端互联互通等方面的要求，保证有线电视网络在建设与维护成本、接入率及带宽需求等方面具有更优的评价。

（四）强化工作人员的专业技能与主动维护意识

随着现代有线电视光缆网络工程规模的不断扩大、结构的日益复杂化以及功能的多元化发展，有线电视网络光缆的维护难度越来越大。为了进一步保障有线电视光缆网络的运行稳定性，需要从培养相关工作人员的主动维护意识、提高其专业技能着手。首先，全面加强有线电视光缆网络的维护宣导，让所有工作人员都能深刻认识到实施有线电视光缆网络主动维护的重要性，改变传统的事后维护与被动维护的模式，建立制度化的预防性主动维护的习惯；其次，定期组织开展专业技能培训活动，邀请领域内专家进行知识分享与交流活动，还可以组织内部工作人员开展经验分享活动，将日常工作的宝贵经验传授给行业内的新人；最后，建立并落实岗位责任制，让每个工作人员都能够养成认真负责的习惯，做好有线电视光缆网络的维护细节。

（五）建立标准化作业流程与维护规范

现代有线电视光缆网络的结构越来越复杂，其中应用的技术种类也越来越多，有线电视HFC网络的双向改造与结构优化的难度也不断增大。为了提高有线电视光缆网络的维护质量与维护效率，应在搭建网络的过程中针对接口形式与网络结构等制定统一的标准，同时对维护工作中的一些作业流程进行标准化定义，制定科学的有线电视网络光缆维护规范。同时，使用各种新技术、新方案或者进行网络升级改造前，应注意评估技术风险与运行模拟，通过严格的测试流程后方可用于实际。此外，上下游衔接部门应做好配合，保证有线电视网

络维护部门能够与其他部门形成良好的衔接。

四、避雷相关措施

由于中波转播台供配电系统在运行过程中很容易受到周边环境如雷击影响，因此有必要对避雷措施进行探讨。在整体改造设计供配电系统时，应在中波转播台的塔顶端部位安装避雷针，保护面积应该覆盖重点转播设备放置安装位置，防止空气中的雷电直击设备而导致安全事故发生。同时，在高低压线路设计过程中，高压线路静电柜应该设置过电压保护，而在变压器房高低压配电柜安装甚至是 UPS 机房安装过程中，都应该将其以接地线路和主安装系统中的接地母线连成整体，避免配电柜等的落地点处于机房外部较为潮湿的地区，引发安全风险。

经过多年的发展，我国有线电视光缆网络的覆盖范围不断扩大，为有线电视常规业务与增值业务的发展特别是三网融合的实现奠定了牢固的基础，也进一步深化了有线电视网络在现实生活中的应用层次。未来，为了进一步推动有线电视网络的发展，相关主体应充分总结当前的有线电视网络光缆异常维护经验，统计分析常见的故障类型与成因，制定科学的维护作业机制，养成良好的预防性维护习惯，并加强新技术、新思路及新方案的应用。

第八章　数字电视应用技术与发展

第一节　水下电视

水下电视是将摄像机置于水下，对水中目标进行摄像的应用电视。用于水下侦察、探雷、导航、防险救生、资源调查勘探等。随着国民经济的发展，对海洋资源正在进行全面开发利用，水利工程规模越来越大，水下电视是海洋开发和水下工程必不可少的探测工具。

一、水下电视分类

我国海岸线长达 18000km，水下电视绝大部分是供水深在 300m 以内的大陆架使用。水下电视按功能主要分为以下四种：

（一）携带型

携带型水下电视由潜水员携带在 30 ～ 40m 的浅海使用。为携带方便，电视摄像机的重量设计成只有 1 ～ 2kg，并且装有水中稳定翼，图像信号用电缆送到船上；电缆要尽量细，耐张力大，且应具有挠性；摄像机的稳定靠潜水员来维持。操作携带型水下电视具有较大的故障偶然性和危险性。

（二）固定型

固定型水下电视的摄像机和照明灯具一起安装在框架上，用钢缆吊着降到海底，固定于海底的架台上，在船上进行遥控操作。因海流产生振动和摇动，另外海面波浪拍动船只，带动缆绳，会影响摄像机的稳定性，通常用可动稳定器叶片和调整箱（里面装有移动性重物如水银等）来保证姿态稳定并防止摇动。

在不很深的场合可用固定的升降机构代替钢缆，升降机构用来布放和回收水下灯具及水下摄像机，通过电动机来调整灯具和摄像机在水中的深度，以便获得最佳水下摄像视场角。升降机构主要由水下部分和水上的绞车两部分组成。

水下部分包括两根固定滑轨、四个滑轮和与滑轮连接杆组成的固定架。水上部分包括电机、减速器、绞盘、转向滑轮等。绞盘连接在一根与标准减速器的出轴相连的转轴上，钢缆跨过一个转向滑轮将升降架与绞盘连接起来，这样通过转动绞盘，就可实现升降机构的升与降，使摄像机定位在精确位置上。

（三）拖曳型

拖曳型水下电视的摄像机和照明灯具安装于平台或框架上，由船舶以 1 ～ 2nm/h 的速度拖曳，可用于海底调查和探索等。

（四）遥控式水下电视摄像装置

遥控式水下电视摄像装置是最先进的，配备有多个水中推进器，可在船上进行遥控，通过控制水下电视摄像装置两侧推进器的输出功率，可以进行前进、后退、转向等操作；利用射流控制技术控制海水喷射可以调整装置的方向和姿态，采用转头式推进器和调节平衡箱中的海水等方法可以控制装置在水下的深度。

二、水下电视的技术问题

不同用途的水下电视有各种技术问题，共同的问题有以下几方面：

（一）水中光的衰减对图像质量的影响

在水下，光的衰减非常大，衰减现象随海水的性质以及浮游生物和其他悬浮物的不同而变化，波长较长的光衰减较大。光在水中传播时，随距离增加按指数形式衰减。

水中浮游生物、悬浮物等的存在引起光的散射现象，使水下物体图像的对比度下降，图像容易变得模糊，这就像地面上雾很大时会使能见度减小一样。

（二）水中照明

一般来说，太阳光只能达到水下 20 ～ 30m，因此水深超过 20m 都应使用人工照明，而在透明度差的海域不到这个深度也需照明。

1. 光源的选择

在透明度大的水域，波长长的光衰减大，选择波长短的光源可获得更佳的照明效果。在透明度较差的水域，散射光随着水中污浊物质的增加而增强，散

射强度与光波长的 4 次方成反比，应选择较长波长的光源。

2. 照明灯的位置和方向

如照明灯放在电视摄像机附近，由于电视摄像机和被摄物体之间的污浊粒子产生散射，投射光传播到被摄物体前被明显衰减，图像对比度变弱，甚至看不到图像；而照明灯靠近被摄物体时，投射光引起的散射很小，同时照射角度大，入射到摄像透镜的散射光少，被摄物体的反射光增强，可增强图像的对比度。

（三）摄像机与镜头的选择

摄像机应选用高灵敏度低照度 CCD 摄像机，必要时采用微光像增强器。摄像时要缩小与被摄体的距离，又要进行大面积观察，应选用广角镜头；考虑到大气和水分界面的折射率（约 4/3），镜头视角在水中为空气中的 3/4，更应采用短焦距的广角镜头。另外，要求镜头有尽可能高的透射率。

（四）水下摄像机、镜头与信号传递方式的选择

1. 水的折射率与光学系统的选择

由于水的折射率比空气大，电视摄像机的画面视角在水中要比在空气中窄 1/4，为空气中的 3/4。为了能在较广泛范围内观察被摄物体，水下电视的摄像机必须选择广角透镜。另外，透镜要求有尽可能高的透射率。

2. 灵敏度和摄像机的选择

由于水中亮度不够，用人工照明加以补偿是可以的。但是，提高摄像机本身的灵敏度也是十分重要的，因此需要考虑摄像机的选择问题。

过去一般都采用调整简便的光导摄像管，但它在图像残留、灵敏度方面有不足之处。目前多采用 CCD 摄像机，它具有体积小、重量轻、功耗低、可靠性好、无烧伤现象、能抗震以及光谱响应宽等优点，正被广泛地应用。由于种类多，还可以挑选高灵敏度的 CCD 摄像机。

3. 视频信号传递方式的考虑

水中传送视频信号通常使用同轴电缆。在深度大于 300m 的场合下使用时，高频分量损失较大，要在接收端加电缆补偿器。在数千米的深处使用时，还要提高由摄像机发送信号的高频电平，同时在接收端进行高频补偿。为增加使用

深度，还可用 FM 和 PCM 方式来提高视频信号的传送质量。此外，还有所谓采用窄频带方式和低速扫描方式等提高传送质量的措施。许多国家正在进行利用水声信道无缆传送水下电视图像信息的实用化研究。

水下电视摄像机的机动性要比陆地上差得多，所以视频信号的传送要做多种考虑。图像信号的传送通常使用同轴电缆，电视摄像机的图像信号的带宽通常从直流到数兆赫，在数千米的深处使用时，要提高由摄像机发送信号的高频电平。在接收端也同样采取高频补偿的办法。深度再增加时，则要考虑采取调频方法或脉码调制办法，以防止在传输中信号恶化。

（五）水密结构和防腐

水下电视的整个水下装置必须完全密封及防腐蚀。水压以 10m/kg 的比例增加，水密设计和加工特别要注意电缆连接处。水密部分利用。型环密封，重要的地方还需采用双重密封。照明灯的插座部分的水密也是重要的，为了防备灯泡损坏时海水通过照明电缆浸入摄像机的机箱中，要使用特殊的连接器。摄像机机箱内要安装海水浸入和电气短路的检测装置，在海水浸入时启动船上的报警蜂鸣器，进而自动切断电源。

第二节　X 线电视

一、X 线

X 线即 X 射线，不属于可见光范围，是波长极短（1pm ～ 10nm）的电磁波。X 线能够穿透物体，穿透力除与波长有关外，还与物质密度有关。X 线通过高密度物质时，大部分射线被吸收；而对低密度物质，则大部分射线能通过。X 线的这种特性可以帮助我们透过低密度的箱子看到箱内高密度的武器，透过低密度的皮肤和肌肉看到体内高密度的骨骼。

X 线可使胶片感光，感光胶片冲洗成底片后可长期保存。经 X 线摄影（拍片）后的骨骼伤害和肺部病灶底片可作为治疗过程中的重要参考资料。

X 线照射某些化合物结晶体时产生黄绿色荧光，利用这些物质制成荧光屏，X 线穿透人体有关部位后在荧光屏上的图像用来进行透视诊断。X 线照射人体组

织时，细胞分子被电离分解受到破坏，有关工作人员若长时间受少量X线照射，会因X线的蓄积作用而在不知不觉中受到伤害，必须注意防护。X线电视是使有关工作人员远离X线而又不妨碍工作的唯一手段，因而在医疗、工业、公共安全和科研等方面得到了广泛应用。

二、X线电视系统

X线电视系统由X线源、像增强器、光学系统、摄像机、控制器和监视器等设备组成。系统中的关键器件是像增强器，也需要用较复杂的光学系统，摄像机、控制器和监视器与通用型的摄像机、控制器和监视器工作原理一致，性能稍有不同。

（一）X线像增强器

X线像增强器是一种多电极静电聚焦电子光学器件。X线图像经它转换为可见光图像，并将图像亮度增强。

（二）光学系统

X线像增强管输出的可见光图像还要摄像、拍片，故需配上由转像系统、直角反射器和光分配器构成的光学系统。

（三）摄像机

X线电视摄像机与通用电视摄像机的不同点主要有以下几方面：

1. 圆消隐

为充分利用图像增强管有效视野和摄像机CCD传感器的光敏区，为符合医疗单位的观察习惯，医用X线电视摄像机均采用圆消隐，即在监视器荧光屏中央的一个圆的范围内观看图像。

2. 宽高比为1 ∶ 1

与圆消隐相适应，医用X线电视摄像机扫描光栅的宽高比不是4 ∶ 3，而是1 ∶ 1，这样还可以充分利用视频通道的信息传输能力。在视频通道带宽相同、电子束聚焦正常的情况下，采用1 ∶ 1的宽高比后水平分辨率得到提高。

3. 较高的分辨率和亮度鉴别等级

为了能够发现被检测物体密度的极小差异，X 线电视摄像机必须有较高的亮度鉴别等级和分辨率。水平中心分辨率应达到 800 线，故要求整个视频通道的带宽高于 10MHz。

4. 控制器

在 X 线电视系统中，X 线是穿透密度不同的被检测物体后到达图像增强器输入屏的，不同的被检测物体对 X 线的吸收不一样，所以到达图像增强器输入屏的 X 线剂量不同，引起输出屏的图像亮度差别很大，以致监视器荧光屏上不同被检测体的图像亮度差别明显。同一被检测物体各部位的密度也不同，所以被检测体各部位的图像亮度差别也很明显。

自动亮度控制就是当被检测体对 X 线吸收量发生变化时，变动 X 线机产生的 X 线剂量，以保证图像增强器输出屏亮度保持恒定，最终使得监视器荧光屏上的被检测体图像亮度保持恒定。

三、X 线电视系统的应用

X 线电视系统的应用主要是在医疗方面。根据使用特点，X 线电视系统可分为诊断机、定位机和治疗机。

（一）诊断机

诊断机是用 X 线机配上图像增强器、光学系统和电视设备组成 X 线电视系统，这种系统不必在暗室工作，X 线剂量大约只有普通 X 线机的 1/10。供透视用的隔室透视机和供特种检查用的遥控 X 线机使医生完全脱离 X 线，前者将图像增强器和 X 线机球管固定，从而控制透视人体方位的上、下、左、右移动；后者设有可在三维空间运动的摇篮床并带有机械手。这两种设备配上 X 线电视系统可实现医疗诊断。

（二）定位机

对肿瘤患者进行放疗前必须对病灶准确定位，为此专门生产出一种模拟定位机，这种设备也必须配上 X 线电视系统。

（三）治疗机

各种各样的X线电视系统也出现在临床科室，成为外科医生手术治疗中的重要手段。例如，骨科机用于在X线下进行骨科手术，导管机用于在X线下进行心血管导管、安装起搏器，碎石机则是为粉碎胆结石、肾结石和输尿管结石而设计的，所有这些设备都离不开X线电视。

第三节 新型数字电视终端

一、超薄液晶电视

目前，液晶电视已经代替阴极射线管电视机而成为电视接收机的主流，液晶电视是在玻璃板间注入液晶，板上的网目状透明电极通过施加电压来显示活动画面。随着技术的不断进步，超薄平板电视技术获得突破性进展。从TCL推出厚度为7.2cm的“薄绝”电视到海信的5.5cm，再到康佳仅为3.5cm厚的i-sport68系列液晶电视，国产彩电越来越薄，说明中国平板电视设计技术在不断进步。

康佳i-sport68和日立Wooo是目前市面上最薄的液晶电视（均为3.5cm），这两款超薄平板代表作的最大不同是日立采用了“分体式”设计，将诸多部件以外置盒的形式独立开来；康佳则解决了电路板、电源和解调器“三大块头”的瘦身难题，率先实现了超薄“一体化”。

“一体化”超薄平板势必要重新进行结构的优化和电路的设计，元器件的采用和布局尤为关键。以康佳i-sport68系列为例，其更高效节能的微小电源逆变器解决了普通电源占用大块空间的问题。基于集成式低功耗IC的镶嵌式前置安装工艺就直接释放了3cm的厚度，实现了整机一体化。

二、3D立体液晶电视

所谓3D电视，是在液晶面板上加上特殊的精密柱面透镜屏，经过编码处理的3D视频影像独立送入人的左、右眼，从而令用户无须借助立体眼镜即可裸眼体验立体感觉，同时能兼容2D画面。

与3D电影相比，3D电视具有更加明显的优势。观看3D电影时，观众必须戴上眼镜才能看到立体画面，而随着3D技术的不断精进，搬进家庭客厅的3D电视机，在不需要佩戴眼镜的情况下也可用肉眼很好地观看。即将推出的新一代3D电视机更有望在可视角度、屏幕解析度方面有长足的进步。

目前，3D显示技术可以分为眼镜式和裸眼式两大类。眼镜式3D技术又可以细分为色差式、偏光式和主动快门式，也就是平常所说的色分法、光分法和时分法。色差式、偏光式技术主要为投影式屏幕所使用，主动快门式技术在3D电视、3D电影上都有使用。裸眼式3D技术目前则基本为3D电视专有。

三、液晶电视技术发展的趋势：触控、3D、节能

LCDTV液晶显示器发展越来越成熟，目前已取代大量传统CRT家用电视，也将同样采用平面电视的电浆电视市场瓜分，而家用电视的各项影视需求，如更精细、大尺寸化的Full HD显示画面、更好的色彩表现、更快的面板反应速度等要求，持续提升LCDTV生产技术朝材质极限发展，而在LCDTV显示器持续进化过程中，也有更多的显示技术与应用需求。

LCDTV显示器原先是针对电脑行动化的笔记本电脑设计质求，所推出的产品。由于LCDTV相较传统CRT显得更显轻薄，而其运作方式亦相对较CRT更为节能，另外，辐射与发热问题大幅降低，在空间、能源消耗等方面具有多项优势，自然逐渐汰换掉老旧的CRT产品。

（一）呼应环保节能趋势LCDTV节能设计热门

CRT(Cathode Ray Tube)与LCDTV(Liquid crystal display)的差异，在演色性、亮度、对比等表现得均较LCDTV更好，但实际上CRT却相对更笨重与耗电，至于产品尺寸在发展大画面的市场潮流下，CRT很难做到LCDTV的大画面效果，因为当显示画面加大，CRT的电子枪的深度就无法避免地加长，此为旧显示技术的限制。相对的，LCDTV显示器发展大尺寸方面较CRT显示器更具发展潜力。

至于LCDTV最大的耗能来自背光模组，目前低成本的背光设计为采CCFL冷阴极管背光源元件，但CCFL为内部含有少量汞的气体放电式灯管，运行需要借由高频电压驱动，而其间需经电压转换进行灯管驱动，而转换过程损失的能源

会转化成热能，不仅浪费能源并间接造成系统需要增设风扇散热。

现阶段常见的LCDTV 节能设计，若在不改换背光灯源的前提下，大部分的做法都是朝着提高电源转换效率与增加CCFL灯管的发光效率方面。其中，以增加CCFL发光效率与提升其光利用率的做法最为显著。可采“U”型管或是其他造型设计，创造更大的背光面积以维持相同背光面积，但CCFL的使用数量却骤减，简化系统设计，透过导光设计、反光板、增光膜...等设置，强化整体发光的可使用率。

另一方面，直接将背光源升级成LED模组，也是常见手法。目前，LED使用于置换背光源的设计相当常见，尤其在中、小尺寸产品方面，而大尺寸的设计其省电效益更高。利用LED小体积、低耗能的优势，背光模组可用LED阵列取代原有的CCFL背光。

（二）HD解析度、高动态效果再掀技术升级热潮

LCDTV显示器较大的技术限制，早期产品多数有动态残影与显示反应速度方面的问题，尤其在大尺寸化发展下则让技术缺陷被放大检视，而为了改善动态残影的限制问题，业者朝开发更新率高的显示技术因应。虽然看起来提高更新率这么简单，但实际上相关的技术影响层面相当大，其中以影像处理晶片、面板质量、电视输入信号等都会影响最终成品的展现效果，目前此类高阶产品的应用居多，对于一般中、低阶产品设计，则较不倾向导入这类成本较高的设计方案。

1080p显示解析度，在蓝光光碟影音内容市场逐渐走向规格化，原有在高解析度影音光碟出现多种规格的纷争态势已逐渐明朗化，目前由蓝光内容产业刺激下的1080p高解析度画面输出需求，如升级、换机或新购方式等，都会刺激新一代支援1080p的显示器应用需求，目前业者出货主要产品，也会以具备1080p高解析度显示的产品为主。

（三）整合触控技术建构便利的应用情境

Apple推出iPad、iPhone后，触控技术就成为市场关注焦点，目前重点触控应用商品集中在中、小尺寸产品，例如，行动电话、个人随身装置、笔记本电脑等，应用技术为电阻式与电容式触控最为大宗。

在液晶电视方面必须着眼在大尺寸的使用需求，其触控要求并不像中、小尺寸触控面板需要求精密侦测触点，反而更关注的是触点侦测、回馈信息的效能能否与实际动作达到近似即时的操作互动体验。

目前成熟且可行的触控技术方案很多，大尺寸应用方面常见有声波感应式、红外线式等，目前多数均可于大尺寸中应用、导入，而由苹果 iPhone 推出而爆红的电容式触控技术，虽初期受限制程无法扩大触控面积的限制，但目前电容触控技术主力开发厂商，以成功突破大尺寸触控侦测的技术瓶颈，现在已有成功量产大型萤幕整合触控的实力。

1. 多点触控还是单点触控端视应用需求而定

触控商机关键的重点在于多点触控 (Multi-Touch) 的功能应用，吸引不少业者争相投入技术开发。但以液晶电视产业的发展趋势观察，其实触控技术的状况有点类似 3D 显示技术的开发状态，如果市场未能推出触控的杀手级应用，技术导入产品的难度就会大幅增加，最明显的成本关卡就很难轻松跨越。

但多点触控需求，在大尺寸应用的部分可能有待观察，因为大型萤幕在多点触控的需求低，但也有业者持不同看法，以 IT 产业为例，中、大型触控萤幕应用市场，众厂商则相当期待与微软触控应用的 Windows7 产品整合，如果 Windows7 能成功在中 / 小型萤幕的笔记本电脑、台式电脑上提供更好的触控体验，那将成功经验复制到大型液晶电视的成功率就能大幅增加。

2.3D 应用加值未来发展尚待观察

以往 3D 电视内容的应用就不多，而 FPD 发展 3D 应用借由外挂周边展 3D 显示效果，或是直接把 3D 显示技术内嵌于液晶电视设计中，不管是如何实现，其装置成本都会转化成产品堆广的负担，让制造成本因此增加。

目前，发展 3D 显示平面电视技术的厂商并不多，有些设计仍存在不能久看 (如采左 / 右眼高频错视技术创造的立体视觉)，或是部分采内嵌设计透过透镜或是外挂设备强化 3D 效果，而其结果都会让液晶电视的机体厚度、重量增加，姑且不论成本问题，其产品市场接受度就必须投入更多的资源进行推广。

第四节　卫星技术新发展及星网应用

一、通信卫星与广播卫星的新技术

随着卫星通信、广播业务的不断发展，尤其是信息产业、多媒体、IP 网络产业的兴起和突飞猛进的发展，卫星通信业务所涉及的领域和频段不断拓宽，极大地推动了通信卫星技术的发展，并直接推动了通信卫星产业和数字直播卫星产业的发展，真正实现了在任何时候、任何地点方便地交流信息、使用信息，并将在最后影响和改变人们的通信方式、工作方式和生活方式。现简略介绍卫星技术的新发展。

（一）静止同步轨道卫星将朝着大功率、Ku 频段（或多频段）和长寿命方向发展

不论通信卫星还是广播卫星（直播卫星）都朝着大功率、多频段（或 Ku 频段）和长寿命方向发展，尤其 Ku 频段是各国卫星直播频段的选择方向，因为地面可以采用小型接收天线即能接收到优质的卫星信号。因此，世界各国争夺直播卫星资源的斗争日趋激烈，在 20 世纪 90 年代末期的国际电联（ITU）会议上，许多国家提出了对直播卫星重新规划的提案。ITU 于 21 世纪在土耳其伊斯坦布尔市召开世界无线电通信大会，会上通过了新的直播卫星规划（Istanbul BSS 规划）。在新的 BSS 规划中，我国获得 4 个轨道位置（DBS 轨位）即东经 62°、92.2°、122° 和 134°，每个轨位 2 个上行波束、2 个下行波束，每个上行和下行波束各 12 个频道。其中，香港和澳门在东经 122° 轨位各获得 1 个上行波束和 1 个下行波束。所有下行频道使用 1L7 ～ 12.2GHz；上行频道除香港用 14GHz 外，均使用 17GHz。

（二）大天线和多波束成型天线技术

卫星通信天线的发展，经历了从简单天线（标准圆或椭圆波束）到赋形天线（多馈源波束赋形到反射面赋形）和为支持个人移动通信而研制的多波束成

型大天线。目前，全球卫星波束仍采用圆波束，区域通信大多数采用的是双栅、正交、单馈源、反射面赋形的天线，为支持个人移动通信而研制的多波束成型大天线目前也开始使用。

（三）利用卫星网络进行多功能开发

利用天上卫星与地面网络相结合，采用 DVB 标准（利用数字压缩技术）可以建立大容量、高质量的综合信息服务平台，这样除传送声音、电视广播外，还可以进行数据广播、多媒体信息广播、视频点播、互联网接入、卫星远程教育、远程医疗，以及开展卫星新闻采集、卫星电视会议、电视购物、金融、股票以及期货交易等多种服务。

（四）卫星转发器向宽带大容量方向发展

由于卫星技术、运载火箭的不断发展，使卫星转发器的功率不断增大，卫星上转发器的数量也不断增多，这样有利于开展对大容量综合业务信息的直播（如 1 颗卫星可以直播上万套数字电视节目），也有利于进行数字 HDTV 直播，而且地面接收卫星信号的天线尺寸愈来愈小（有的甚至小到 0.4m 以下）。

（五）星上处理技术

随着信息高速公路概念的提出“宽带”传输业务、IP 业务和个人 PC、个人通信漫游业务的需求日益增高，卫星的星上处理技术和交换技术越来越多地利用在卫星转发器的设计中。星上处理技术主要包括以下几方面：

①表面波滤波器（SAW）信道化技术和开关切换技术。

②由分配和波束成型技术。

③用低功耗的专用集成电路（ASIC），包括低电压的 CMOS 组件和高密度的多芯片集成，以及模块化的单元设计，使得部件尺寸、质量和功耗最小。

④组合式的 BUTLER 矩阵放大器及射频功率动态按需分配技术。

通信卫星新技术（包括转发器）在近十年来有了很大进展。随着卫星高新技术的不断出现并进一步的推广利用，通信卫星与广播卫星的功率将不断扩大，卫星的频段和领域将不断拓宽，尤其是卫星星上处理技术的实现很好地解决了频率、时隙、路由和波束的预分配，使得通信卫星与广播卫星将更多地取代地

面设施的一些功能，如信道、路由的灵活交换和分配，波束的成型和调整，地面设施变得越来越简单，价格越来越低，大大促进了卫星通信与卫星直播的迅速发展。

（六）我国卫星电视的新发展

回顾我国卫星电视的发展历程，其技术上的特点主要归纳如下：

①通过卫星传送电视扩展到既传送电视又进行声音广播、数据广播，并正在积极开发多项新的业务。

②卫星广播电视从模拟方式逐渐向数字方式过渡，1999 年我国已确定采用 DVB-S 国家标准。

③卫星转发器工作频段的应用从 C 频段发展到 Ku 频段，特别是从 1999 年元旦起“村村通”卫星直播平台也使用 Ku 频段，并使用 DVB-S 国标。

④卫星电视从节目传送向直播发展，国家广电总局已将“村村通”的电视卫星直播平台扩大到 39 套电视节目（包括中央和省级电视节目及广播节目）。

⑤卫星与地面广播电视网共同组成星网结构，形成覆盖全国的广播电视网，迅速地扩大了我国广播电视的人口覆盖范围。我国力争很快形成卫星、无线、有线及互联网并用的，全国上下联通的广播电视传输覆盖网，最后实现全国村村户户都通广播电视，使我国成为世界上名副其实的广播电视大国。

⑥我国将利用“村村通”卫星直播平台，运用 OPENTV（开放电视）中间件开展以机顶盒（IRD）为用户终端的多媒体信息广播，通过电视机来显示多媒体信息，IRD 用户不仅能收看到接近广播级的图像，而且可以同时得到 EPG（电子节目单）、电子邮件、静态图像、实时数据信息（如天气预报、金融股票信息等）、教育、游戏等多种应用服务（操作遥控器在电视机上显示），并开展 IP 数据广播（把 IP 数据打包到 TS 码流中与电视节目一起传送），以 PC 机为用户终端的卫星数据广播业务。

⑦下一步我国将要发射大功率的 Ku 频段卫星，开展直播卫星 / 直播到户（DBS/DTH）业务，使广大用户使用 0.4m 甚至更小口径的接收天线即可收到上百套丰富多彩的广播电视节目，并通过直播卫星试播 HDTV（高清晰度电视），在全国各地可用小型卫星接收天线进行高清晰度电视的集体或个人收看。

二、地面接收设备的新发展

卫星电视地面接收设备一般主要由接收天线、高频头和卫星电视接收机等组成，其技术的新发展分别阐述如下：

（一）接收天线

卫星电视接收天线（尤其是卫星直播的 Ku 频段接收天线）一般向高效率、低噪声、低旁瓣和轻重量方向发展，以更好地保证天线的电气性能，使得天线调整方便、机械结构可靠。其 Ku 频段接收天线形式也由中心聚焦式正馈抛物面天线向椭圆型或菱形的偏馈天线方向发展（目前出现一种小型平板接收天线，但因其价格太昂贵所以目前使用得较少）。就天线反射面所用的材料来说，由一般的金属材料（铝、钢或合金材料）向复合材料（如玻璃钢）方向发展，因为后者电气性能较稳定，而且重量轻，天线安装与调整较为方便。为了能够接收多颗卫星的多套电视节目，又开发研制了电动极轴天线和多馈源多波束天线等。电动极轴天线可以通过遥控器来电动控制极轴天线的转向以便对准所需接收的卫星。多波束天线可以在同步卫星间夹角约 15° 的范围内同时接收到多颗卫星的电视节目，如同时接收到 8 ～ 12 颗卫星的电视节目。

（二）高频头

由于科技的进步和电子集成技术的发展，使得高频头的制作越来越精良，其性能越来越优异、电路越来越集成化、体积越来越小，可靠性越来越高，并且增加了很好的防雷击能力。在此就现代高频头的新发展略做介绍。

①现代高频头的噪声温度向超低噪声特性发展，目前 Ku 频段高频头的噪声温度可达 40 ～ 60K，C 频段高频头的噪声温度低达 20K 以下，高频头的功率增益可达 60dB 以上。

②本振频率的稳定度越来越高，本振相位的噪声越来越低位于天线焦点处的高频头在室外工作，环境温度变化很大，通常要求为－ 40 ～＋ 50℃内能长期稳定工作。C 频段第一本振频率为 5150MHz，其频率的稳定度约为 10-4，最大频率飘移为 2MHz。为达到这个要求，高频头中的第一本振大多采用介质腔稳频振荡器。当接收数字压缩信号时，还应对本振提出更高的要求，通常要求本

振的最大频率飘移小于500kHz，本振相位噪声低于－85dBc/Hz（10kHz）处。如果本振相位噪声过高，则经过卫星接收机的QPSK解调后信号会产生误差而导致误码率增加，使接收信号质量变坏。

③饱和电平要高，交调失真要小。高频头是在多频道同时接收的情况下工作，当低噪声放大器的饱和电平较低时，在高增益条件下工作，放大器可能产生非线性失真而引起交调失真，使图像质量恶化。因此要求放大器的饱和电平要高，交调失真要小。而现代高频头的饱和电平较高，产生交调失真很小。

④高频头发展的新趋势。过去高频头与馈源通常是分离的，使用时需将它们用法兰盘连接，这样不但增加损耗，而且安装不当将带来额外的增益损失和噪声。目前，大多使用馈源与高频头结构一体化的产品，称为高频头连体馈源，简称LNBF （LNB with FEEDHORN）。它在设计时，可以将馈源和高频头两者的驻波系数一起考虑，以达到最佳匹配的目的，从而避免分体式的上述缺点，而且还给安装带来方便。

此外，目前高频头（LNBF）大多是双极性的，即在馈源内不同地方安排2个互相垂直的探针，它们分别将水平极化波和垂直极化波耦合到2组独立的低噪声微波放大器，利用卫星接收机对高频头供电电压13V/18V的电压切换来改变2组放大器的供电情况，以决定选取哪种极化信号的引入。

双本振高频头是目前出现的又一种新产品。因为新型卫星接收机其接收的频率范围（第一中频频率）为950～2150MHz，而C频段的全频道带宽为500MHz，仅占接收频段的一半。如果高频头具有2组完全独立的电路，分别处理水平极化和垂直极化信号，其中本振频率分别设置为5150MHz和5750MHz，则水平极化和垂直极化信号通过混频后，分别输出950～1450MHz和1550～2050MHz，正好落在接收机的频率范围内，这样便可将上述全部频道都预置于接收机中，避免两种极化信号因第一种频率相近而产生的相互干扰，给使用者带来极大的方便。

随着卫星电视事业的飞速发展，Ku频段转发器大量出现，目前卫星中大多同时具有C、Ku两个频段的转发器。对地面卫星接收站来说，为了减小天线占用面积，节省设备投资，希望利用1副天线兼收C、Ku两个频段信号，从而引

发对双频段高频头的研制。现在双频段双极化高频头已经上市，它集 C、Ku 频段及水平、垂直两种极化的接收功能于一体，具有 4 个独立的输出端口，可以同时输出 4 种信号，极大地简化了地面接收系统，特别适合有线电视台（站）的使用。

（三）卫星电视接收机

由于采用卫星数字电视传送方式（包括卫星数字电视直播）越来越多，卫星数字电视接收机（又称为综合解码接收机 IRD）的种类也越来越多，当前生产的IRD的各项技术性能指标必须符合国家广电行业标准GY/T 148—2000的《卫星数字电视接收机技术要求》，其功能越来越齐全，并具有用于各种用途的数据接口。随着电子集成技术的不断发展，各种 IRD 均采用大规模集成的芯片组构成，而且其集成度越来越高，目前已出现单片集成的 IRD 机型，这种机型功耗小、可靠性高、价格便宜。卫星数字电视接收机的发展情况主要归纳如下：

① IRD 控制器的软件系统设计得越来越先进，其软件功能越来越强大，可以通过运行软件程序控制整个 IRD 的处理过程，如处理从码流中提取各种数据，实现多种业务功能。

②现代 IRD 不仅符合 DVB-S 标准，而且建立在开放技术平台的基础上（不包括 CA 系统），CA（条件接收）可采用嵌入式模块结构，其接口符合 DVB 推荐的公共接口标准，此开放接收的 IRD 能运行在多种 CA 系统上。

③除了能接收视、音频和数据信息外，目前已研制出具备接收 IP 数据广播功能的 IRD（配有高速数据输出端口）。

④为便于接收卫星因特网数据，已研制出一种 PC 接收卡（插入计算机的 PCI 插槽内），它支持接收 DVB-S 的 IP 协议标准，具备 RF 输入端，接收 L 频段（950 ～ 2510MHz）的信号，通过该 PC 卡可以高速下载卫星因特网数据信息。

⑤卫星 IP 数据广播是把 IP 数据打包到 TS 码流中，与电视节目一起传送，开展以 PC 机为用户终端的卫星数据广播业务。目前，已研制出这种能同时接收视音频和 IP 数据的 PC 卡。

⑥具有 OPENTV 软件操作系统的 IRD。

OPENTV 是一种 IRD 软件操作系统，它分别放置在整个系统的前端和 IRD 中，

具有能够处理多种信息的功能。

通过 OPENTV，系统能对每台 IRD 通过空中下载高版本软件和各种应用程序，目前“村村通”卫星电视的 IRD 用户不仅能收看到接近广播级质量的图像，而且可以获得 EPG（电子节目单）、电子邮件、图文、实时数据信息、电子游戏等多种应用服务，今后整个系统与 Internet 连接后，IRD 用户还可以通过电视机浏览 Internet 网页，开展准视频点播（NVOD）等多种交互式应用。

因此，通过装有 OPENTV 功能的 IRD，电视机将从被动的视频接收、显示设备变成能进行家庭购物、信息查询、电子游戏及浏览网页的综合网络终端设备。

第五节　数字电视发展展望

随着科学技术的飞速发展，数字电视以其卓越的画质和音响、多功能、多用途及与信息高速公路互联互通等特点，取代模拟电视已是大势所趋。数字电视的未来发展蓝图主要集中在以下几方面：

一、多标准数字电视

目前，欧洲、北美、韩国和中国等大多数地区和国家仍处于模拟电视与数字电视的转换过渡时期，因此仍然希望市场上有不少既能接收模拟电视节目又能接收数字电视节目的多功能电视机，数字电视开发商和制造商可用多种解决方案来实现（比如机顶盒＋模拟电视机）。随着数字电视的进一步发展，未来的发展方向应是数字电视一体机。

二、大屏幕数字电视

随着现代人起居室的不断变大，用户市场对大屏幕数字电视的需求不断增长。目前，总体上来看 LCD 数字电视是业界的发展主流。当年 42 寸等离子电视机曾是很多人的梦想，但现在一台 42 寸的电视机已经算不上什么了。长虹 105Q1C（105 英寸）是国内厂家推出的最大屏幕的液晶电视之一，屏幕高度超过 1m，宽度约 2.3m，它采用 21/9 宽屏模式，具备 5K×2k 超高清显示、极速响应等技术特点。夏普液晶电视 LB-1085 的显示尺寸为 108 英寸。

三、数字电视高清化

随着高清节目源的增多，图像水平清晰度大于 800 线的高清数字电视越来越成为数字电视的主流，相应的数字电视机顶盒和编解码芯片也要适应这一发展的要求。

四、互联网数字电视

数字电视的下一个重要发展方向就是连接互联网，未来的消费者不必再为了上网而跑到书房坐在计算机之前，人们将可以直接在客厅舒适的沙发上用无线鼠标或无线键盘体验电视上网的乐趣。

五、支持更丰富的互联接口

未来的数字电视将支持更多的互联接口，如 USB2.0、SD 卡、MMC 卡、1394 和 Wi-Fi 等，以实现与数码相机、移动硬盘、计算机、智能手机和数码打印机等数字设备的无缝连接，共享相互之间的音、视频信息。

参考文献

[1] 薄丽娜．数字时代下的剪辑艺术与应用 [M]．长春：吉林美术出版社，2017.

[2] 狄丞．中国交互媒体时代动画与数字影像的多元透视 [M]．长春：东北师范大学出版社，2017.

[3] 纪欢格，程贝．影视配乐与数字音频技术 [M]．广州：花城出版社，2017.

[4] 姜燕．影视声音艺术与制作（第 2 版）[M]．北京：中国传媒大学出版社，2017.

[5] 刘洪艳，李军．数字新媒体系列教材电视节目制作 [M]．北京：清华大学出版社，2019.

[6] 刘文广．新编电视机实训项目教程 [M]．青岛：中国海洋大学出版社，2019.

[7] 雷国平．数字广播发展与应用研究 [M]．成都：电子科技大学出版社，2018.

[8] 雷蔚真．电视传播的数字化转型 [M]．北京：中国广播电视出版社，2017.

[9] 林亚红，王珏．数字媒体创意应用 [M]．上海：东华大学出版社，2017.

[10] 刘晓东．数字媒体制作项目教程 [M]．重庆：重庆大学出版社，2017.

[11] 欧阳宏生，谭筱玲．广播电视学教程 [M]．成都：四川大学出版社，2018.

[12] 权怡．数字电视技术与应用 [M]．合肥：合肥工业大学出版社，2017.

[13] 司占军，贾兆阳．数字媒体技术 [M]．北京：中国轻工业出版社，2020.

[14] 王艳妃．数字媒体艺术的应用研究 [M]. 长春：吉林美术出版社，2019.

[15] 王文瑞．数字影视特效制作技法解析 [M]. 北京：中国纺织出版社，2019.

[16] 王诗秒．电视时间性一种电视本体论的构想与求证 [M]. 成都：四川大学出版社，2018.

[17] 吴信训．新编广播电视新闻学 [M]. 上海：复旦大学出版社，2018.

[18] 王灏，孟群．数字电视制作 [M]. 北京：中国国际广播出版社，2017.

[19] 徐先贵，赵耘曼．电视导播艺术 [M]. 成都：西南交通大学出版社，2018.

[20] 谢毅，张印平．高等院校广播电视学系列教材电视节目制作第5版 [M]. 广州：暨南大学出版社，2018.

[21] 许加彪，赵成德，赵巍．数字电视摄像技术 [M]. 上海: 复旦大学出版社，2017.

[22] 谢方．数字音像档案研究与开发应用 [M]. 北京: 中国广播电视出版社，2017.

[23] 余兆明．数字电视传输与组网技术（第 2 版）[M]. 北京：北京邮电大学出版社，2021.

[24] 杨宇，张亚娜．数字电视演播室技术 [M]. 北京: 中国传媒大学出版社，2017.

[25] 姚建华．西方的视角丛书媒介产业的数字劳工媒介和数字劳工研究 [M]. 北京：商务印书馆，2017.

[26] 颜秉忠．互联网时代下的数字影视与动画技术现状及应用前景研究 [M]. 长春：东北师范大学出版社，2017.

[27] 张洪冰．数字媒体时代的广播电视技术发展与应用 [M]. 长春：吉林科学技术出版社，2019.

[28] 曾军梅，许洁．数字艺术设计理论及实践研究 [M]. 北京：中国商务出版社，2019.

[29] 翟建东，黄玉婷．数字时代广播电视编导专业人才培养研究 [M]. 石家庄：河北美术出版社，2018.

[30] 周松林，李衍奎，方德葵．地面数字电视 [M]. 北京：中国广播电视出版社，2017.